JN065322

いかにアメリカ海兵隊は、最強となったのか

「軍の頭脳」の誕生とその改革者たち

阿部亮子 *Abe Ryoko*

作品社

はじめに——頭脳の軍隊

2003年、第1海兵遠征軍(I Marine Expeditionary Force［I MEF］)隷下の第1海兵師団は、イラクの南部から首都バグダッドに向けて高速で駆け上がった。ドナルド・J・トランプ(Donald J. Trump)政権で国防長官になったジェイムス・マティス(James Mattis)師団長が率いる部隊だ。バグダッドという軍事目標に向かって、同時かつ高速で前進することを優先した第1海兵師団は、前進経路にある各地の制圧を後続部隊の第2海兵遠征旅団に任せた。リチャード・ナトンスキ(Richard Natonski)第2海兵遠征旅団長は、さながらセダンの戦場で前線から部隊のマース川の渡河を指揮したハインツ・グデーリアン(Heinz Guderian)のように、隷下部隊の前進指揮所に出向きながら部隊を指揮した。03年の海兵隊の戦いには、作戦的目標を達成するための重点形成の原則、縦深突撃、陣頭指揮、諸兵種協同、速攻と奇襲といった〝電撃戦〟の特徴が観察できる。アメリカ海兵隊(以下、海兵隊)はどのように〝電撃戦〟型の戦闘・作戦を立案、実行する組織となったのだろうか。

改革者達

2013年の夏、私はアメリカの東部のメイン州にある小さな飛行場に降り立った。マイケル・D・ワィリー（Michael D. Wyly）大佐と待ち合わせをしていたのである。ワィリーは、第二十九代アメリカ海兵隊総司令官アルフレッド・M・グレイ（Alfred M. Gray）大将や後に中央軍司令官になったアンソニー・C・ジニー（Anthony C. Zinni）大将、アメリカ空軍（以下、空軍）のジョン・ボイド（John Boyd）大佐、トランプ政権で大統領首席補佐官に就任したジョン・ケリー（John Kelly）大将らと、本書がテーマとする1970年代から90年代初頭の海兵隊の知的改革を主導した。いかにもアメリカらしいまっすぐ続く一本道の道路を、大佐の運転で2時間程ドライブをした後に、煉瓦作りの家が立ち並ぶニューイングランドの小さな町にたどり着いた。ここで、約一週間、ほぼ毎日、海兵隊の知的改革についてワィリーにインタビューをした。ミズーリ州の出身で、アナポリス海軍士官学校を卒業生したワィリーは、長身で、一見、物腰が柔らかい印象だが、戦場のこととなると声を荒げた。自らのキャリアを犠牲にしてまで、海兵隊を知的に戦う組織へと変革するために奮闘した海兵隊員だった。

その後、私は全く印象が異なる海兵隊員に出会った。それが下士官から総司令官にまで登り詰めたグレイである。ニュージャージーの出身で、赤ら顔でギョロ目の大将は、いつも事前の連絡はなく、突如、海兵隊大学図書館内にある私の研究室を訪問してきた。そして、彼が採用した「機動戦」（maneuver warfare）構想がいかに戦いにおいて有効かということを語る。東洋から来た一院生を、突如、大将が訪ねてくるため、図書館員たちはいつも慌てたが、大将は彼らを振り切って、嵐のように去ってゆく。ワィリーとグレイは出身や外見、話し方こそ異なっていたが、彼らは、海兵隊を戦場で勝利できる組織に作り替えるという目的と、そのためには、装備や編制だけではなく、用兵の構想、ドクトリンや教育の改革が必要だという信条を共有していた。

海兵隊は陸軍・海軍・空軍・沿岸警備隊と共にアメリカ軍を構成する軍種の一つである。アメリカ軍は四つの機能別統合軍（特殊作戦軍・戦略軍・輸送軍・サイバー軍）と六つの地域別統合軍（アフリカ軍・中央軍・欧州軍・北方軍・インド太平洋軍・南方軍・宇宙コマンド）の指揮で軍を運用するため、海兵隊も戦場では統合軍司令官の指揮下で戦う。アメリカ軍の現役総兵力約百三十五万九千人のうち、２０１９年現在、海兵隊の現役兵力は約十八万五千人、１９５２年に成立したダグラスマンスフィールド法により、平時の海兵隊は三個師団、三個航空団と定められた[1]。陸軍の現役兵力約四十七万六千人と比較すると、小規模である。ただし、海兵隊は、20世紀のアメリカの戦争において、陸戦と水陸両用作戦の両方を戦い続けてきた。第一次世界大戦やベトナム戦争では陸軍と共に陸戦を戦い、第二次世界大戦では水陸両用作戦で前進基地たる太平洋の島嶼を奪取した。とりわけ、第二次世界大戦終了後は、地上部隊・航空部隊・支援部隊を一人の指揮官の下で運用する編制をとり、アメリカの海外での危機に迅速に駆けつけてきた。

歴史家や戦略研究者達は、アメリカの陸戦とは、伝統的に、圧倒的な火力により敵の撃破を累積する戦い方であり、それを、中央集権型の指揮形態で実行すると描いてきた。たしかに、太平洋戦争でのアメリカ海兵隊の島嶼への上陸作戦も艦砲射撃や戦車砲といった火力を集中させる戦い方であった。しかしながら、２００３年のイラク自由作戦での海兵隊の軍事作戦はそのようなアメリカの陸戦の伝統から著しく逸脱していた。むしろ、ＩＭＥＦは、１９４１年のドイツ国防軍の〝電撃戦〟型の作戦を実行した。

海兵隊はどのように組織を変革し、知的な組織となり、〝電撃戦〟型の戦闘・作戦を立案、実行するようになったのだろうか。本書では、１９７０年代後半から90年代前半に実施された海兵隊のドクトリンの改定に着目して、海兵隊の〝電撃戦〟の起源を描く。

その起源は１９７０年代から80年代にかけて実施されたドクトリンの改革にある。海兵隊では、70年代半ばから中堅・若手将校達が新しい戦闘・作戦構想の開発に着手した。ベトナム戦争で中隊長として部隊を率いた中堅将校と一世代若い大尉たちは、水陸両用戦学校にて、「機動戦」構想と呼ばれる戦闘・作戦構想を議論した。機動戦とは、作戦テンポの高速化や任務戦術とよばれる分権型の指揮形態によって、敵を麻痺させる戦い方である。そして、水陸両用戦学校を卒業し、第2海兵師団に配属された大尉たちは、グレイ第2海兵師団長に機動戦の有効性を訴えた。グレイは、彼らの要求を聞き入れ、師団の訓練に機動戦構想を導入した。そして、87年に総司令官に就任すると、艦隊海兵隊マニュアル1『ウォーファイティング』（ＦＭＦＭ １『ウォーファイティング』、Fleet Marine Force Manual 1, *Warfighting*［FMFM 1, *Warfighting*］）ドクトリンを発行し、海兵隊の主たる戦争（warfare）構想として機動戦構想を正式に採用した。一軍事構想にすぎなかった機動戦構想は、海兵隊のドクトリンとなったのである。ＦＭＦＭ１『ウォーファイティング』は、90年代にチャールズ・C・クルーラック（Charles C. Krulak）第三十一代海兵隊総司令官によって海兵隊の海兵隊ドクトリン発行１『ウォーファイティング』（ＭＣＤＰ１『ウォーファイティング』、Marine Corps Doctrine Publication 1, *Warfighting*［MCDP 1, *Warfighting*］）ドクトリンへと改定されたが、機動戦構想はそのまま採用された。２００３年の海兵隊もこのドクトリンを保有していた。

ただし、ベトナム戦争後のアメリカの軍隊のドクトリン改革は、海兵隊に限ったことではない。ドクトリンの改革という点に着目すれば、アメリカ陸軍（以下、陸軍）の方が先駆者であるといえる。ベトナム戦争後の軍のドクトリン改革を扱った軍事史や戦略学の研究では、主に陸軍が着目されてきた。１９７２年にベトナムから撤退すると、陸軍の上層部は、その翌年には訓練・ドクトリン・コマンド（Training and Doctrine Command［TRADOC］）を立ち上げた。76年に初代ＴＲＡＤＯＣ司令官に就任したウィリアム・

E・デュパイ（William E. Depuy）は陸軍ドクトリンの改定に着手する。そして、彼の後継者であるドン・A・スタリー（Donn A. Starry）の主導で、エアランド・バトル構想が開発され、FM100-5『作戦』（FM 100-5 *Operations*）ドクトリンに採用された。エアランド・バトルは、空間と時間の両方において、敵を近接、縦深、後方で攻撃する画期的なドクトリンだった。

なぜ、海兵隊なのか？

では、海兵隊に着目して、ベトナム戦争後の軍のドクトリン改革に着目することは全く意味がないのだろうか。そうではない。海兵隊に着目することは、たとえ戦うことに特化してきた軍であっても、戦闘能力を高めるという努力を継続しない限り、いとも簡単にその能力が低下し、それを回復するには大変な努力が必要であることを示している。海兵隊とは戦闘のプロフェッショナルだとみなす人もいる。敵が防御する太平洋の島嶼に、日本軍の頑強な抵抗にかかわらず勇ましく上陸し、前進基地を奪取する。もしくは、仁川に上陸し、国連軍の総反撃の機会を与え、たとえ中国共産党義勇軍に包囲されても仲間の遺体や装備を持ち帰りつつ名誉の撤退をすると。しかし、今では考えられないが、少なくとも1980年代の海兵隊では、軍の内外から高級指揮官の指揮能力やプロフェッショナリズムに厳しい批判が投げかけられていた。とりわけ83年に起きたレバノンでの海兵隊の兵舎爆破をきっかけに、アメリカ議会では海兵隊の高級指揮官の部隊指揮の能力への批判が高まっていた。

他方、1970年代から80年代にかけて実施された海兵隊の改革は、逆説的ではあるが、知的さとはいかに縁遠い組織文化をもつ軍隊であっても、知的な組織へと転換することは可能だということも明らかにしてくれる。80年代の海兵隊は知性とは縁遠い組織であった。当時の海兵隊では、読書をする将校は例外的だった。海兵隊将校たる者は、余暇はゴルフや狩猟をして過ごすというのが一般的だった。ただし、80年代後半から90年代にかけて、海兵隊はドクトリンや教育を改革することで、マティスやケリーといった知的な指揮官を生み出すことに成功した。例えば２００４年のファルージャでの戦いにおいて、ＩＭＥＦ司令官のジェイムス・Ｔ・コンウェイ（James T. Conway）や第1海兵師団長のマティスは、目まぐるしく変わる政治の要求に応じて、我の努力をどこに集中させるべきか、決断し続けた。２０００年代前半の海兵隊の高級指揮官たちは創造的で論理的、決断力に優れていた。

加えて軍を改革することの難しさも明確になる。野中郁次郎が経営学の視点から指摘するように、太平洋戦争で水陸両用作戦という概念とそれに適した編制や装備を開発した海兵隊は、時に、革新的な組織であるという印象を与える。ただし、後に述べるように、「軍隊を用いて戦う」という用兵の観点からは、海兵隊は必ずしも革新的な組織とはいえない。１９３０年代には、世界に目を向けると、イギリス陸軍やドイツ陸軍、ソ連労農赤軍などでは新しい用兵の構想が開発されていた一方で、同時期の海兵隊は古い用兵の構想を海から沿岸という新しい場所に適応したにすぎなかった。70年代にも、海兵隊上層部が用兵構想の開発を積極的に主導することはなく、陸軍と比べても用兵のドクトリンの改定は遅れる。このことは、戦略環境に合わせて任務を変化することに成功した軍隊であっても、部隊を運用するためのドクトリンを開発しているとは限らないという教訓を与えてくれる。新しい任務を創出している一方で、それに適した用兵の構想の開発が停滞し、古い構想で新しい任務に臨んでいることもあり得る。

本書は、用兵という観点から、グレイによる海兵隊ドクトリンの改革を描くところに特徴がある。海兵隊の〝電撃戦〟の起源を描くために、以下のような問いを探求していく。まず、そもそも機動戦構想とはどのような構想なのか。第二に、１９７０年代半ばから海兵隊が直面した戦略環境と任務の変化は、機動戦構想のドクトリンへの採用にどのような影響を及ぼしたのだろうか。海兵隊はどのように機動戦構想を制度化したのだろうか。最後に〝電撃戦〟型のドクトリンへと転換することと、組織の知的レベルを向上させることは、どのように関連していたのだろうか。

註記

（1） The International Studies for Strategic Studies, *The Military Balance 2019* (London: Routledge, 2019), p. 47.

目次

第Ⅰ部　戦場で戦い、勝つための用兵思想──アメリカ海兵隊の行動原理

第Ⅲ部 「頭脳力」の改革——機動戦構想の制度化

第5章 頭脳の誕生

第6章　創造的な将校団の育成

▼終章　海兵隊の三十年

凡例

・本文中の人名・組織名については、主に参考文献一覧に記載した先行研究を参考にした。ただし、日本語訳については定まっていないものも多く、本書の読み方が確定的というわけではない。

・本文中の略語については、次頁の略語一覧に英語名と日本語訳が記してある。

・本書では、軍令により規定された軍の組織を「編制」、ある目的のために部隊を組織することを「編成」と使い分けた。

略語一覧

略語	正式名称	日本語訳
4MAB	4Marine Amphibious Brigade	第4海兵水陸両用旅団
AAV	Amphibious Assault Vehicle	水陸両用強襲車
CAX	Combined arms exercise	諸兵連合部隊の演習
CPA	Coalition Provisional Authority	連合国暫定当局
FMFM	Fleet Marine Force Manual	艦隊海兵隊マニュアル
"FMFM 1, Warfighting"	"Fleet Marine Force Manual 1, *Warfighting*"	艦隊海兵隊マニュアル1『ウォーファイティン (FMFM 1『ウォーファイティング』)
"FMFM 1-1, Campaigning"	"Fleet Marine Force Manual 1-1, *Campaigning* "	艦隊海兵隊マニュアル 1-1『戦役遂行』(FMFM 『戦役遂行』)
"FMFM 1-3, Tactics"	"Fleet Marine Force Manual 1-3, *Tactics*"	艦隊海兵隊マニュアル 1-3『戦術』(FMFM 1-3 術』)
II MAF	II Marine Amphibious Force	第2海兵水陸両用軍
III MAF	III Marine Amphibious Force	第3海兵水陸両用軍
I MEF	I Marine Expeditionary Force	第1海兵遠征軍
MAB	Marine Amphibious Brigade	海兵水陸両用旅団
MAF	Marine Amphibious Force	海兵水陸両用軍
MAGTF	Marine Air-Ground Task Force	海兵空・地任務部隊
MAU	Marine Amphibious Unit	海兵水陸両用隊
MCAGCC	Marine Corps Air Ground Combat Center	海兵隊空地戦闘センター
MCCDC	Marine Corps Combat Development Command	海兵隊戦闘・開発・司令部
MCDEC	Marine Corps Development and Education Command	海兵隊開発・教育・司令部
MCDP	Marine Corps Doctrine Publication	海兵隊ドクトリン発行
"MCDP 1-2, Campaigning"	"Marine Corps Doctrine Publication 1-2, *Campaigning*"	海兵隊ドクトリン発行 1-2『戦役遂行』(MCDP 『戦役遂行』)
"MCDP 1-3, Tactics"	"Marine Corps Doctrine Publication 1-3, *Tactics*"	海兵隊ドクトリン発行 1-3『戦術』(MCDP 1-3 術』)
"MCDP1, Warfighting"	"Marine Corps Doctrine Publication 1, *Warfighting*"	海兵隊ドクトリン発行 1『ウォーファイティン (MCDP 1『ウォーファイティング』)
MCDP3	*Expeditionary Oprations*	『遠征作戦』
MCDP5	*planning*	『立案』
MCDP6	*Commandard Control*	『指揮統制』
MCLRP	Marine Corps Long Range Plan	海兵隊長期的計画
MCPP	Marine Corps Planning Process	海兵隊計画プロセス
MCRDAC	"Marine Corps Research, Development and Acquisition Command"	海兵隊調査・開発・調達司令部
MEB	Marine Expeditionary Brigade	海兵遠征旅団
MEC	Marine Expeditionary Corps	海兵遠征軍団
MEF	Marine Expeditionary Force	海兵遠征軍
MEU	Marine Expeditionary Unit	海兵遠征隊
MEU［SOC］	Marine Expeditionary Unit［Special Operations Capable］	海兵遠征隊（特殊能力）
MMROP	Marine Midrange Operational Plan	海兵中期作戦計画
NROTC	Naval Reserve Officer Training Corps	海軍予備将校教育団
ORHA	Office of Reconstruction and Humanitarian Assistance	復興人道支援室
PDR 1	Post Deployment Report Volume 1 Exercise Northern Wedding and Bold Guard-78	『展開後報告第1巻：ノーザン・ウェディング演 とボールド・ガード-78』
PDR 2	Post Deployment Report Volume 2 Exercise Northern Wedding and Bold Guard -78	『展開後報告第2巻：ノーザン・ウェディング演 とボールド・ガード-78』
RCT-1	Regimental Combat Team-1	第1連隊戦闘団
RCT-5	Regimental Combat Team-5	第5連隊戦闘団
RCT-7	Regimental Combat Team-7	第7連隊戦闘団
RD&S	"Research, Development and Studies"	調査と開発、研究
RLT-2	Regimental Landing Team-2	第2連隊上陸団
RLT-8	Regimental Landing Team-8	第8連隊上陸団
ROTC	Reserve Officers' Training Corps	予備役将校訓練団
SACLANT	Supreme Allied Commander Atlantic	大西洋連合軍最高司令官
SAMS	School of Advanced Military Studies	高等軍事学校
TECC	The Tactical Exercise Control Center	戦術演習コントロールセンター
TRADOC	Training and Doctrine Command	訓練・ドクトリン・コマンド

いかにアメリカ海兵隊は、最強となったのか本書掲載の写真は著者撮影または海兵隊関係者・アーカイブ部門から提供を受けたものである。

序章　アメリカ海兵隊の〝電撃戦〟の起源

1　いかに戦争は変わるのか？——アイデアの重要性

海兵隊は、いかに〝電撃戦〟型への戦い方に、戦い方を変容させたのか。本書の目的は、その変容の起源を描くことで、軍隊とは戦時において戦うだけではなく、平時における戦争の準備を重視してきたこと、そして、とりわけ、今日のアメリカ軍では、戦争（Warfare）[1]の準備において、将校のアイデア（構想）が重要な役割を果たしていることを示すことである。現代のアメリカ軍の戦争（Warfare）は、有事において突如誕生するのではなく、平時における将兵達の準備によって支えられている。ベトナム戦争から撤退後のアメリカ軍は、とりわけ陸戦を戦う組織において、装備や編制といったハードのみならず、作戦・戦術構想といったソフトの開発や、そのために将校達の知的な能力の開発に努力してきたことを主張する。つまり、将校のアイデア、すなわち創造性や想像力、それらを構想として描き出す能力、論理性などを育成することに努力してきたのである。本書は、海兵隊がいかにして２００３年のイラク自由作戦での〝電撃戦〟型の作戦を戦う組織へと変貌したのかを、海兵隊における、兵力を運用するという「用兵」の構想の変容とその制度化に着目して検討する。

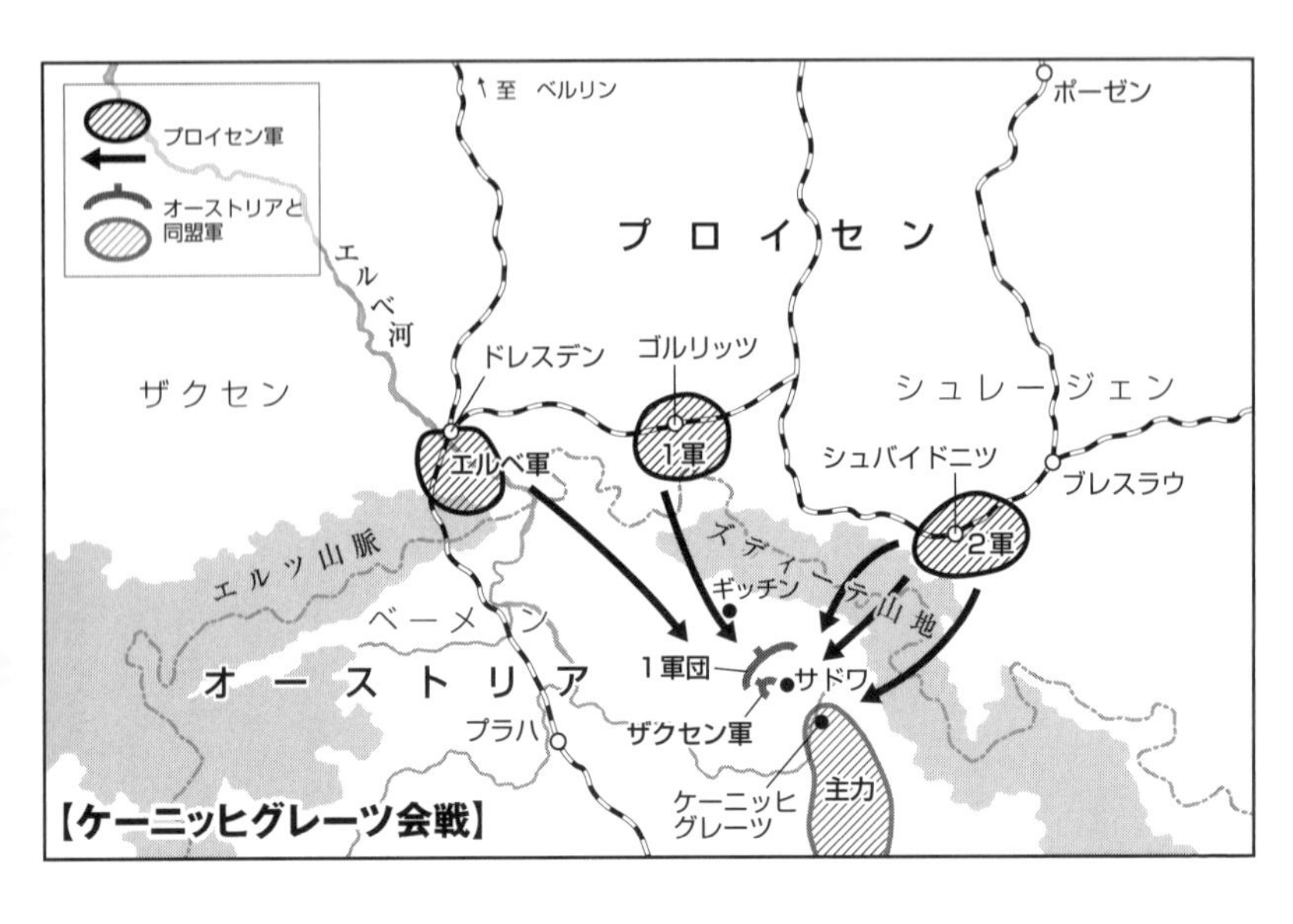

歴史上、軍隊とは存在することで抑止力になる静的な組織であると同時に、部隊を運用し敵と戦う動態的な組織であった。カール・フォン・クラウゼヴィッツ（Karl von Clausewitz）が国民の情念、軍隊の偶然性と確実性、政府の意思の強要を戦争と定義したように、軍事作戦とは戦争の骨格の一つである。歴史家のマイケル・ハワード（Michael Howard）が指摘するように、軍事作戦の本質を理解することなく、国際秩序の変容に大きな影響力を及ぼしてきた戦争（War）の本質は理解できない[2]。将校達は何を考え、平時に部隊の運用を準備し、有事に実行してきたのだろうか。本書では、ベトナム戦争から撤退後の海兵隊に着目し、この問いを考察する。

近代において、軍隊は戦いだけではなく、平時の戦いの準備に多くの時間と資源を投入してきた。19世紀後半から20世紀前半に、各国はプロイセン参謀本部を参照するようになる。イギリスの軍事史家のスペンサー・ウィルキンソン（Spenser Wilkinson）が「軍の頭脳」と概念化したヘルムート・フォン・モルトケ

（Helmuth von Moltke）時代のプロイセン参謀本部は、平時から軍の作戦計画を立案し、情報収集と分析、そして研究と教育に従事した。

軍事作戦の準備において、モルトケ参謀総長は、装備や編制などの有形的戦力に加えて、「用兵」の構想という無形的戦力の研究も重視した。そして、普墺戦争では、当時の最新技術であった鉄道を用兵の構想で活用することで、政治上の理由によって生じた軍事的に不利な状況を補い、かつ優勢であると広く認識されていた戦術の優位を崩すことに成功した。その作戦構想の一つは「分散進攻・集中攻撃」である。部隊を分散しながら行軍し、決定的に重要な時間と場所に集中させる。モルトケは分割した部隊を鉄道で迅速に輸送することで、アントワーヌ・アンリ・ジョミニ（Antoine Henri Jomini）によって普及していた内線作戦の優位を崩し、外線作戦を有利に進めることができると考えていたのだ[3]。二つ目は、その構想を実行するための指揮の方法である。訓令戦術と名付けられた指揮の方法では、全般的な目的と任務の大綱だけが指揮官に示され、戦術上の詳細は現地の指揮官に一任されていた。行軍中は電信で統制できたが、広く分散させた部隊を集中して戦うときには統一的な指揮が困難だったのである。普墺戦争では、政治上の理由から、プロイセン軍はオーストリア軍よりも遅れて動員を開始することとなる。そこでモルトケは、分割した部隊を五本の鉄道で迅速に輸送することで遅れを取り戻し、分割した部隊をギッチンに集結させた。そしてケーニッヒグレーツにて、第1シレジア軍と第2シレジア軍、エルベ軍でオーストリア軍の包囲を試みたのである。

２００１年の９・11同時多発テロ以降、アメリカはテロとの戦争に本格的に突入する。01年10月に、９・11を実行したテロリストグループ、アルカイダを支援しているという理由で、アメリカはアフガニスタンに侵攻した。そして、03年には大量破壊兵器開発疑惑のあるイラクが国連の査察に誠実に対応しなかったとして、イラクに軍事侵攻した。3月、アメリカ軍はフセイン政権を倒した。しかし、その後もファルージャやバグダッドなどイラク各地で武装勢力による攻撃はおさまらず、十数万規模のアメリカ軍がイラクに駐留を続けた。アメリカはイラクでの新政権の樹立と治安の回復に、多くの資源を費やすことになった。スンニ派の支持を得た「イラク・イスラーム」国の反米武装闘争が活発化し、07年1月には二万人を超えるアメリカ軍の増派が決定された。イラク情勢は一時改善するが、11年末にアメリカ軍がイラクから撤退すると、「イラク・イスラーム」国が勢力を拡大した。

ジョージ・W・ブッシュ（George W. Bush）政権は、政権誕生当初から、ウィリアム・J・クリントン（William J. Clinton）政権の対イラク政策の基本方針――レジームチェンジ――を継承する。自由と民主主義の拡大を目指したクリントン政権下で、1997年イラク解放法が成立する。そこにおいて、レジームチェンジがアメリカの公式な対イラク政策となった。9・11同時多発テロ直後、政権内では対イラク政策について、意見が分かれた。新保守派（ネオコン）のポール・D・ウォルフォウィッツ（Paul D. Wolfowitz）国防副長官、保守強硬派のリチャード・B・チェイニー（Richard B. Cheney）副大統領は、イラクがテロリストに大量破壊兵器を供給することを深刻に懸念し、いつかはフセイン政権を打倒すべきだと考えていた。他方、穏健派で元軍人のコリン・L・パウエル（Colin L. Powell）国務長官は、イラクのフセイン政権と9・11の関連性はないため、9・11への反応としてイラクを攻撃することに反対した。[4] その後、国際協調路線と単独路線で再び意見の対立はあったが、2003年3月、ブッシュ政権はフセイン政権の打倒に向けて、イラクへ侵攻する。レジームチェンジという政治的な目的に対して、アメリカ軍は速い作戦テンポで敵の防御の弱点に部隊を浸透させ、敵を崩壊させる作戦を選択した。この傾向は、とりわけ、海兵隊において顕著だった。政治の統治機構である政権を倒し、かつ、敵の完全なる撃破を目指す殲滅戦や消耗戦ではなく、敵の崩壊を目指す軍事作戦を選択するという組み合わせを選択した。その結果、イラクの統治機構が崩壊する一方で、軍事力は温存された。

2003年、陸軍第3歩兵師団と第1海兵師団の機甲部隊はイラクの南部から東西の二ルートで、首都バグダッドに向けて高速で駆け上がった。バグダッドという軍事目標に向かって、同時かつ高速で前進することを優先した第1海兵師団は、前進経路にある各地の制圧を後続部隊の第2海兵遠征旅団に任せた。その任務にあたったナトンスキ第2海兵遠征旅団長は、自ら前線に出向きながら、前線から部隊を指揮した。IMEFは航空部隊と機械化歩兵、戦車部隊から構成される諸兵連合部隊である。イラク自由作戦での海兵隊の戦闘は、従来歴史家や戦略研究者がアメリカの戦争様式として描いてきた——優越した火力と中央集権型の指揮統帥法による敵の殲滅——とは異なる戦い方だった。むしろ、03年の海兵隊の軍事作戦は、1941年にアルデンヌの森とフランスを高速で突っ切った、ドイツ国防軍クライスト装甲集団隷下のグデーリアン率いる第19装甲軍団を彷彿させる。

軍事史家のカール＝ハインツ・フリーザー（Karl-Heinz Frieser）によれば、1941年のドイツ〝電撃戦〟誕生の原動力とは以下の九要素である。

①「短期決戦」の伝統
②作戦的戦争指導の復活
③重点目標に兵力を集中させる重点形成の原則
④航空機と空挺部隊による立体的な包囲
⑤正面突破の再評価
⑥「突進部隊」が敵の抵抗の強い箇所を迂回し、深く進撃していく縦深突撃

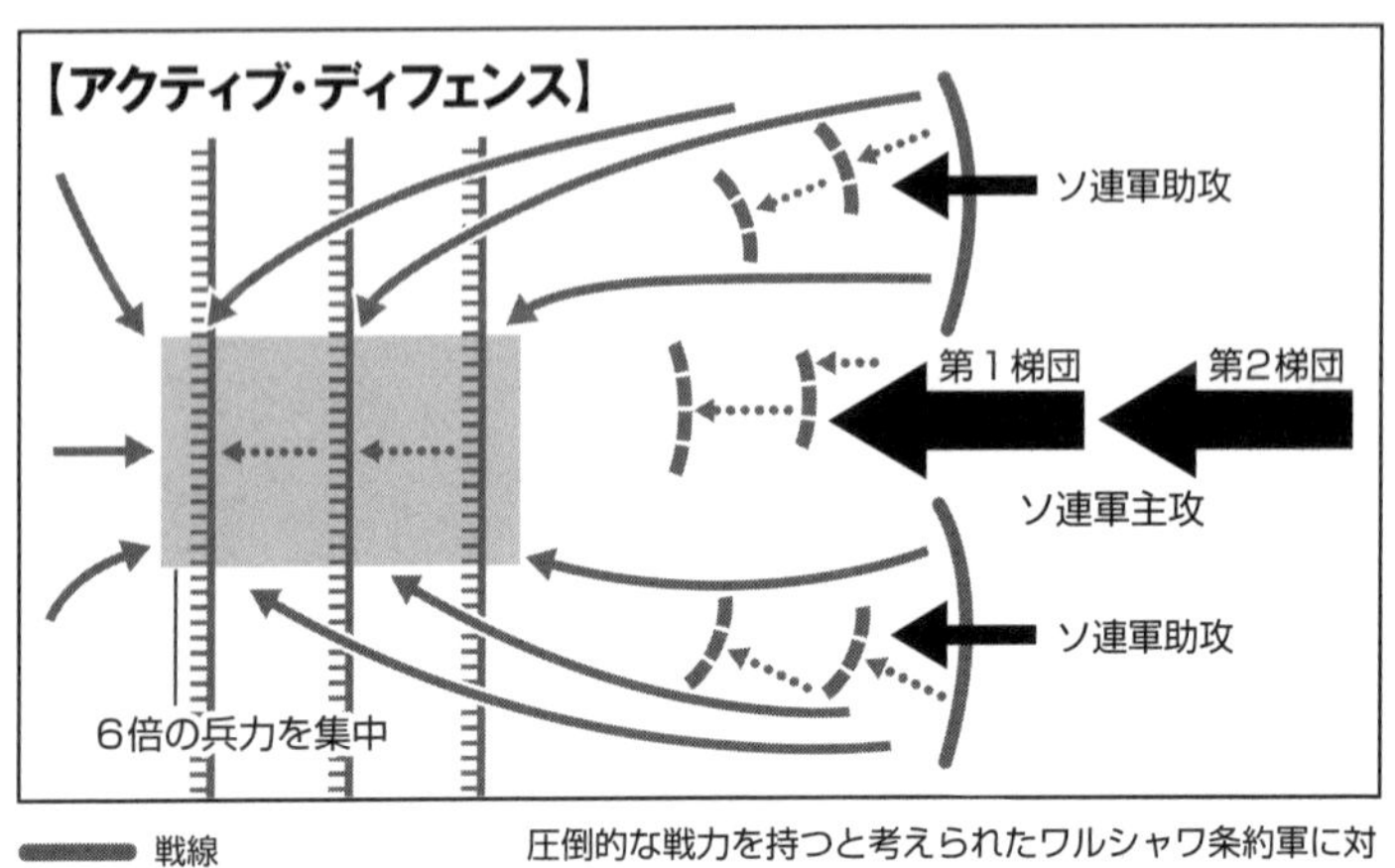

圧倒的な戦力を持つと考えられたワルシャワ条約軍に対抗するため、第４次中東戦争の戦訓から導き出されたのが「アクティブ・ディフェンス」というドクトリンだった。このドクトリンはしかし、数に対して数で対抗するという消耗戦的な考えが強く、また実行の可能性という点からも強く批判された。ただし機動力を重視しており、これが次の「エアランド・バトル」へと繋がってゆく。

田村尚也著『用兵思想史入門』（作品社、2016 年）より転載。

⑦　分権型の委任戦術と指揮官が前線で指揮する陣頭戦術

⑧　通信技術、装甲師団、陸軍と空軍の協同に代表される戦術と技術の融合

⑨　不確定性を受容したドイツ軍による速攻と奇襲である。[5]

もちろん、イラク自由作戦での海兵隊の戦闘に以上の九つ全てが反映されているとは必ずしもいえない。ただし、作戦的目標を達成するための戦闘や重点形成の原則、縦深突撃、陣頭指揮、諸兵連合、速攻と奇襲といった特徴は反映されているといえよう。

海兵隊は、どのように、指揮官が前線にて諸兵連合部隊を指揮し、目標物に対して高速で進撃し、浸透するという戦闘を立案そして実行する軍隊を形成したのだろうか。本書は２００３年に実行された海兵隊の〝電撃戦〟ともいえる戦い方の起源を明らかにする。ここでは、１９７０年代後半から90年代前半、言い換える

とベトナム戦争から撤退以降から湾岸戦争以前の時期における海兵隊の軍事ドクトリンの改定とその制度化に着目してその起源を描く。

２００3年のイラク自由作戦で海兵隊が実施した軍事作戦の起源は、１９７0年代後半から90年代前半に実施された組織改革にある。海兵隊では、70年代後半から一部の若手将校達を中心に、機動戦構想の形成を巡る議論が展開された。そして、部隊の訓練や教育でその構想が部分的に採用された。その後、87年に第二十九代海兵隊総司令官に就任したグレイが、89年、90年、91年に一連の基盤ドクトリンを発行し、機動戦構想と名付けられた新しい用兵構想を採用した。海兵隊は90年代後半に基盤ドクトリンを改定したが、機動戦構想は継続して採用されることになった。加えて、イラク自由作戦において、海兵隊遠征軍司令官や師団長となった将軍や連隊を指揮した大佐は、そのほとんどが80年代から90年代前半にかけて改定されたドクトリンを読み、訓練と教育を受けた世代である。さらに、イラク自由作戦でみられる海兵隊部隊の機械化は主に70年代半ばに議論され、訓練されたのである。

ただし、上述したように、ベトナム戦争後のドクトリンの改定は、海兵隊にさきがけて陸軍で実施された。ヘンリー・A・キッシンジャー（Henry A. Kissinger）が「勝てなかった戦争というアメリカにとってはじめての経験」であり、「外交へのコミットメントにおいてアメリカの道徳的信念と実際に出来ることとが相矛盾したというはじめての経験」[6]と表現したベトナム戦争から撤退し、１９７3年に徴兵制から志願制へ移行すると、陸軍と海兵隊は複合的な組織改革に取り組む。どちらも規律の乱れや麻薬汚染の問題と共に、出世主義の横行や訓練不足という問題を抱えていたが、とりわけ陸軍の上層部は組織の再建に積極的だった。

陸軍上層部は、まず、ベトナムから撤退前から開始していた五大装備開発を１９７0年代に進める。[7]そして、73年にはＴＲＡＤＯＣを立ち上げ、新しい用兵構想と訓練プログラムの開発、編制の研究に乗りだす。初代ＴＲＡＤＯＣ司令官にはデュパイが就任した。陸軍の伝統的な思考様式の持ち主だったデュパイは、陸軍は非正規戦ではなく、正規戦を戦うべきだと考えていた[8]。デュパイは近代兵器の破壊力という第四次中東戦争での教訓を自らの主張の根拠としながら、ヨーロッパの戦場で機甲戦を戦うための準備を推進した[9]。76年に発行されたＦＭ１００−５『作戦』マニュアルに、アクティブ・ディフェンスと名付けられた用兵の構想が採用された。ただし、アクティブ・ディフェンスには多くの批判が寄せられた。そのため、ＴＲＡＤＯＣは用兵構想を再び見直す。そして、近接作戦や後方作戦と同時に、時間及び空間の両方において、敵の縦深を攻撃する画期的な用兵構想を開発した。エアランド・バトルと名付けられたその構想は、82年に発行されたＦＭ１００−５『作戦』で導入された。陸軍は、エアランド・バトルを当時開発中だった新しい装備に関連させると共に、ＴＲＡＤＯＣにてそれらに適した編制の研究も実施した[10]。

他方、海兵隊では、陸軍と比較すると、基盤ドクトリンの改定は約十年間も遅れて実施される。陸軍のＴＲＡＤＯＣに相当する海兵隊戦闘・開発司令部（Marine Corps Combat Development Command [MCCDC]）は１９８７年に創設された。89年、90年、91年に発行された一連の基盤ドクトリンにて、機動戦構想がようやく採用され、海兵隊の戦争（Warfare）ドクトリンとなった。

では、海兵隊に着目する意義とは何か？　現在のアメリカの陸戦の準備と実行の特徴を理解するには、装備や編制の規模が大きい上に、70年代、80年代のドクトリン改革において先駆者だった陸軍に着目すれば十分ではないかという疑問もあるであろう。しかし、そうではない。第一に、海兵隊に着目することで、「アメリカの戦争様式」（American way of war）の変容をより鮮明に浮き彫りにできることである。従来、軍事史家や戦略研究者はアメリカの陸戦の特徴を、圧倒的な資源と火力で敵を殲滅する戦いだと描いてきた[11]。そこでは火力の運用を正確に行うことが重要になる。そのため、中央集権型の指揮形態や軍隊の行動方法を詳細に規定するマニュアルが採用されてきた[12]。加えて、将校教育は「規則に則った作業手段や行動基準」の暗記が中心だと指摘される[13]。ただし、高速で部隊を浸透させていったイラク自由作戦のように、近代のアメリカ軍の地上戦は、従来の「アメリカの戦争様式」では必ずしも説明できない。

1980年代後半になると、海兵隊は少なくともドクトリン上はこの特徴から著しく逸脱する。海兵隊が採用した機動戦構想は、戦場の不確実性を全面的に受容し、かつ敵の無力化を目指す。作戦テンポの高速化や敵の決定的な脆弱な点への攻撃、分権型の指揮統帥法で敵の無力化を促すのである。分権型の指揮の方法では、指揮官は自ら判断することが求められる。そのため、海兵隊の一連の基盤ドクトリンは詳細な手続きや方法論ではなく、諸概念の厳密な定義から構成された。

確かに、時間と空間において敵の縦深を攻撃する陸軍のエアランド・バトルも、敵の未来の戦闘力の無力化を目指す画期的な用兵構想だった。またマニュアル上では分権型の指揮統帥法も採用された。しかしながら、エアランド・バトルでは、結局のところ、アメリカの伝統と指摘されてきた厳密な火力調整が重要となった。なぜなら、エアランド・バトルとは、近接作戦、敵の縦深への作戦、後方作戦を同調させる戦い方である。かつ、近接作戦では近接航空支援と地上部隊、縦深作戦では航空機や砲兵、攻撃ヘリによる火力支援と装甲・機械化部隊が協同することが要求される。そのため、マニュアルで採用されたとはいえ、分権型の指揮が発揮される可能性は低かった。FM100-5『作戦』マニュアルも従来の方法論の規定のままだった。従って、陸軍ではなく、海兵隊に着目することで、現代のアメリカ軍の陸戦が「アメリカの戦争様式」だけでは必ずしも説明できなくなっていることを、より顕著に描き出すことができる。

海兵隊のドクトリンの変容を解明することは、アメリカの戦略文化の変容を明らかにする手がかりとなる。

第二に、1980年代に実施された海兵隊のドクトリン改革は、21世紀初頭の戦争において、いかに将校達のアイデアやそれを生み出す知性が、つまり「ソフト」が重視されているかを明らかにする。歴史上、必ずしも知性を重視してこなかった海兵隊でさえも、80年代後半以降は用兵構想の開発や教育の改革に、組織的に取り組んだのである。海兵隊は、歴史上、将校の教育プログラムや「用兵」構想、ドクトリンの開発を重視してきたとはいい難い。陸軍は1881年にカンザス州フォート・レブンワースに、後に指揮幕僚大学になる歩騎兵運用学校を設立した。1899年に陸軍長官に就任したエリフ・ルート（Elihu Root）が陸軍の教育改革に着手し、1901年に陸軍戦争大学が新設された。アメリカ海軍（以下、海軍）も1884年にロードアイランド州ニューポートに海軍戦争大学を設置した。19世紀に陸軍や海軍の将校教育の発展に貢献したデニス・ハート・マハン（Dennis Hart Mahan）、アルフレッド・セイヤー・マハン（Alfred Thayer Mahan）、エモリー・アプトン（Emory Upton）は、ヨーロッパの教育を真剣に研究したという。[14] 陸軍は第二次世界大戦前には士官学校から専門的職種学校、指揮幕僚学校、陸軍戦争大学校へと通じる教育体系を作った。陸軍ほどには教育を重視していなかった海軍でも、似たような教育体系を作っていた。[15] 他方、海兵隊では、1920年代に入ってようやく、ジョージア州フォート・ベニングにある陸軍の歩兵学校や陸軍の指揮幕僚学校で用いられている資料を使いながら、将校教育を開始した。[16]

1930年代の海兵隊は革新的であったと評価されることがある。水陸両用作戦という新規のドクトリンを形成したと。しかしながら、30年代に海兵隊が作成した水陸両用作戦のドクトリンは、用兵という観点からはさほど新規性があるとはいえない。30年代には、世界に目を向けると、イギリス陸軍やドイツ陸軍、ソ連の労農赤軍などで「作戦的」、「戦略的麻痺」、「縦深作戦」などの新しい用兵の構想が開発、研究

郵便はがき

料金受取人払郵便

麹町支店承認

9089

差出有効期間
2020年10月
14日まで

切手を貼らずに
お出しください

1 0 2 - 8 7 9 0

1 0 2

［受取人］
東京都千代田区
飯田橋2－7－4

株式会社 作品社
営業部読者係 行

【書籍ご購入お申し込み欄】

お問い合わせ 作品社営業部
TEL 03(3262)9753／FAX 03(3262)9757

小社へ直接ご注文の場合は、このはがきでお申し込み下さい。宅急便でご自宅までお届けいたします。送料は冊数に関係なく300円（ただしご購入の金額が1500円以上の場合は無料）、手数料は一律230円です。お申し込みから一週間前後で宅配いたします。書籍代金（税込）、送料、手数料は、お届け時にお支払い下さい。

書名	定価 円	冊
書名	定価 円	冊
書名	定価 円	冊
お名前	TEL （ ）	
ご住所 〒		

フリガナ
お名前

男・女　　　　歳

ご住所
〒

Eメール
アドレス

ご職業

ご購入図書名

●本書をお求めになった書店名

●ご購読の新聞・雑誌名

●本書を何でお知りになりましたか。

イ　店頭で

ロ　友人・知人の推薦

ハ　広告をみて（　　　　　　　　）

ニ　書評・紹介記事をみて（　　　　　）

ホ　その他（　　　　　　　　　　）

●本書についてのご感想をお聞かせください。

ご購入ありがとうございました。このカードによる皆様のご意見は、今後の出版の貴重な資料として生かしていきたいと存じます。また、ご記入いただいたご住所、Eメールアドレスに、小社の出版物のご案内をさしあげることがあります。上記以外の目的で、お客様の個人情報を使用することはありません。

されていた。戦術的かつ消耗戦という戦い方から、作戦的かつ敵を麻痺させる戦い方への移行が議論されていたのである。他方、当時の海兵隊は戦術的かつ消耗戦を海から沿岸という新しい場所に適用したにすぎなかった。

ベトナム戦争終結直後も海兵隊のドクトリンや教育を重視しない態度に変化はなかった。１９７０年代になると従来の経験第一主義に加えて、将校の間で出世主義が横行する。80年代には、とりわけ高級将校達の部隊指揮の能力や責任感の欠如について、海兵隊の内外から疑問の声が上がるようになる。ベトナムから撤退と同時に、軍の教育や訓練、ドクトリンの開発に取り組む陸軍の上層部に対して、海兵隊上層部の主要な関心事項は、どのように組織を維持するかということだった。海兵隊における戦力の開発では、ドクトリンや教育といった無形戦力は軽視され、装備や編制という有形戦力が重視されていた。しかしながら、80年代後半になると、海兵隊は、若手将校達の知的努力の結晶である機動戦構想を採用し、教育の改革にも着手する。知的さとは程遠い組織文化をもつ海兵隊でさえ、80年代後半以降は、知的に戦う組織になるために努力したのである。

そして最後に、海兵隊に着目することで、軍を改革することが、いかに難しいのかが明確になる。海兵隊の組織改革を考察した野中が指摘するように、太平洋戦争で水陸両用作戦を開発した海兵隊は、時に、革新的な組織であるという印象を与える。戦略環境に合わせて自らの任務を創出することに成功してきたと[17]。確かに、陸軍や海軍、空軍とは異なり、空間によって任務が規定されていない海兵隊は、各時代において、自らの任務を再定義する。それにより、組織の存続を果たしてきた。第一次世界大戦ではヨーロッパで陸戦を戦い、太平洋戦争では水陸両用作戦で海軍の前進基地を奪取し、朝鮮戦争では仁川に上陸、その後陸戦を戦い、ベトナム戦争では１９７０年代半ばにアメリカの国防政策がヨーロッパ重視へと変化すると、海兵隊の上層部は任務を再定義する。ヨーロッパでの機甲戦に歩兵が中心の海兵隊が果たせる役割は限定されており、海兵隊の存在意義に疑問が寄せられた。そこで、上層部はヨーロッパでの機甲戦にも対応することで、海兵隊削減論に反論した。

ただし、「軍隊を用いて戦う」という用兵の歴史、とりわけ、用兵の構想の基盤となる「ウォーファイティングに関する哲学」[18]の観点からは、海兵隊は必ずしも革新的な組織とはいえない。むしろ保守的であることも多い。上述したように、1930年代には、イギリス陸軍やドイツ陸軍、赤軍などでは、新しい用兵構想が議論され、パラダイムがシフトしつつあった。「作戦的」、「戦略的麻痺」、「縦深作戦」などの新しい用兵の構想が開発されていた。戦術的かつ消耗戦という戦い方から、作戦的かつ敵を麻痺させる戦い方への移行が議論されていたのである。他方、海兵隊は戦術的かつ消耗戦という古いパラダイムを、海から沿岸という新しい場所に適用したにすぎなかった。70年代にも、海兵隊上層部が用兵構想の開発を積極的に主導することはなく、陸軍と比べても用兵のドクトリンの改定は遅れる。70年代半ばから80年代前半に、中堅・若手将校達が開発した機動戦構想は、89年になってようやくドクトリンに正式に採用されたのである。このことは、軍隊において、戦略環境に合わせて任務を変化することと、部隊を運用するためのドクトリンやその基盤となるウォーファイティングに関する哲学を開発することは、必ずしも表裏一体ではないという教訓を我々に与えてくれる。任務を変化し続けている軍隊であっても、必ずしも用兵構想を開発しているとは限らないのである。新しい任務を創出し、装備や編制を整備している一方で、新しい用兵構想の開発が停滞していることもあり得る。

海兵隊の〝電撃戦〟の起源を描くために、本書では、以下のような問いを探求していく。まず、そもそも機動戦構想とはどのような構想なのか。1970年代半ばから海兵隊が直面した戦略環境と任務の変化は、機動戦構想のドクトリンへの採用にどのような影響を及ぼしたのだろうか。そして、海兵隊はどのように機動戦構想を制度化したのだろうか。

2　作戦的ドクトリンの研究――三つのアプローチ

近年、日本の学術研究ではアメリカの軍隊に関する優れた研究が蓄積されてきた。ただし、それらの多くは国際政治もしくは国防政策の文脈でアメリカ軍を考察する。そのため、アメリカ軍の軍制や軍政は解明されてきたが[19]、アメリカ軍の軍令そして「軍隊を用いて戦うこと」[20]である「用兵」に関する研究は、未だに限定的である。他方、アメリカやイギリス、イスラエルの大学そして軍の教育・研究機関における戦争学や戦略学、軍事史研究では、とりわけ、ベトナム戦争終結以降、作戦レベルの用兵思想と実戦の歴史に関する研究が発展してきた。ここでは、軍事作戦とは単なる装備と編制から形成されるのではなく、その背後にある将校達の想像力、知性、構想力、言い換えると装備や編制を運用するアイデアが重要な役割を果たしてきたことが描かれている。

軍事ドクトリン、とりわけ、作戦的ドクトリン（Operational doctrine）は近年、アメリカやイギリス、イスラエルなどの軍事史研究において主に以下の三つの方法で、考察されてきた。第一は、ドクトリンの創出過程と組織への採用過程を解明する研究である。ここでは、将校達が作戦の教訓や新しい技術そして近代戦の特徴を議論しながら、新しい軍事構想を創出する過程が考察されてきた[21]。例えば、デービッド・M・グランツ（David M. Glantz）は、１９９１年に出版された*Soviet Military Operational Art: In Pursuit of Deep*

Battle（『ソ連軍事作戦術――縦深会戦の追求』未邦訳）において、１９１７年から68年におけるソ連作戦術構想と編制の創出と変容過程を概観した[22]。グランツにより提示された解釈を受け入れつつ、帝政ロシア軍の知的財産の継承と赤軍独自の思想という観点から作戦術構想の創出過程を再検討したのが、リチャード・W・ハリソン（Ricard W. Harrison）の研究である。赤軍の将校達は、帝政ロシア軍から戦略と戦術から独立した作戦術構想の定義、正面軍規模での指揮の確立、連続作戦といった知的財産を相続し、他方、マルクス・レーニン主義の攻勢的な性質を受容しながら縦深作戦ドクトリンを形成したとハリソンは論じた[23]。ベトナム戦争後の英語圏の軍事史研究では、赤軍のドクトリン研究に加えて、近年、ドイツ陸軍の〝電撃戦〟の形成や採用過程に関する解釈が再検討されている。従来、〝電撃戦〟は、グデーリアンをはじめとする改革派が保守派に反対されながら形成したと解釈されてきた。この見解に対して、ジェームス・S・コーラム（James S. Corum）やロバート・M・チティーノ（Robert M. Citino）のような軍事史家達は、〝電撃戦〟は保守派と革新派の対立において誕生したのではなく、既に１９２０年代にドイツ陸軍により組織的に形成されていたと主張する[24]。

また、ベトナム戦争後の陸軍のドクトリン変容過程についても、徐々に明らかになりつつある。代表的な研究であるジョン・L・ロムジュ（John L. Romjue）は、１９７６年のアクティブ・ディフェンスから82年のエアランド・バトルへの変容過程を描いた。ロムジュによって描かれた変容過程は以下の通りである。陸軍は70年代前半にドクトリンの見直しを開始した。第四次中東戦争を考察した陸軍は、近代戦では兵器の致死性が向上しているために初戦が最後の会戦となると分析した。そのため、部隊を集結させ初戦で敵を撃破するアクティブ・ディフェンスを陸軍は作成した。ただし、軍の内外の批判者達は、ソ連の第２梯団が考慮されていないことや過度に防御を重視していることを批判した。その後陸軍は、陸と空の通

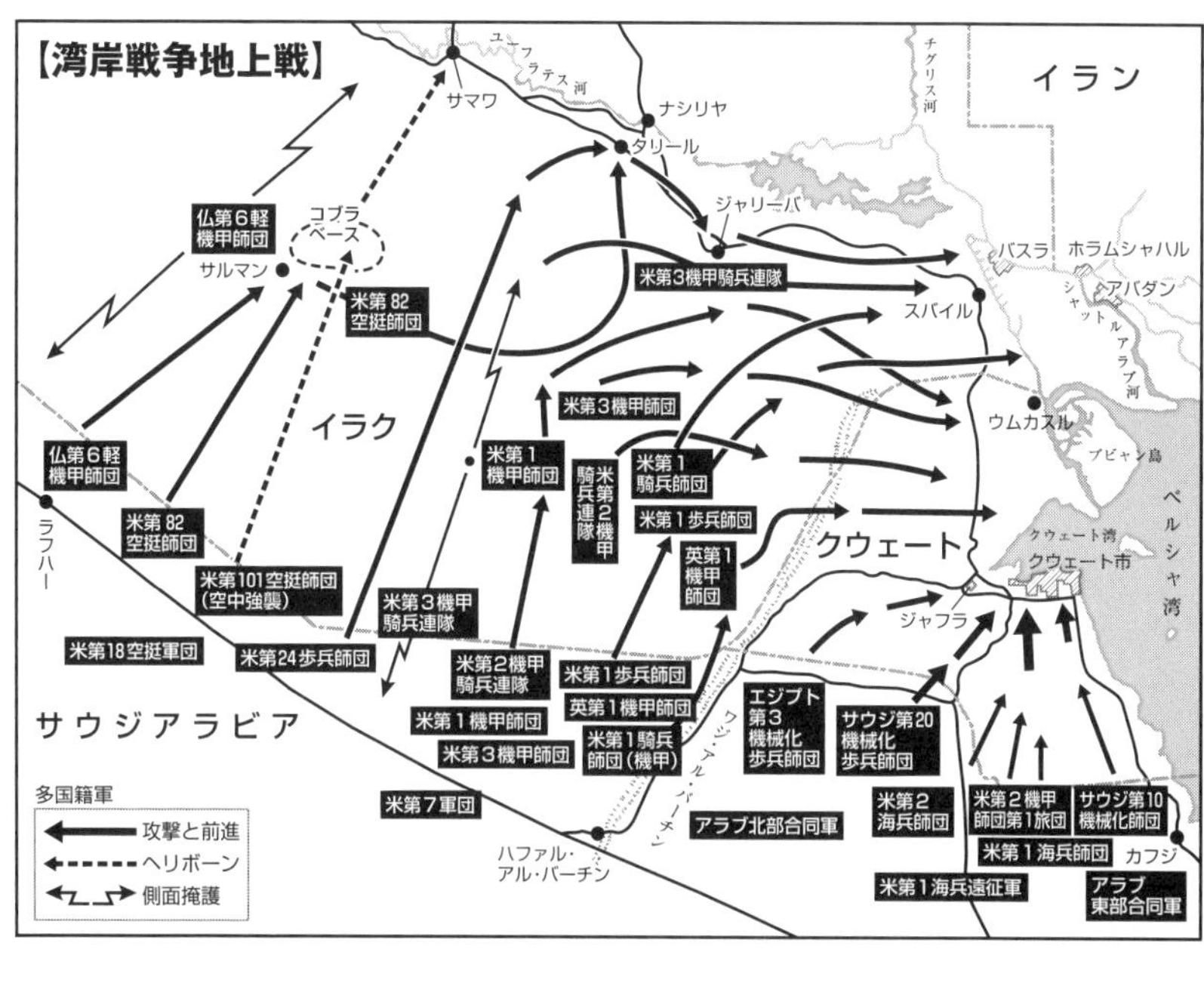

常戦力と核、化学兵器、電子兵器を結合し、敵の縦深を攻撃するエアランド・バトルを形成した[25]。

二つ目のアプローチはドクトリンの作戦への反映に関する研究である。思想の作戦への影響という点では、カナダの軍事史家ティム・トラバース(Tim Traverse)の *The Killing Ground: The British Army, the Western Front and the Emergence of Modern Warfare 1900-1918*(『殺戮の大地——イギリス陸軍と西部戦線、近代戦の登場1900-1918』未邦訳)が代表的な研究であろう。軍事史研究者として有名なトラバースは、第一次世界大戦時のイギリス遠征軍司令官ヘイグは実戦において、参謀大学で学んだ準備砲撃と突破、戦果の拡張という戦争様式を批判や検討することなく、戦場に単純に適応したと批判した[26]。エアランド・バトルの湾岸戦争への反映についても研究者の注目を集めてきた。チティーノは湾岸戦争で

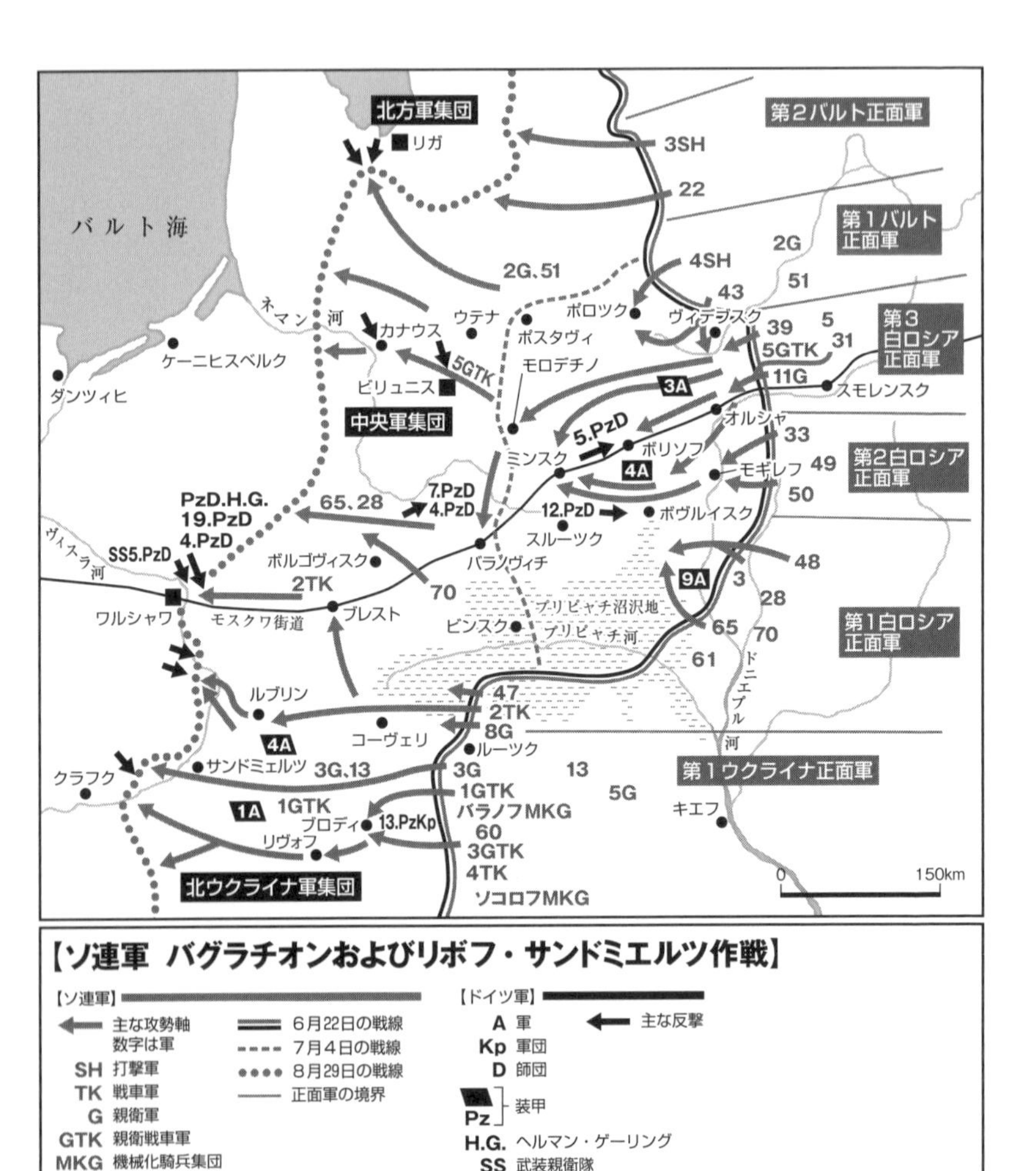

【ソ連軍 バグラチオンおよびリボフ・サンドミエルツ作戦】

の陸軍の作戦に、エアランド・バトルは必ずしも反映されていなかったと指摘する。湾岸戦争の軍事作戦では空爆と地上戦は独立していた。さらに、イラクの南から北への第7軍の進軍は縦隊による進軍だった。これらは、エアランド・バトルが提示した非線形の戦いではなく、線形の軍事作戦であるとチティーノは論じた。他にも、縦深作戦ドクトリンという観点から赤軍のバグラチオン作戦、リュボフ・サンドミエルツ攻勢を見直したロバート・M・ワット（Robert M. Watt）は、一連の作戦の意味について新しい解釈を提示した。[27]従来、歴史家達はドイツ中央軍を撃破したバグラチオン作戦に着目してきた。しかしながらワットによれば、実はバグラチオン作戦は赤軍の主攻ではなかった。ポーランドからドイツにつながるルートを確保するために実施されたリュボフ・サンドミエルツ攻勢こそが赤軍の主攻撃であった。バグラチオン作戦はそのための手段にすぎなかったと彼は論じた。

三つ目は、社会思想との関連においてドクトリンを考察するアプローチである。ここでは、軍事思想やドクトリンの底流には同時期の社会思想が影響を及ぼしていることが明らかにされている。[28]例えば、イスラエルの軍事研究者であるアザー・ガット（Azar Gat）は、各時代の軍事思想が当該期の社会思想に影響を受けつつ発展してきたことを解明した。彼は、クラウゼヴィッツをはじめとするドイツ軍事思想には反啓蒙主義とロマン主義が影響を及ぼしていること、イギリスの軍事思想家であるジョン・フレデリック・チャールズ・フラー（John Frederick Charles Fuller）の思想には実証主義の影響があることなどを解明した。[29]

以上のように、ベトナム戦争後の英語圏の軍事史研究では、ドクトリンの形成過程と採用過程そして実戦への反映、社会思想との関連について検討が行われてきた。しかしながら、研究対象となってきたのは、主に、ドイツ陸軍の〝電撃戦〟や赤軍の縦深作戦、陸軍のエアランド・バトルだった。エアランド・バトルと同時期に発展した海兵隊の機動戦ドクトリンに関する研究は限定されてきた。ただし、近年、幾つかの例外的な研究によって、機動戦構想の開発過程や採用過程が解明され始めている。

3　機動戦構想はどのように開発されたのか?

海兵隊は、１９８９年にＦＭＦＭ１『ウォーファイティング』、90年に艦隊海兵隊マニュアル１‐１『戦役遂行』（ＦＭＦＭ１‐１『戦役遂行』）（Fleet Marine Force Manual 1-1, *Campaigning* [FMFM 1-1, *Campaigning*]）、91年に艦隊海兵隊マニュアル１‐３『戦術』（ＦＭＦＭ１‐３『戦術』）（Fleet Marine Force Manual 1-3, *Tactics* [FMFM 1-3, *Tactics*]）の一連の基盤ドクトリンを発行した。[30] この基盤ドクトリンで、機動戦構想と呼ばれる用兵構想を、海兵隊の主たる戦争（Warfare）構想として採用した。そもそも機動戦構想とはどのような構想なのだろうか。そして、海兵隊内部での機動戦構想の開発・発展過程は、どのように描かれてきたのだろうか。

まず、ドクトリンの思想的背景という観点から、機動戦理論の底流にはドイツロマン主義の影響があることを明らかにした齊藤大介の研究がある。齋藤は、機動戦構想の思想的特徴は反合理主義、反フランスの性質を帯びた19世紀のプロイセンの用兵と共通していると指摘した。海兵隊は戦争を複雑で多様性に富んだ要素が相互に作用し合う現象と捉え、そこにおける人間の思惟を重視していると。[31] 次に、フィデレオン・ダミアン（Fideleon Damian）は、機動戦構想の思想的特徴を、スピードと奇襲を利用しながら、敵の強い点ではなく弱点を攻撃することであると描いた。そして、機動戦構想を実行するために採用された技術が

「任務戦術」（"Mission Tactics"）、「指揮官の意図」（"Commander's Intent"）、「努力の焦点」（"Focus of Effort"）、「面とギャップ」（"Surface and Gap"）、「諸兵連合」（"Combined Arms"）であると主張した。機動戦構想の思想的背景にはボイドのＯＯＤＡループ、ワィリーのマニュアルは戦場では機能しないという主張などがあったことが指摘された[32]。しかしながら、彼の考察の焦点は採用過程であったため、構想の形成に貢献したと考えられる将校達が、ダミアンが指摘した構想の特徴をどのように導きだしてきたのかということは十分に明らかにならなかった。

機動戦構想の採用過程を扱う先駆けとなった研究が、テリー・テリフ（Terry Terriff）の研究である。テリフは戦略文化の文脈で海兵隊への機動戦導入の要因を考察し、水陸両用作戦という海兵隊のアイデンティティが、機動戦の導入を促進したと論じた。１９７０年代前半、アメリカの国防政策の焦点は東南アジアからヨーロッパへシフトする。すると海兵隊は以下のようなジレンマに直面したという。緊急にヨーロッパでの海兵隊の役割を見出し、機械化・装甲化を進めない限り、最悪の場合には組織が取り潰され、よくても予算が削減されるだろう。他方で、機械化・装甲化を選択し、海兵隊の特殊性である水陸両用作戦能力が低下することは、組織の消滅にもつながりかねない。テリフは、海兵隊の大尉のステファン・Ｗ・ミラー（Stephen W. Miller）が発表した論文を根拠にしながら、機動戦がそのジレンマを解消したと論じた[33]。確かにテリフの研究は従来着目されてこなかったベトナム後の海兵隊のドクトリン改定を考察したという点で画期的ではあった。しかしながら、ドクトリンの変容過程ではなく変容要因の解明が目的であったこと、戦略文化に焦点を当てていることから、海兵隊の内部で、どのように用兵に関する議論を経て機動戦構想が形成され、採用されたのかという過程はブラックボックスとして扱われた。それにより、テリフが主張の根拠としたミラーの論文がどのような文脈で執筆されたのかということも明らかにならなかった。

他方、上述したダミアンは、海兵隊員によって書かれた論文の読み込みや海兵隊員へのインタビューを通して、海兵隊への機動戦構想の発展と導入過程を丹念に考察した。彼によれば、海兵隊では若手将校達が、１９７９年に開始された勉強会にて機動戦構想を勉強し、同年から82年に『海兵隊ガゼット』（*Marine Corps Gazette*）誌において議論を重ねた。その後、第２海兵師団での実験的使用と水陸両用戦学校（Amphibious Warfare School）での教育を通して海兵隊に機動戦構想が普及された。そして、87年に第二十九代海兵総司令官に就任したグレイが機動戦構想を正式に採用したことにより、機動戦構想は海兵隊の公式ドクトリンとなった[34]。

ダミアンの研究は従来ブラックボックスとして扱われてきた軍の内部の議論を解明した画期的な研究である。ただし、そこでは将校達の議論という内発的な契機に焦点が当てられており、戦略環境や任務の変化といった外発的な契機は触れられなかった。１９７０年代は海兵隊において任務が大きく変化した時代である。テリフが指摘したように、アメリカの国防政策の中心がヨーロッパへ回帰すると、海兵隊はヨーロッパでの機甲戦に備えて部隊を機械化するか、従来の水陸両用作戦を主たる任務とすることに固執し、兵力の削減を受け入れるかの厳しい選択を迫られた。それにもかかわらず、戦略環境や任務の変化は機動戦構想の採用に全く影響を及ぼさなかったのだろうか。

また、齋藤とテリフ、ダミアンの研究において以下の二つの点が共通して欠如していた。一つ目は、海兵隊のドクトリンの歴史において、１９８０年代に改定されたドクトリンをどのように位置付けるかということである。齋藤とダミアンは、同年代のドクトリンが海兵隊ドクトリンにおけるパラダイムシフトであったと言及している。例えば齋藤は不確実性構想を受容したことでパラダイムがシフトしたと指摘する。

ただし、そこでは従来の海兵隊のドクトリンの思想上の特徴は考察されていない。80年代に採用された新しいドクトリンの特徴を明確にするためには、歴史上の海兵隊のドクトリンや同時期の他の軍隊のドクトリンと比較検討する必要があると考えられる。彼らはそれらと比較検討せずに、80年代のドクトリンをパラダイムシフトであると言及した。その理由は、当時の改革派が構想を組織に普及する際に使用したパラダイムシフトというレトリックをそのまま受け入れたことにあると考えられる。二つ目は機動戦構想がどのように制度化されたのかという点である。浅野亮が指摘するように、ドクトリンによる戦争様式の変化を考察する際には、思想形成に加えて、組織がその構想をどこまで実行できているのかということを考察することが重要である[35]。ドクトリンの改定だけでは軍の戦争様式が変化するとは考えにくい。新しく作成されたドクトリンが軍の教育や訓練、装備、編制そして人事制度などに影響を及ぼして初めて軍の戦争様式は変化する。しかしながら、これまでの研究ではこの点が見落とされてきた。

そこで本書では、まず、歴史上の海兵隊ドクトリンと機動戦構想の思想的特徴を比較することで、機動戦構想の思想上の特徴をより明確にする。その後、思想的特徴がどのように導き出されたのかを、構想の形成を主導した将校達の思想に着目することで示す。次に、戦略環境の変化とそれに伴う任務の変化が機動戦構想の採用に及ぼした影響について検討する。ジレンマに直面した海兵隊の上層部はどのように任務を定義したのか。任務の変化と機動戦構想はどのような関係にあるのだろうか。機動戦構想の採用において、戦略環境の変化とグレイをはじめとする将校達のリーダーシップは、どちらがより重要な役割を果たしたのだろうか。さらに機動戦構想の制度化について論じてみたい。本書では、グレイが強力に推進した海兵隊の「頭脳力」(“brain power”)」の改革に着目し、機動戦構想の制度化が検討される。グレイが総司令官就任当初から強調した「頭脳力」の改革とは、二つの改革から成り立っていたことを指摘する。

ＭＣＣＤＣの創設と将校への教育プログラムの改定である。ＭＣＣＤＣ改革におけるグレイの企図とは何だったのか、ＭＣＣＤＣの新設は機動戦構想の導入とどのように関連していたのか。機動戦に基づき部隊を指揮する能力を備えた将校のための教育プログラムとはどのような内容なのか。これらを描くことで、イラク自由作戦でみられたような海兵隊の新しい戦争様式の起源を描く。

4　戦略・作戦・戦術

本書は、主に、戦争（War）の作戦レベルと戦術レベルの視点から海兵隊の用兵構想の変容を考察する。ベトナム戦争終結以降、英語圏の軍事史や戦略学、戦争学の領域では、戦争（War）という現象を「戦略」と「作戦」、「戦術」に階層を区分し、考察するアプローチが取られるようになった[36]。アメリカ国防総省の定義によれば、「戦略レベル」とは、国家が国家または多国間の戦略目的と方針を決定し、それらの目的を達成するために国家の資源を発展させ使用する領域である[37]。戦略レベルの担当者は、戦略目的を設定し、軍事そして軍事以外の国家資源の利用を決定する。「作戦レベル」とは「軍事の終末状態（end states）と戦略目標を達成するために必要な作戦的目標を設定する。それにより、戦略と戦術を関連づける」[38]。作戦レベルの実行者は作戦術を用いながら諸作戦を計画し、実行する。最後に「戦術レベル」とは諸会戦と戦闘を計画し、実行する領域である[39]。

作戦レベル概念、そして作戦レベルの術である「作戦術」概念は、戦略や戦術概念よりも遅れて、19世紀後半から20世紀前半にヨーロッパの陸軍において発達した。19世紀後半から20世紀初頭にかけて、国民

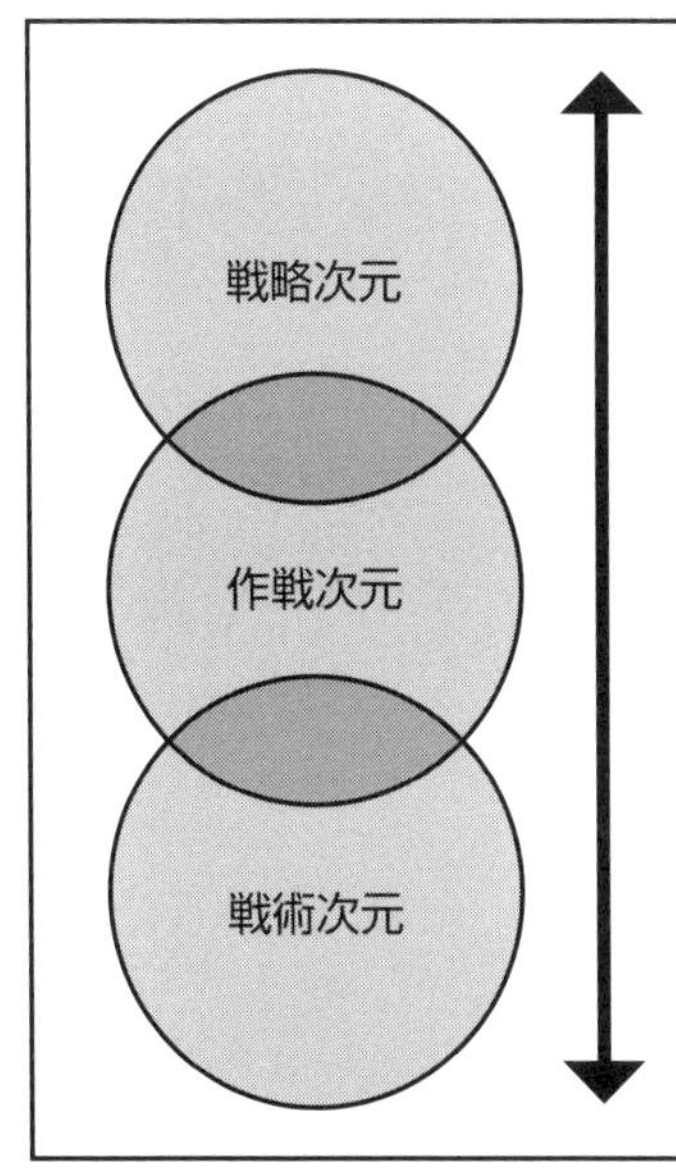

【戦争の階層構造】

戦争は三つの階層から成り立っている。この階層は、戦争の形態により上下に伸び縮みする。戦術行動であっても戦略に大きな影響を及ぼすような戦い（例えばゲリラ戦）では階層構造は圧縮される（戦術・作戦・戦略が極度に近づく）

アメリカ海兵隊 MCDP-1『WARFIGHTING』より作成

田村尚也著『用兵思想史入門』（作品社、2016 年）より転載。

軍の誕生による軍隊の巨大化と産業革命による兵器の大量生産が生じた。その結果、時間と空間の両面において戦場が拡大し、一回の決戦における敵の撃破で戦争が終了することは困難になった。また、国家による資源の動員が進むにつれ、戦略の主たる担い手は、将軍から文民である政治家へと変化した。このような変化が生じると、従来の二分法――軍の動員と移動を「戦略」、戦闘での指揮を「戦術」――で戦争を考察することが困難になった。新たな分析枠組みが必要となった。そこで、ヨーロッパの軍人達は新たな三階層で戦争を論じるようになった。国家資源の動員である「戦略」、一回の会戦での戦闘である「戦術」、そして、戦略目的を達成するために、異なる地域や戦域で発生する諸会戦を関連させ、統一させる作戦術を用いるようになった。

　戦略と戦術の従来の二分法から、作戦レベル領域を明確に区分し、作戦術を概念化したのが、赤軍将校のアレキサンドル・A・スヴェーチン（Aleksandr. A. Svechin）である。第一次世界大戦中にロシア軍の大本営に勤務したスヴェーチンは、内戦ではロシア軍参謀長として従軍した。彼は、１９２３年と24年の陸軍大学校での講義で、作戦術という用語を提唱し始め、27年に出版した著書『戦略論』（*Strategy*）において、作戦術概念を説明した。20年代には一回の会戦で戦争は終わらない。幾つかの諸会戦が戦場で生起している。従来の戦略と戦術の二分法では近代戦は説明できない。スヴェーチンによれば、「戦術」理論とは主に技術に関する理論であり、部隊の編制と移動、偵察、戦闘などの基準を設定することである。戦術は一回の会戦に集中すべきである。他方、「戦略」は戦場のみならず国内での経済的そして政治的な動員を含む。「作戦術」はその中間を担う術であり、異なる地域や戦役で発生する諸会戦を関連づける。スヴェーチンの定義によれば、「作戦術」とは「ある戦域における中間目標を達成するために部隊の努力を方向づけ」[40]、また「戦術任務と後方支援全体を準備する。また時間と兵力という資源の範囲内で、作戦の本質を考慮しつつ作戦の基本的な方向性を決定する」術である。[41]

本書では、主に作戦と戦術レベルの観点から、歴史上の海兵隊のドクトリンと１９８０年代から90年代に採用されたドクトリンを比較検討する。それにより、新しく採用されたドクトリンの思想的特徴を明らかにする。海兵隊のドクトリンは伝統的に作戦レベルのドクトリンだったのか、それとも戦術レベルのドクトリンだったのだろうか。言い換えると、歴史上の海兵隊ドクトリンでは作戦レベル構想が採用されていたのだろうか。作戦レベルという用語がドクトリンに採用されていたのか。言語化はされていないにしても作戦レベルのドクトリンであるといえるのだろうか。それとも、作戦レベルという用語がドクトリンに採用されず、かつドクトリンで採用されている用兵構想自体も戦術構想なのだろうか。

5　アメリカの戦争の「形」

アメリカの戦争（Warfare）、とりわけ陸戦にはどのような特質がみられるのだろうか。軍事史家や戦略研究者達はアメリカの陸戦の顕著な特性の一つに、消耗戦があると指摘する。[42]カーター・マルケイジアン（Carter Malkasian）は、消耗戦を以下の四つの特徴をもつ戦争様式だと定義する。第一に、敵の防御の強い点への正面襲撃に代表されるように、甚大な損耗と資源の消費を伴う戦い方である。第二に、敵よりも物質的優越性を必要とする。そして、第三に、軍事史家のヒュー・ストローン（Hew Strachan）が消耗戦の生みの親は産業化であると指摘するように、消耗戦は組織だった火力の攻撃により敵を撃破する戦い方である。最後に、消耗戦は敵の完全なる殲滅を意図する戦い方である。[43]

アメリカを代表する軍事史家の一人であるラッセル・F・ワイグリー（Russell F. Weigley）は、アメリカ陸軍の戦争様式の歴史的変遷を考察し、アメリカの戦争様式の特徴を描いた。そこでは、アメリカの戦争様式の特徴は主に陸軍の戦争様式を考察することで帰納的に導き出されてきた。ワイグリーは、南北戦争時の南軍の司令官ロバート・E・リー（Robert E. Lee）と北軍司令官のユリシーズ・S・グラント（Ulysses S. Grant）の戦いの特徴は、結局のところ、敵軍部隊の壊滅だったと主張した。グラントは敵の捕獲を目指したが、実際には優越した兵力と資源で敵部隊を壊滅させた。ワイグリーによれば、南北戦争以降もアメリカの戦争様式は、グラントの戦略とウィリアム・ティカムサ・シャーマン（William Tecumseh Sherman）の破壊的進撃が継承された。陸軍は第一次世界大戦では優越した資源に依拠して戦い、第二次世界大戦ではドイツ軍の最も強力な点を攻撃したのである。[44] 戦略研究者のコリン・グレイ（Colin Gray）もアメリカの戦争様式の特徴の一つに、莫大な資源の動員と火力への依存があると指摘する。[45]

陸軍は、敵に優越した兵力や火力で敵を撃破する消耗戦を、中央集権型の指揮統帥法や詳細な方法論まで規定したマニュアルで実行してきた。陸軍の指揮法について考察したエイタン・シャミール（Eitan Shamir）は、陸軍の指揮法は経営学の影響を受けてきたと指摘する。彼によれば、経営的手法とは「中央集権と標準化、詳細な計画、計量的分析、効率性と確実性の両方の最大化」[46]である。大量の資源を動員し、敵に優越する火力でもって敵を撃破するには効率性が重要になる。そのため、陸軍では、中央集権型の指揮の下、上級部隊が詳細な計画を立案し、上級部隊に厳格に統制された隷下部隊が、計画を逸脱することなく実行してきた。シャミールが指摘した陸軍の戦争様式、すなわち上級部隊が詳細な計画を立案し、隷下部隊が忠実にその計画を実行する様式においては、ドクトリンの性質は部隊の詳細な行動を規定するマニュアルが適切であろう。独立戦争から現代までの陸軍の主要ドクトリンの発展を考察したウォルター・E・クレッチク（Walter E. Kretchik）によれば、陸軍ドクトリンの内容は時代と共に、縦隊から横隊への変化の方法や行軍の方法から諸兵連合、そして戦争以外の軍事作戦へと変化した。彼の著作では、その歴史上の各ドクトリンにおいて、諸軍事概念は概念に留まらず、部隊の行動様式として具体化されていたことが描かれている。陸軍ドクトリンは、彼が指摘するように、各軍事概念を具体化することで、戦場のカオスを支配するための規則として機能したのである。[47]

これまでみたようにワイグリーやグレイ、シャミール、クレッチクの指摘から、本書では「アメリカの戦争様式」構想を以下のように定義したい。それは、敵を殲滅することで勝利を目指す戦い方であり、主に火力による敵の防御の強固な点への攻撃、莫大な資源の動員そして中央集権型の指揮により実行される戦い方である。そして、中央集権型の指揮は部隊の詳細な行動を規定するドクトリンに支えられている。本書では、この「アメリカの戦争様式」構想の観点から、歴史上の海兵隊のドクトリンと１９８０年代後半から90年代初頭に採用された基盤ドクトリンを比較することで、80年代のドクトリンがどの程度海兵隊ドクトリンの伝統を継承しているのか、それとも全く革新的なドクトリンなのかということを考察する。

6　軍の改革モデル——政治学者の目から

軍の任務や能力、ドクトリンはなぜ変容するのだろうか。政治科学者たちはこれらの変容要因の解明に取り組んできた。政治科学者のバリー・R・ポーゼン（Barry R. Posen）は、組織論と勢力均衡理論を用いて軍隊におけるドクトリンの変容要因を分析した。ポーゼンによれば、軍隊は以下の理由からドクトリンの改定に消極的であり、文民の介入を経て初めて改革が進む。その理由とは（1）ドクトリンの変化には不確実性が伴うこと、（2）軍隊にはヒエラルキーがあり、情報が下部組織から上部組織に上がってくることは制限されていること、（3）古いドクトリンを習得し、軍の高官となった者は新しいドクトリンを普及することに興味がないということである。そして、軍事ドクトリンの内容は国際システムによって規定されると論じた[48]。このポーゼンの主張に対して、ステファン・ピーター・ローゼン（Stephen Peter Rosen）は、軍のドクトリンの変容は必ずしも文民の介入にのみ引き起こされるのではなく、軍人自身の努力により改革が推進されるということを示した。特に平時の変革では軍人が主導権を握っているという。文民である政治家は開戦の時期の決定や軍事予算、資源の配分を決定するが、どの軍事能力が必要であるかという決定には関与していない。ローゼンによれば、平時には、軍の計画立案者達が戦略環境の構造的変化を認識することで、軍の変革の必要性について考慮するようになる。それにより、新しく必要とされる能力が概念化され、組織は新概念の実現に向けて行動するようになる。軍内部の各組織の利益追求のパワーバランスによって軍の改革が推進される。また、組織は新しい任務を担う将校が出世するようなキャリアパスを整えた時に改革が生じる[49]。

本書はドクトリン変容の要因を探ることが目的ではないため、ポーゼンとローゼンによる変革の推進者を巡る議論に、ベトナム戦争後の海兵隊のドクトリン改定をケースにして貢献することはしない。むしろ、これらのモデルを緩やかに参考にすることに留める。本書の目的は海兵隊の新しい戦争様式の起源を解明することである。彼らがどのように新しい戦争構想を形成し、組織の公式のドクトリンとし、制度化を通して組織に定着したのかを考察する。ポーゼンとローゼンは、軍の変容を誰が主導するかという点では意見を異にしている。ポーゼンは文民であり、ローゼンは軍人だと主張する。ただし、戦略環境が軍の変容で大きな役割を果たしていることでは彼らは同意している。前者は国際システムがドクトリンの内容を規定すると指摘し、後者は戦略環境の変化が将校の認識を変化させることでドクトリンの変革が進むと論じる。本書では、ベトナム戦争終結後の海兵隊のドクトリンの変容において、戦略環境の変化が改革を促進したのか、それとも改革者達のリーダーシップが重要な役割を果たしたのかを論じてみたい。

7　本書の研究方法

軍事ドクトリンは政治科学者と軍事史家に共通した関心事項であるが、両者の研究目的とアプローチは異なる。政治科学者の関心は、主として、ドクトリン変化の普遍的な要因をパワーという概念の文脈で明らかにすることである。例えば、政治科学者のポーゼンは組織論と勢力均衡理論、地理そして技術の観点から軍事ドクトリンの形成要因を考察した。ポーゼンによれば、上述したように、軍は組織の利益を極大化するため、不確実性を伴うドクトリンの改定には積極的ではない。文民の介入があって初めて改定する。また、軍事ドクトリンの内容は国際システムに規定される。多くの敵に直面している国家や政治的に孤立した国家は攻撃ドクトリンを採用し、同盟国を持つ国家は防御ドクトリンを採用する傾向にある。

他方、軍事史家は個別の軍事ドクトリンが変容する過程を戦争（Warfare）の文脈で明らかにしようとする。彼らの主たる関心は、軍事ドクトリンの思想上の形成過程と装備や編制、実戦への反映の有無である。端的に言うと、平時の軍がどのように戦争（Warfare）を準備し、実戦を戦ってきたのかということを明らかにすることである。近年、軍事史家達は、軍事ドクトリンは軍人の知的努力を通して形成されてきたことを明らかにしている。彼らによれば、ドクトリンは戦略環境や国際システムといった外部要因により、自動的に形成されたのではない。むしろ、軍の内外における軍事研究と軍事構想を巡る議論において開発、発展したのである。彼らは国際政治におけるコンストラクティヴィストや外交史家と同様に、人間の認識と思想に着目している。

本書の目的は、ドクトリンを変化させる要因を一般化することや、国際システムとドクトリンの関係を明らかにすることではない。むしろ、海兵隊が、ベトナム戦争後に創出した新しい概念の思想的特徴とその背景、その構想の採用と制度化の過程を考察することで、新しい戦争様式の起源を明らかにすることである。そこで、本書では、政治学者の提示した軍の変容要因のモデルを緩く適用しながら、軍の変革を主導した軍人の認識に着目して、構想の思想的形成過程や組織への採用過程、実戦への反映の有無を論じる。ドクトリンの改定において主要な役割を果たした軍人達が提示した軍事構想と、その背景にある戦略環境、戦争（War）の教訓に関する軍の内外における議論、戦史や軍事思想史研究、軍が直面していた問題に対する軍人たちの認識などを考察することで、ドクトリンの変容を明らかにしていく。

本書では、ドイツの〝電撃戦〟の起源について新しい解釈を示したコーラム、赤軍の縦深作戦ドクトリンの形成過程を解明したハリソン、戦間期のドイツとソ連の戦車ドクトリンの発展を比較したマリー・R・ハベック（Mary R. Habeck）をはじめとする軍事史家が用いるアプローチを使用する。[50]それは、軍人の認識に着目して、構想の思想的形成過程や組織への採用過程、実戦への反映の有無を論じる方法である。より具体的には、ドクトリンの改定において主要な役割を果たした軍人達が提示した軍事構想と、その背景にある戦略環境の変化に関する彼らの認識、戦場での経験から導き出してきた教訓、戦史や軍事思想史研究、軍が直面していた問題に対する彼らの認識などを考察することで、ドクトリンの変容を明らかにしていくアプローチである。本書でも、主導的役割を果たしたと考えられる軍人達の思想、戦略環境の変化や訓練と教育、ドクトリン、編制に関する彼らの認識に着目しながら、構想の思想的特徴とその背景、採用と制度化過程を考察する。

また、機動戦構想の思想的特徴をより明確にするために、歴史上の海兵隊のドクトリンや機動戦構想と、機動戦構想とほぼ同時代に開発された、陸軍のエアランド・バトル構想と比較するという方法をとる。

本書が依拠する資料について触れておきたい。本書は海兵隊が所蔵する海兵隊歴史局・アーカイブ部門（Archives Branch Marine Corps History）の文書を用いた。各部隊の指揮年表や海兵隊の上層部や海軍省への説明文書、各種報告書、教育機関で使用されたシラバス、構想ペーパー、オーラルヒストリー等である。それらに加えて、『海兵隊ガゼット』誌に掲載された論文や当時の将校達が執筆した論文、未公刊の自伝などの個人資料を利用した。また、１９７０年代半ばから90年代前半に海兵隊の改革に携わった関係者にインタビュー調査を行った。

8　本書の構成と各章について

本書は六つの章から構成される。

第1章は２０００年代初頭の海兵隊の作戦を特徴づける幾つかの構想を紹介する。

第2章では、海兵隊のドクトリンと実戦の歴史を提示する。その際、「アメリカの戦争様式」構想と、戦略・作戦・戦術という戦争の階層区分という二つの概念を視座としながら、歴史上のドクトリンと実戦を概観する。それによって、機動戦構想の導入により、海兵隊の用兵構想と実戦がどのように変化したのかを示す。

続く第3章では、１９８０年代後半から90年代初頭に採用された機動戦ドクトリンの思想的特徴とその背景が考察される。機動戦構想の特徴である作戦テンポの高速化、分権型の指揮の方法で敵を麻痺させるという構想、戦争の不確実性、戦争の作戦レベル構想、概念の定義から構成されるドクトリンという考え方が、海兵隊においてどのように発展したのかが描かれる。

第4章では、機動戦構想の採用過程を扱う。ベトナム戦争終結後の戦略環境の変化とグレイのリーダーシップのどちらが、機動戦構想の採用にとって、より決定的だったのだろうか。海兵隊上層部はどのように任務を再定義したのか。任務の変化は、機動戦構想の採用を促進したのか。1970年代半ばから80年代初頭にかけて、新しく実施されるようになったNATO北側面での旅団規模の演習と、海兵隊での諸兵連合演習を検証することで、これらの問いを考察する。

第5章と第6章では、グレイによる「頭脳力」の改革過程を考察し、機動戦構想がどのように海兵隊において制度化されたのかを示す。グレイの「頭脳力」改革とは、MCCDCの新設と将校教育の改定から構成されていたことが描かれる。MCCDCとはいかなる組織なのか。MCCDCを創設することで、何を行おうとしたのだろうか。ここでは、グレイと彼の改革者たちにとって、MCCDCの新設とは、単なる海兵隊における一つの組織の新設ではなく、ドクトリン・訓練・教育・編制・装備の要求システムの根本的転換を意図していたと主張する。グレイはMCCDCを海兵隊の将来戦構想を創出する意思決定組織としようとしていたのである。そして、その頭蓋骨たるMCCDCで海兵隊の将来戦構想を創出し、海兵空・地任務部隊（Marine Air-Ground Task Force［MAGTF］）では機動戦に基づき部隊を指揮し、作戦を立案する将校を、教育改革を通して育成しようとした試みも検討される。グレイが、海兵隊大学の創設、指揮参謀大学（Command and Staff College）でのカリキュラム改革、先進戦争学校（School of Advanced Warfighting）の新設を通して、決まりきった手順の暗記から将校達を解放し、軍事的判断力を育成しようとしたと論じる。機動戦が求めるように、自ら判断し、指揮官の意図を部下に提示する能力を開発しようとしたのである。

最後に、本書の議論全体を整理するとともに、機動戦構想の形成と採用、制度化がその後の海兵隊の戦争様式にもたらしたインパクトに言及する。

註記

(1) ケンブリッジ大学出版から発行された*Understanding Modern Warfare*(『近代戦の理解』未邦訳)によれば、戦争(War)と戦争(Warfare)の意味は異なる。政治、軍事、文化などを含む現象が戦争(War)であり、その中の主に軍事的領域が戦争(Warfare)と定義される。現代の西洋における戦争(War)とは、カール・フォン・クラウゼヴィッツの戦争の定義の影響を強く受けており、政治的目的を伴う現象として定義されるという。他方、戦争(Warfare)は戦争(War)の一領域であり、主に、組織化された暴力の利用と定義される。David Jordan, James D. Kiras, David J. Lonsdale, Ian Speller, Christopher Tuck and C. Dale Walton, *Understanding Modern Warfare* (Cambridge, Cambridge University Press, 2008), p. 2,3.

(2) マイケル・ハワード「軍事史と戦争史」ウイリアムソン・マーレー、リチャード・ハート・シンレイチ編(今村伸哉監訳)『歴史と戦略の本質(上)歴史の英知に学ぶ軍事文化』(原書房、2011年)、pp. 29-47。

(3) 戦略研究学会片岡徹也編『戦略論大系③モルトケ』(芙蓉書房出版、2002年)、p. 288、エドワード・ミード・アール編(山田積昭、石塚栄、伊藤博邦訳)『新戦略の創始者―マキャベリーからヒットラーまで』上(原書房、1978年)、p. 178。

(4) ボブ・ウッドワード(伏見威蕃訳)『攻撃計画―ブッシュのイラク戦争』(日本経済新聞社、2004年)、pp. 33-35, 252, 253。

(5) カール＝ハインツ・フリーザー(大木毅、安藤公一訳)『電撃戦という幻』下(中央公論新社、2012年)、p. 228-255。

(6) ヘンリー・A・キッシンジャー(岡崎久彦監訳)『外交』下(日本経済新聞社、2005年)、p. 323。

（7）M1エイブラハム戦車、M2ブラッドレー歩兵戦車、AH-64Aアパッチ攻撃ヘリ、UH-60Aブラックホーク多用途ヘリ、パトリオット防空ミサイルの開発。

（8）Richard Lock-Pullan, "'An Inward Looking Time': The United States Army, 1973-1976," *The Journal of Military History*, 67, April 2003., pp. 483-511.

（9）Saul Bronfeld, "Fighting Outnumbered: The Impact of the Yom Kippur War on the U.S. Army1," *The Journal of Military History*, vol. 71/no. 2, (2007), pp. 465-498.

（10）フランク・N・シューベルト、テレーザ・L・クラウス編（滝川義人訳）『湾岸戦争 砂漠の嵐作戦』（東洋書林、１９９９年）、pp. 46-51。

（11）ラッセル・F・ワイグリー「アメリカの戦略―その発端から第一次世界大戦まで」、ピーター・パレット編（防衛大学校・「戦争・戦略の変遷」研究会訳）、『現代戦略思想の系譜―マキャヴェリから核時代まで』（ダイヤモンド社、１９８９年）、pp. 361-390、Colin S. Gray, "The American Way of War: Critique and Implications," in Anthony D. McIvor, ed., *Rethinking the Principles of War* (Maryland: Naval Institute Press, 2005), pp.13-40。

（12）Eitan Shamir, "The Long and Winding Road: The US Army Managerial Approach to Command and the Adoption of Mission Command (Auftragstaktik)," in *Journal of Strategic Studies*, Vol. 33, Issue 5, (October 2010), pp. 645-672, Walter E. Kretchik, *U.S. Army Doctrine: From the American Revolution to the War on Terror* (Kansas: University Press of Kansas, 2011).

（13）イエルク・ムート（大木毅訳）『コマンド・カルチャー―米独将校教育の比較文化史』（中央公論新社、２０１５年）、p. 176。

（14）ジョン・W・マスランド、ローレンス・I・ラドウェイ（高野功訳）『アメリカの軍人教育―軍人と学問』（学陽書房、１９６６年）p. 67。

（15）同上、p. 75。

（16）Donald F. Bittner, "Curriculum Evolution: Marine Corps Command and Staff College 1920-1988," (Washington D.C.: History and Museum Division, Headquarters, U.S. Marine Corps), p. 8, 9.

（17）野中郁次郎『アメリカ海兵隊―非営利型組織の自己革新』（中央公論社、１９９９年）。

（18）"FMFM 1, Warfighting," in Lt. Col. H. T. Hayden, ed., *Warfighting: Maneuver Warfare in the U.S. Marine Corps*（London: Greenhill Books, Pennsylvania: Stackpole Books, 1995）, p. 36.

（19）村田晃嗣『大統領の挫折—カーター政権の在韓米軍撤退政策』（有斐閣、２０００年）、川上高司『米軍の前方展開と日米同盟』（同文舘出版、２００４年）、福田毅『アメリカの国防政策—冷戦後の再編と戦略文化』（昭和堂、２０１１年）。

（20）片岡徹也（編）『軍事の事典』（東京堂出版、２００９年）、p. 59。

（21）David M. Glantz, *Soviet Military Operational Art: In Pursuit of Deep Battle*（Oxford: Frank Cass, 2005）, Richard W. Harrison, *The Russian Way of War: Operational Art, 1904-1940*（Kansas: University Press of Kansas, 2001）, Jacob Kipp, "Two Views of Warsaw: The Russian Civil War and Soviet Operational Art, 1920–1932," in B. J. C. McKercher and Michael A. Hennessy, eds., *The Operational Art: Developments in the Theories of War*（Connecticut: Praeger, 1996）pp. 51-85, Robert M. Citino, *Blitzkrieg to Desert Storm: The Evolution of Operational Warfare*（Kansas: University Press of Kansas, 2004）, Richard M. Swain, "Filling the Void: The Operational Art and the U.S. Army," in McKercher and Hennessy（eds.）, *The Operational Art*.

（22）グランツによって１９３６年の赤軍野外教令で採用された縦深作戦構想の基本的な創出過程と採用過程が示されたといえよう。20年代の赤軍はソ連・ポーランド戦争の経験から近代戦では一回の会戦で敵を撃破することが困難であり、連続的に攻撃する必要があるというミハイル・N・トゥハチェフスキー（Mikhail N. Tukhachevsky）の主張、そのためには空軍力の支援を受けた戦車が敵縦深を攻撃すべきであるというウラジミール・K・トリアンダフィーロフ（Vladimir K. Triandafillov）の提案、そしてスヴェーチンによる作戦術の定義を通して、縦深会戦構想を発展させた。その後30年代に、技術、産業、理論の全ての面で、縦深会戦構想をより規模の大きい縦深作戦構想へと発展させた。縦深会戦構想では、軍による敵縦深への浸透が想定されていたが、縦深作戦構想では正面軍による百五十から二百五十キロメートルに渡る敵縦深への浸透、包囲、撃破が想定されていた。

（23）Harrison, *The Russian Way of War*.

（24）James S. Corum, *The Roots of Blitzkrieg: Hans von Seeckt and German Military Reform*（Kansas: University Press of Kansas, 1992）, Robert M. Citino, *The Path to Blitzkrieg: Doctrine and Training in the German Army, 1920-39*（Pennsylvania: Stackpole

Books, 2008）.

（25） John L. Romjue, *From Active Defense to Airland Battle: the Development of Army Doctrine 1973-1982*（Virginia: Historical Office, United States Army Training and Doctrine Command, 1984）.

（26） Tim Traverse, *The Killing Ground: The British Army, the Western Front and the Emergence of Modern Warfare 1900-1918*（London: Unwin Hyman, 1987）.

（27） デビッド・M・グランツ、ジョナサン・M・ハウス（守屋純訳）『独ソ戦全史「史上最大の地上戦の実像」』（学習研究社、2005年）、Robert N. Watt, “Feeling the Full Force of a Four Front Offensive: Re-Interpreting the Red Army’s 1944 Belorussian and L‘vov-Peremshyl’ Operations,” *The Journal of Slavic Military Studies*, 21（2008）, pp. 669-705。

（28） 齋藤大介「詭動戦――用兵における近代合理主義への反動」『防衛大学校紀要』第104号（２０１２年３月）、pp. 71-95、Shimon Naveh, *In Pursuit of Military Excellence: The Evolution of Operational Theory*（Oxford: Frank Cass, 2004）.

（29） Azar Gat, *A History of Military Thought: From the Enlightenment to the Cold War*（Oxford: Oxford University Press, 2001）.

（30） “FMFM1 Warfighting,” pp. 35-77, “FMFM 1-1 Campaigning,” pp. 79-136, “FMFM1-3 Tactics,” pp. 137-184, in Lt. Col. H. T. Hayden, ed., *Warfighting: Maneuver Warfare in the U.S. Marine Corps*（London: Greenhill Books, Pennsylvania: Stackpole Books, 1995）.

（31） 齋藤、「詭動戦」、pp. 71-95.

（32） Fideleon Damian, “The Road to FMFM1: The United States Marine Corps and Maneuver Warfare Doctrine, 1979-1989,” Master Thesis submitted to Kansas States University, 2008, p. 9, 28, 29, 31, 32.

（33） Terry Terrieff, “ ‘Innovate or Die’: Organizational Culture and the Origins of Maneuver Warfare in the United States Marine Corps,” *Journal of Strategic Studies,*29（3）（2006）, pp. 475–503.

（34） Damian, “The Road to FMFM1.”

（35） 浅野亮「中国の軍事戦略の方向性」『国際問題』492号（２００１年）、pp. 43-57。

（36） Gary Sheffield, ed, *War Studies Reader: From the Seventeenth Century to the Present Day and Beyond*（London: Continuum International Publishing Group, 2010）, Stephen Morillo and Michael F. Pavkovic, *What is Military History?*（Combridge: Policy

Press, 2010).

(37) *Joint Publication1 Doctrine for Armed Forces of the United States* (Joint Chiefs of Staff, 25 March 2013).

(38) Ibid., p. I-8.

(39) Ibid., p. I-8.

(40) Aleksandr A. Svechin, Kent D. Lee, ed., *Strategy* (Minnesota: East View Publications, 1997), p. 69.

(41) Ibid., p. 69.

(42) プロイセンの軍事史家のハンス・デルブリュックは戦争を殲滅戦と消耗戦の二つの型に分類した。殲滅戦は敵を全滅させる戦争であり、消耗戦は戦闘を領土の占領や通商の破壊と同様に、政治目的を達成するための手段とする戦争である。英語圏では、消耗戦の意味は、時代により変容してきた。ただし、オックスフォード大学出版から出版された『オックスフォード軍事史の手引き』(*The Oxford Companion to Military History* 未邦訳)での消耗戦概念の定義にみられるように、今日の英語圏の軍事史家は一般に、デルブリュックが殲滅戦と呼んだ戦争を消耗戦と呼ぶため、本書でも、殲滅戦ではなく消耗戦という用語を使用する、Richard Holms, ed. *The Oxford Companion to Military History* (Oxford: Oxford University Press, 2001)。

(43) Carter Malkasian, "Toward Better Understanding of Attrition: The Korean and Vietnam Wars," *The Journal of Military History*, Vol. 68, No. 3 (July., 2004), pp. 911-942, Richard Holmes, *The Oxford Companion to Military History,* pp. 105,106.

(44) ラッセル・F・ワイグリー「アメリカの戦略」。

(45) Gray, "The American Way of War."

(46) Eitan Shamir, "The Long and Winding Road: The US Army Managerial Approach to Command and the Adoption of Mission Command (Auftragstaktik)," *Journal of Strategic Studies,* Vol. 33, Issue 5, (October 2010), p. 646.

(47) Kretchik, *U.S. Army Doctrine*.

(48) Barry R. Posen, *The Sources of Military Doctrine: France, Britain, and Germany between the World Wars* (New York: Cornel University Press, 1984).

(49) Stephen Peter Rosen, *Winning the Next War: Innovation and the Modern Military* (New York: Cornel University Press, 1991).

（50） James Corum, *The Roots of Blitzkrieg,* Ricard W. Harrison, *The Russian Way of War,* Mary R. Habeck, *Storm of Steel: The Development of Armor Doctrine in Germany and the Soviet Union, 1919-1939*（New York: Cornel University Press, 2003）.

第Ⅰ部　戦場で戦い、勝つための用兵思想——アメリカ海兵隊の行動原理

演習中のアメリカ海兵隊と水陸両用強襲車7型（Assault Amphibious Vehicle，personnel.model7［AAV7］）

第1章　21世紀のアメリカ海兵隊——プロフェッショナルな戦争集団

クルーラック第三十一代海兵隊総司令官は、グレイ第二十九代海兵隊総司令官が「永遠に輝かしい精神」[1]を海兵隊に与えたのだと、グレイの海兵隊に対する貢献を評価する。ベトナム戦争から撤退後の海兵隊は疲弊し、堕落していた。その海兵隊を率いる地位に就任した二人の総司令官、ルイス・H・ウィルソン（Louis H. Wilson）とロバート・H・バロー（Robert H. Barrow）が、１９７０年代半ばから80年代半ばにかけて、まず人種的緊張や規律違反、麻薬乱用、アルコール問題に取り組んだ。そして、グレイの前任者であるポール・X・ケリー（Paul X. Kelly）が、予算の獲得に奮闘し、海兵隊の装備を再建し、「戦場で戦い勝つための手段と道具」[2]を海兵隊に与えた。その後、グレイの後任者となるカール・E・マンディ（Carl E. Mundy）が、冷戦後の国防費の大幅削減の時代において、海兵隊の現役兵力の維持に尽力したのだとクルーラックは指摘する。[3] 規律の回復、装備の改革、軍事構想やドクトリン、教育や訓練といった無形要素の改革、兵力の維持を経た海兵隊を、95年にクルーラックは引き継いだ。そして、クルーラックが水陸両用作戦の能力を再構築した海兵隊は、２００１年にアフガニスタンで不朽の自由作戦、03年にイラク自由作戦を戦う。

グレイが「永遠に輝かしい精神」を与えた21世紀の海兵隊とは、いかなる組織なのだろうか。本章では、現在の海兵隊の軍事作戦を特徴づけていると考えられる幾つかの用兵の構想を、実戦にも言及しながら整理する。それにより、軍事構想という観点から21世紀初頭の海兵隊がどのような組織なのかがわかるだろう。

1　戦争の本性

18世紀から19世紀にかけて生きたプロイセンの軍人、クラウゼヴィッツは戦争の定義という難題に果敢にも挑戦した。クラウゼヴィッツと同時代に活躍したハインリヒ・ディートリヒ・フォン・ビューロー（Heinrich Dietrich von Bülow）は、戦争の数学的な諸原則を解明しようとした。それに対して、クラウゼヴィッツは時代や技術の変化に関わらず普遍的な何か――戦争の本性――を追求した。彼の有名な著書『戦争論』において、戦争とは決闘において敵の防御を完全に無力ならしめることで、我の意志を相手に強要することであると主張する。我の意志を敵に強要するには、敵の防御を完全に無力にするか、もしくは完全に無力になるおそれがあると敵が思うような状態にしなければならない。ただし、敵の完全な打倒という軍事行動の目標は、現実の戦争においては手直しされる。現実の戦争では、戦争は一回の決戦で終わらないこと、戦争には政治的目的が伴うこと、不確実性と偶然などにより、敵を完全に打倒する前に軍事行動は停止される。決戦は一回限りではなく、二回目もあるとなると、人間は一回目に全ての兵力を集結させることはない。また、軍事力の使用は政治目的によって規定される。政治目的が小さいときは使用する力も小さくなる。さらに不確実性にさらされている中で判断を下す将帥は敵情判断を見誤り、尚早な行動をとることもあるし、尚早な停止を選択することもある。そして、クラウゼヴィッツは、戦争とは憎悪と敵意を伴う強力行為、確からしさと偶然、そして政治の道具であるという従属的性質の三位一体の現象であると描いた。クラウゼヴィッツが生きていた時代、つまりナポレオンの国民軍がヨーロッパで対仏同盟軍と戦っていた時代には、憎悪と敵意は国民、確からしさと偶然は将帥と軍、政治の道具は主に政府に属することだった。加えて、クラウゼヴィッツの『戦争論』の意義として、戦争における「摩擦」と「天才」の概念を発展させたことが指摘されている。戦場では至るところで摩擦と偶然が結びつき、一見すると容易にみえるような計画も、それを実行する段階では思いもよらない状況に陥ることがある。独創性と創造性、知性と決意で摩擦を克服した軍の指揮官達が偶然を活用することで、摩擦が戦争を支配することを回避できるとクラウゼヴィッツは主張する[4]。

クラウゼヴィッツの戦争の定義は現在に至るまで、論争の的となっている。軍事史家のマーチン・ファン・クレフェルト（Martin van Creveld）や国際政治学者のメアリー・カルドー（Mary Kaldor）は、クラウゼヴィッツが提示した戦争の定義の現代における妥当性に疑問を投げかけている。国家のパワーが衰退し、政治的正統性が崩壊すると、戦争は次のように変容するとクレフェルトは主張した。軍隊が戦う国家の合理的な追求から、多様な動機を持つグループが戦う非合理的な活動へと変容すると。ボスニア・ヘルツェゴビナの紛争を考察したカルドーも、戦争のパラダイムは変化したと論じる。主権国家システムでは、国家の利益のみが戦争を行う正当な理由であり、暴力を独占した国家のみが常備軍を統制していた。ただし、グローバリゼーション――「政治、経済、軍事、文化の地球的規模での相互連携の強化」[5]――の進展で、国民国家という枠組みは侵食される。1992年4月に始まったボスニア戦争では、国家の正当性も国家による暴力の独占も崩壊した。ここでは、カルドーによると、民族、氏族、宗教や言語などのある特定のアイデンティティに基づく権力の追求である「アイデンティティ・ポリティクス」が展開されるようになった。アイデンティティ・ポリティクスは排他的である。アイデンティティに基づく権力を追求する戦争では、異なるアイデンティティや意見をもつ人々を、準軍事組織や正規軍が大量虐殺や強制移住、追放することで排除する。現代の戦争は、クラウゼヴィッツが主張するように政府や軍隊にアクターが限定されていないし、合理的な意思の追求でもない。

このような意見に対して、クリストファー・バスフォード（Christopher Bassford）はクラウゼヴィッツが示した戦争の本性の現代における妥当性を擁護する。クラウゼヴィッツが『戦争論』において示した戦争の三位一体の主たる議論は、（1）憎悪と敵意を伴う強力行為、（2）確からしさと偶然、（3）政治の道具であるという従属的性質であるとバスフォードは主張する。憎悪と敵意を伴う強力行為、確からしさと偶然、政治への従属性の三つの要素は、「主として」、各々、国民、将帥とその軍、政府に帰する。[6] 非国家主体を含む多様なアクターが存在したボスニア戦争では、国民、将帥と軍、政治の三位一体論のモデルの妥当性は疑わしい。戦争の形態は変化したのである。他方で、ボスニア戦争でも、憎悪と敵意を伴う強力行為、確からしさと偶然、政治への従属性の三位一体論は普遍性がある。つまり、戦争の特徴は変わりつつあるが、戦争の本性は普遍的であるといえる。

以上のように、クラウゼヴィッツが示した戦争の定義の妥当性を巡る論争はあるが、MCDP1『ウォーファイティング』ドクトリンは、クラウゼヴィッツの戦争の定義を全面的に受容した。第一章「戦争の本性」では、戦争とは「軍事力を行使する組織化されたグループの間で生じる利益の暴力的な衝突」だと描かれている。「敵意を持ち、独立し、和解できない二つの意志の暴力的な戦い」であると。そこでは、戦争の目的とは我の意思を敵に強要することであり、その目的を達成するための手段が軍事力による暴力の組織的な使用もしくは脅しであると説明される。そして、クラウゼヴィッツが概念化した摩擦もMCDP1『ウォーファイティング』に取り込まれている。意思の強要である戦争には、摩擦や不確実性、流動性、無秩序、危険がその性質として伴っていると。

１９９７年にＭＣＤＰ１『ウォーファイティング』で示された戦争の本性は、海兵隊のドクトリンにおいて、現在に至るまで変更されていない。戦争の本性に関する理解を共有した上で、海兵隊は、機動戦を主たる戦争（Warfare）遂行の構想として、採用している。

2　機動戦——海兵隊の戦争（Warfare）構想

２０１６年９月に発行された『海兵隊作戦構想—遠征軍は21世紀にどのように戦うか』（*Marine Corps Operational Concept: How an Expeditionary Force Operates in the 21ST Century*）において、第三十七代海兵隊司令官ロバート・Ｂ・ネラー（Robert B. Neller）は、海兵隊は認識の次元や宇宙やサイバーの新領域にも機動戦構想を適用すると宣言した[7]。１９８９年にグレイが海兵隊の戦争哲学として採用した機動戦構想は、現在に至るまで海兵隊の作戦・戦術の基盤的な構想となっている。機動戦とは敵の戦いの能力の無力化を目指す。もちろん、機動戦でも火力を使用するが、敵の戦闘力の無力化を目指すという意味で、物理的な徹底的な破壊を重視する殲滅戦とは性質が異なる。敵の士気や組織などの物理的な一貫性を破壊するのである。

敵を麻痺させるために以下のような方策が用いられる。第一に、我の作戦スピードを高速化することである。海兵隊は任務戦術と呼ばれる分権型の指揮の方法を導入し、作戦テンポの高速化を試みた。任務戦術とは、第４節で詳しく説明するように、指揮官は全体の目的と理由だけを示し、目的を達成する方法については隷下部隊の指揮官が決定する指揮の方法である。第二に、敵の決定的脆弱性（Critical Vulnerabilities）に我の兵力を集中させる。敵の決定的脆弱性を迅速に攻撃し、機に乗じて、迅速に戦果を拡張するのである。攻勢的な偵察で敵の弱点を探し出しそこに戦闘力を集中させる。ウィリアム・S・リンド（William S. Lind）[8]は機動戦の例の一つとして、次のような絵姿を示している。第二次世界大戦中、1942年の東部戦線において、ドイツ軍の突撃部隊は、ロシアの防御陣地をこじ開けるように突入し、前進し続けた。突撃部隊の後に続く歩兵部隊と増援部隊が、敵を撃破したのだと[9]。第三に、敵が予期しない時間と空間で攻撃を仕掛ける。それにより、敵は心理的ダメージを負うことになる。第4節で示すように、2003年のイラク自由作戦でのＩＭＥＦの作戦には、機動戦の特徴が反映されている。

3　戦争の作戦レベル――イラク自由作戦

(1) 作戦レベル概念

機動戦を海兵隊の戦争哲学としてドクトリンに採用したグレイは、戦略・作戦・戦術から成る「戦争の階層区分」（level of war）という見方も採用した。そして、作戦、戦術レベルに機動戦構想を適用する。ＦＭＦＭ１『ウォーファイティング』において国家戦略・軍事戦略・作戦・戦術の戦争のレベルという考え方が採用された。1990年に作戦レベルに焦点を当てたＦＭＦＭ１-１『戦役遂行』、翌年に戦術レベルを扱ったＦＭＦＭ１-３『戦術』が発行された。従来、海兵隊において曖昧だった戦略と戦術の間の領域が作戦レベルという名称で概念化されたのである。戦争の階層区分概念は、1990年代後半に改定されたＭＣＤＰシリーズでも継続して採用されている。ＭＣＤＰ１『ウォーファイティング』は、国家戦略を「政治目的を達成するために、国力の構成要素の全てを調整・集中させること」[10]、軍事戦略を「政治目的を確保するために軍事力を利用すること」[11]と定義した。戦術は「ある特定の場所と時間での戦闘において、敵を撃破するために戦闘力を利用すること」[12]と定義された。そして、戦略と戦術の間の領域である作戦レベルは「戦略と戦術を関連させる」[13]こと、「戦略目標を達成するために戦術の結果を利用すること」[14]であり、「より高次の目標に関して、いつ、どこで、どのような状況で敵を会戦に巻き込むか、そしていつ、どこで、どのような条件で会戦を拒むかを決定する」[15]ことだと定義された。つまり、諸戦闘を関連させて戦略目標を達成することが作戦レベルの領域である。

海兵隊の主たる用兵の構想である機動戦構想を作戦レベルに適用すると、どのような戦いになるのだろうか。ＦＭＦＭ１―２『戦役遂行』やＭＣＤＰ１―２『戦役遂行』（MCDP 1-2, *Campaigning*）では以下のように描かれている。まず、政治目的を軍事戦略の目標に転換する。そして、戦略的に重要な目標に我の努力を集中させる。戦略目標の達成に向けて、同時に、もしくは連続して生起する幾つかの会戦を関連させる。作戦レベルの指揮官は、時間と空間の両方において、広い視野で戦場を俯瞰し、戦略目標の達成のために、会戦での成功をどのように拡張すべきかを探求しなくてはならない。機動戦を戦う海兵隊は、戦略目標を達成するために、敵の脆弱性を探し出し、もしくは創り出し、そこを攻撃する。作戦レベルでは、以下のような方法で作戦テンポを高速化する。

第一に、幾つかの戦術的行動を同時に実施する。

第二に、戦術的結果を予想し、その結果を迅速に活用する。

第三に、分権型の意思決定に基づく指揮の方法を採用する。

最後に、不必要な戦闘を避けることである。

作戦レベルの司令官はどこで、いつ、戦闘を避けるべきか、ということも決定しなくてはならない。つまり、作戦レベルの指揮官は、個々の戦闘に思考を集中させるのではなく、軍事戦略目標の達成という観点から、幾つかの戦闘を広く俯瞰するのだ。戦略目標を達成するために必要な戦闘はどれか、そして、その戦闘の結果をいかに利用できるかを迅速に判断することが指揮官に求められている。2003年、第1海兵師団長のマティスや副師団長のケリーは、この作戦的かつ機動戦的思考で、イラク自由作戦を戦った。

(2) イラク戦争の開戦

2002年1月29日の一般教書演説で、ブッシュ大統領は議員やアメリカの国民に向けて、対テロ戦争を継続する決意を力強く訴えた。イラクを北朝鮮とイランと共に悪の枢軸と呼び、それらの国々が大量破壊兵器を入手しようとしていること、そして大量破壊兵器をテロリストに提供しかねない懸念があると。これらはアメリカと同盟国にとって深刻な脅威であり、アメリカは断固として国の安全を守る行動をとると宣言した。

2001年に大統領に就任直後から、ブッシュ政権はクリントン政権の対イラク政策を引き継いだ。湾岸戦争でアメリカ軍がクウェートを解放した後も、アメリカのイラクへの封じ込め政策は継続された。アメリカ軍は、飛行禁止区域を設定し、巡航ミサイルで軍事基地を攻撃することで、イラク国内におけるフセインのクルド人の迫害を牽制した。イラクの大量破壊兵器開発の疑いに対しては、国連の経済制裁を実施し、安保理決議で査察の受け入れをイラクに求めた。20世紀初頭になると、伝統的に孤立主義が強かったアメリカ外交において、アメリカの理念で国際秩序を改革する、いわゆる国際主義が登場するようになる。ヨーロッパの勢力均衡による秩序の構築とドイツの専制体制に不信感をもっていたウッドロー・ウィルソン（Woodrow Wilson）は、集団安全保障による国際秩序の構築を提唱すると共に、国内体制の民主化が国際的安定につながるという信念をもっていた。ウィルソンは国家間の競争の要因の一つは、「支配者あるいは支配グループの名誉欲」だと考えていたという[16]。ウィルソンは、メキシコ革命において、メキシコで誕生した軍事政権を承認せず、軍事介入を行った。

1992年の大統領選挙に勝利して誕生したクリントン政権では、民主主義と市場主義経済の拡大が安全保障政策の重要な要素となった。その背景には民主主義国家同士が戦争を起こす可能性は低いという国際政治学の理論があった。そして、97年にイラク解放法が成立し、98年にイラクの反体制派の内紛が落ち着くと、クリントン政権は、フセイン政権を取り除き、民主的な政府の出現を促す——レジーム・チェンジ——という方針へと、対イラク政策を転換した[17]。

2001年の9・11同時多発テロ直後、イラクへの軍事攻撃に関して、ブッシュ政権内では意見が割れた。他国の体制転換、民主化を支持する新保守派のウォルフォウィッツ国防副長官はイラクへの攻撃を強く主張した。保守強硬派のチェイニー副大統領も、9・11直後にイラクを軍事攻撃することには賛成しなかったが、イラクがテロリストに大量破壊兵器を供給することを深刻に懸念し、いつかはフセイン政権を打倒すべきだと考えていた。他方、穏健派で元軍人のパウエル国務長官は、フセイン政権と9・11の関連性はないため、9・11への反応としてイラクを攻撃することに反対した[18]。その後、ブッシュ政権内で、イラクが大量破壊兵器を保有することと、テロリストが大量破壊兵器を入手すること、そしてそれらをアメリカに対して使用することの三つの関係性が綿密に分析されたのかはわからない。そして、仮に大量破壊兵器を保有したイラクがテロリストに供給するとしても、それを阻止するための方法として「政権転覆」

が適切だったのだろうか。この問題も真剣に再考されたのか定かではない。ただし、冒頭にあるように、2002年1月の一般教書演説になると、ブッシュはチェイニーらが主張するように、イラクからテロリストに大量破壊兵器が供給されることを、アメリカに対する深刻な脅威であると主張した。

政権転覆の方法についても、国際協調かアメリカの単独行動かという点において、ブッシュ政権内で意見が対立した。国際協調を重視したパウエルは、国連の決議を求めることを主張し、チェイニーは反対した。パウエルの強い働きかけで、ブッシュ政権は、まず、国際協調の路線をとる。2002年9月22日に国連総会で演説したブッシュは、フセイン政権が国連決議を無視して大量破壊兵器の開発を継続していることを非難した。そして、その行為は国連の正統性と平和にとって脅威であると訴え、武力行使の可能性についても言及した。続いて、パウエルは、新たな国連決議の採択に向けて、安全保障理事会の常任理事国であるフランスやロシアの外相を説得した。02月11月、安全保障理事会で、安保理決議1441号が全会一致で可決された。新決議は、イラクに、即時、無条件、無制限の大量破壊兵器査察の受け入れを求めた。武装解除の最後の機会を与えること、義務違反は「深刻な結果」に直面すると、イラクに警告した。イラクは国連監視検証査察委員会とIAEAの査察を受け入れた。ただし、イラクが提出した報告書に、深刻な虚偽があると判断したブッシュ政権は、03年3月、軍事作戦によるフセイン政権の打倒を開始する。

(3) イラク自由作戦

2003年3月、陸軍と海兵隊はイラクの南部から首都バグダッドの奪取を目指し、高速で進軍した。主力の陸軍第3歩兵師団が左翼、助攻の第1海兵師団が右翼から、バグダッドをめがけて、攻め上がった。海兵隊はコンウェイが率いるIMEFをイラクに派遣することに決めた。IMEFの主力地上部隊である第1海兵師団はマティス、第2海兵遠征旅団（タラワ支隊）はナトンスキが指揮することとなった。第1海兵師団の任務はイラク南部の油田の確保、タラワ支隊を超越し、バグダッドに向けて攻撃することだった。タラワ支隊には、ナシリヤの確保とユーフラテス川の渡河、後方連絡線の確保という任務が与えられた。[19] 第1海兵師団は第1連隊戦闘団（Regimental Combat Team 1［RCT-1］）、第5連隊戦闘団（Regimental Combat Team 5［RCT-5］）、第7連隊戦闘団（Regimental Combat Team 7［RCT-7］）、第11連隊から編成された。

3月20日、IMEFの地上戦が始まった。RCT-5の戦車がイラクとクウェートの国境を越えて、イラクに侵攻した。後に統合参謀本部議長になったジョセフ・F・ダンフォード（Joseph F. Dunford）が指揮するRCT-5は、直ちにイラク南部のガスと油田施設を確保した。翌日にはRCT-1とRCT-7も国境を越える。RCT-1では、作戦開始の前夜に全ての計画を一新することになったため、指揮官や参謀達が急いで計画を練り直した。イラク南部の油田を確保した第1海兵師団は、油田地帯の支配をイギリス軍に任せ、交通の要所であるナシリヤに向かって急いで北上した。3月21日に国境を越えたタラワ支隊もナシリヤへ急いだ。タラワ支隊に課せられていた重要な任務の一つは、ナシリヤでユーフラテス川に架かる橋を奪取することだった。そうすることで、第1海兵師団のRCT-1が高速7号線、RCT-5とRCT-7が高速1号線を速やかに北上することを可能にする。タラワ支隊はナシリヤで、戦車、AAV7強襲車、歩兵、航空支援や砲兵の火力支援で敵と戦った。3月23日、第1海兵師団はナシリヤ付近でユーフラテス川の渡河を開始する。ナシリヤでの市街地戦から離れた場所にある橋を渡河したRCT-5とRCT-7は、比較的スムーズにユーフラテス川を渡河し、高速1号線をディワニヤに向けて急いで北上した。

他方、RCT-1は、タラワ支隊がナシリヤで戦っている中で、ナシリヤを抜けて、高速7号線でクー

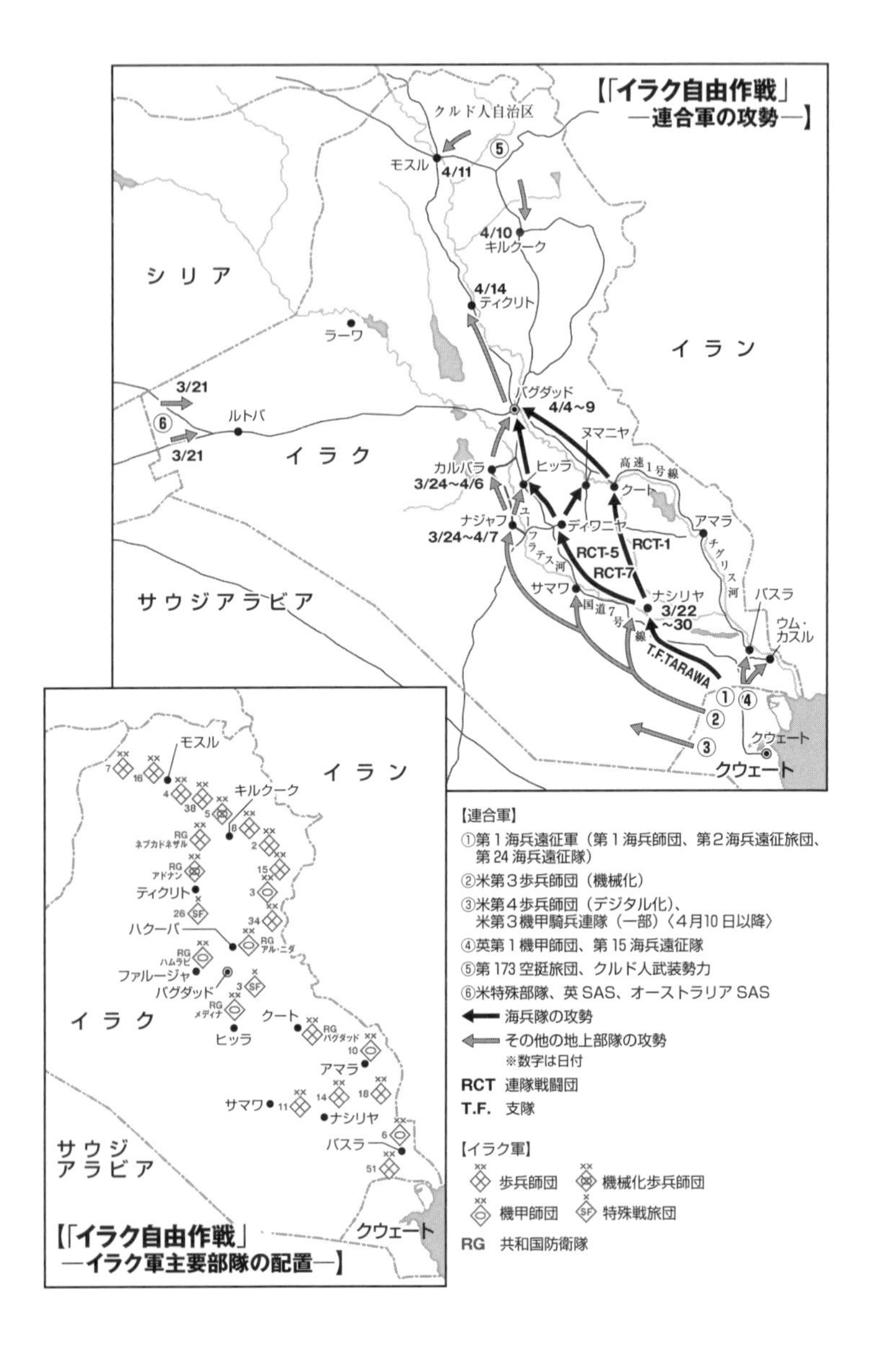
【「イラク自由作戦」
―連合軍の攻勢―】
クルド人自治区
モスル
4/11
⑤
4/10
キルクーク
シ リ ア
4/14
ティクリト
ラーワ
イ ラ ン
3/21
バグダッド
4/4～9
⑥
ルトバ
3/21
ヌマニヤ
イ ラ ク
カルバラ
3/24～4/6
ヒッラ
高速1号線
クート
ナジャフ
3/24～4/7
ユーフラテス河
ディワニヤ
アマラ
RCT-1
RCT-5
チグリス河
RCT-7
サウジアラビア
サマワ
ナシリヤ
3/22
～30
国道7号線
バスラ
ウム・カスル
T.F.TARAWA
①
④
②
③
クウェート
クウェート
【「イラク自由作戦」
―イラク軍主要部隊の配置―】
モスル
イ ラ ン
キルクーク
RG
ネブカドネザル
RG
アドナン
ティクリト
ハクーバ
RG
アル・ニダ
RG
ハムラビ
ファルージャ
バグダッド
RG
メディナ
イ ラ ク
クート
RG
バグダッド
ヒッラ
アマラ
サマワ
ナシリヤ
バスラ
サウジ
アラビア
クウェート
【連合軍】
①第1海兵遠征軍（第1海兵師団、第2海兵遠征旅団、第24海兵遠征隊）
②米第3歩兵師団（機械化）
③米第4歩兵師団（デジタル化）、米第3機甲騎兵連隊（一部）〈4月10日以降〉
④英第1機甲師団、第15海兵遠征隊
⑤第173空挺旅団、クルド人武装勢力
⑥米特殊部隊、英SAS、オーストラリアSAS
海兵隊の攻勢
その他の地上部隊の攻勢
※数字は日付
RCT 連隊戦闘団
T.F. 支隊
【イラク軍】
歩兵師団
機械化歩兵師団
機甲師団
特殊戦旅団
RG 共和国防衛隊

トに向かう。第1海兵師団とタラワ支隊という異なる二つの指揮命令系統がある中で、タラワ支隊が戦闘中にRCT-1が進撃することは、非常に困難な任務だったという[20]。しかしながら、第1海兵師団の迅速な北上を重視していたコンウェイやマティス、ナトンスキはタラワ支隊とRCT-1にその困難な任務を達成するように求めた。コンウェイはイラク自由作戦終了直後の2003年5月30日に、記者の質問に次のように答えている。

我々は、常に、戦場におけるナシリヤの重要性を認識していた。高速1号、高速7号はナシリヤでユーフラテス川を横切っている。ナシリヤは補給線にとっても重要だった。我々は第1海兵師団の速やかな北上を可能にするために、ナシリヤを絶対に奪取し、支配する必要があった。そして、最終的にはそのようにしたのである[21]。

ナシリヤの制圧をタラワ支隊に任せた第1海兵師団は、バグダッドを目指してひたすら北上を続けた。第1海兵師団はバグダッドへの進撃を次のように計画した。RCT-5とRCT-7は高速1号線を北上し、ヌマニヤ付近でチグリス川を渡河する。RCT-1は高速7号線を北上し、クートの南からクートに配備されたバグダッド歩兵師団を拘束する。チグリス川を渡河したRCT-7もクートを攻撃する。他方、RCT-5はバグダッドへ進撃すると[22]。この計画通りに高速1号線を北上したRCT-5とRCT-7は、ディワニヤを通過し、ヌマニヤに急いだ。3月26日から28日にかけて、RCT-5はディワニヤでサダム・フェダイーンと戦う。そして、4月2日、ヌマニヤでチグリス川に到達したRCT-5は、チグリス川の渡河を開始する。ヌマニヤでの第1海兵師団の攻撃は、クートに配備されていたイラクのバグダッド歩兵

向かった。師団をバグダッドから切断するという効果があった。7号線を北上したRCT－1も計画通りにクートに

クートに向けて北上中のRCT－1では、第1海兵師団の副師団長ケリーとRCT－1の指揮官ジョセフ・D・ダウディ（Joseph D. Dowdy）の間で方向性を巡る緊張が極度に高まっていた。ケリーにとって重要なことは、迅速かつ攻勢的な進撃だった。ケリーは「攻撃中なのか?」、「クートを突っ切ったらどうだ」、「何か問題でもあるのか」と現場部隊の指揮官であるダウディに圧力をかけ続けた。[23] ナシリヤから北上するRCT－1の進撃スピードが遅すぎると感じていたケリーは、RCT－1の進撃に目を光らせていたという。ケリーの考えでは、RCT－1はバグダッドに向かうルート上にある都市クートを迂回せずに攻撃するべきである。もし、敵がクートから既に退避している場合は、その機会を活用し、連隊はクートを包囲すべきだ。それによって、連隊毎に前進している師団の隷下部隊を迅速に再集結させることが可能になる。なぜRCT－1はクートを攻撃しないのか。連隊の主導性と攻撃性はどうしたのか。奴らは遅い、遅すぎるとケリーは憤っていた。[24] RCT－1がクートのバグダッド師団を急いで拘束することで、主力のRCT－5がバグダッドを迅速に攻撃することが可能になる。

他方、ダウディは慎重だった。戦場で部隊を率いていた彼にとって重要なことは、作戦スピードの高速化よりも部隊に犠牲を出さないことだった。彼はナシリヤでのタラワ支隊のように、RCT－1の隷下部隊がクートにて市街地戦に巻き込まれ、海兵隊員に犠牲が出ることを恐れた。その結果、ダウディ率いるRCT－1はクートの攻撃に慎重だった。[25] ケリーの憤りは頂点に達し、マティス第1海兵師団長にダウディの解任を進言した。

二人の対立は、師団長をして、攻撃途中の連隊長の解任という異例の決断を下させた。迅速さと攻撃性、

バグダッドという作戦レベルの重心を重視していたのはケリーだけではない。マティスもまた迅速な攻撃を重視していたと考えられる。

マティスの指揮官としての意図は、ＲＣＴ－５のバグダッドの迅速な奪取を可能にするために、バグダッド歩兵師団をクートで拘束する。そのために、ＲＣＴ－７とＲＣＴ－１は速やかにクートに向かうということだった。その直後の４月４日、マティスはダウディを連隊長から解任し、ジョン・Ａ・トゥーラン（John A. Toolan）にＲＣＴ－１の指揮を任せることにした。トゥーランはその後、２００４年４月のファルージャの戦いでも、マティス第１師団長の腹心の部下として、ＲＣＴ－１を指揮することになる。約二十日間でイラクの南部から北上した第１海兵師団は、バグダッドに侵攻した。

４　任務戦術と頭脳派将校団——ファルージャでの戦い

（１）海兵隊では任務戦術はどのように定義されているか？

部隊を指揮すること——それは、現代の海兵隊の多くの将校にとって、最も重要な任務である。もちろん、予算策定の任についたり、議会への報告書を作成したり、司令部で幕僚として調整業務に従事することもある。それらも責任のある仕事である。しかしながら、多くの海兵隊将校にとっては、戦場や演習場で部隊を指揮することが最も意義深い任務なのである。海兵隊で任務戦術という指揮の方法が注目されるようになったのは、ベトナム戦争終結後である。１９７０年代半ば以降、海兵隊の将校教育や演習で部分的に用いられたことが、海兵隊における任務戦術の使用の起源である。その後、１９８９年に発行されたＦＭＦＭ１『ウォーファイティング』ドクトリンで、任務戦術が採用されたことで、任務戦術は海兵隊全体に普及するようになる。既に序章で述べたように、戦場の不確実性に対処するには、情報を集約し、上層部に意思決定機能を集中させる中央集権型の指揮統制の方法と、意思決定を分権する方法がある。任務戦術とは後者の分権型の指揮の方法であり、隷下部隊の指揮官に任務の達成方法について自主裁量の余地を与える。

歴史上、命令の受令者に全般の企図と達成すべき目標を示し、その達成方法については受令者が決定するという分権型の指揮統帥法を活用したのは、19世紀のプロイセン陸軍の参謀総長、モルトケである。鉄道を利用した兵士の輸送においては高度に中央集権的な統制が必要であり、他方、戦場では現場の各軍の指揮官の判断が必要であった。モルトケは、第一会戦の後の変化した状況を予見することは不可能であり、その後は状況に応じて各指揮官が柔軟に対応すべきであると考えていたという[26]。

プロイセンで分権型の指揮の方法が発展する一方で、アメリカの陸戦では中央集権型の指揮統帥法が用いられてきた。アメリカ陸軍の指揮の方法を考察したシャミールによれば、陸軍は伝統的に経営学の影響を強く受けてきた。経営的手法は、例えば、中央集権、標準化、そして効率性と確実性の両方の最大化を求める計量的分析に特徴づけられる[27]。つまり、数値化された分析が上層部に報告され、そこで意思決定がなされ、詳細な計画やそれを実行するための標準化された手続きが作成され、現場部隊はそのマニュアルを忠実に実行することが求められる。戦間期そして第二次世界大戦の間、陸軍は大規模な動員や編制、兵站といった管理的な内容を重視するようになる。そこでは、あたかも当時のアメリカ企業のように、数値化や各過程の合理化による効率性が追求され、多くの情報が統計報告書という形で上層部に集中した。べトナム戦争が始まると、ロバート・S・マクナマラ（Robert S. McNamara）国防長官が国防総省に持ち込んだ定量分析と火力への依存の高まりにより、経営的方法は益々支配的となった[28]。指揮官は上級指揮官への報告や火力調整で忙しい上に、詳細に至るまで管理される。その結果、指揮官は自主性を失っていった。陸軍を参考にしながら将校教育を発展させた海兵隊も、経営的方法の影響を受けていたと考えられる。

１９９７年に海兵隊総司令部が公布したＭＣＤＰ１『ウォーファイティング』は、任務戦術を「隷下部隊の指揮官に任務を付与するが、その任務を達成すべき方法は特定しない」[29]指揮の方法と定義した。海兵隊は不確実性を戦争の本性として受容している。海兵隊によれば、情報を収集することで、不確実性を軽減することはできるが、排除することはできない[30]。戦争に普遍的な不確実性に対応し、かつ我の作戦スピードを高速化するには、詳細まで方法論を規定する中央集権型の指揮の方法よりも、指揮官の自主性を認める分権型の指揮形態の方が適切である。任務戦術では、上級部隊の指揮官の意図を達成する限りにおいて、隷下部隊の指揮官に、どのようにその意図を達成するかを決定する自主裁量の余地が与えられる。中央集権の指揮の方法では、現地指揮官は詳細に至るまで決められた計画やマニュアルを忠実に実行することが求められる。他方、任務戦術では、現地部隊の指揮官が自由に決定する余地が残されている。そのため、任務戦術は煩雑な報告業務の減少、柔軟性の確保、作戦スピードの向上という利点がある。ただし、任務戦術には、現地部隊の指揮官の決定が、上級部隊の指揮官や軍の上層部の予想もつかない結果をもたらしかねないというリスクも伴う。上級指揮官はそれを受け入れなくてはならない。加えて、指揮官には、戦場で自らの意図を決定し、それを示すという重い責任が課せられている。刻一刻と状況が変化する戦場で、行動の結果、どのような状況にもっていきたいのか、そして、ある任務を達成すべき理由を、指揮官は明示しなくてはならない。変化し続ける戦場で、変化に応じて指揮官の意図を決定し続けることは容易ではない。限られた情報の中で敵の思惑を予想し、敵をどのような状態においやりたいのか、そのために隷下部隊に何を達成してほしいのかを迅速に決定することは難しい。もっともこれは、一部の指揮官にとっては容易なことかもしれないが。

海兵隊の歴史上、任務戦術で部隊を指揮した指揮官が、1989年以前に皆無だったということではない。ただし、それは個人の性格や努力によるものだった。89年以降、海兵隊は任務戦術で戦うことに組織的に取り組むようになったのである。海兵隊の指揮官達が、この厳しい任務を全うした一例が、2004年のイラクのファルージャでの戦闘である。以下、04年の4月の掃討作戦において、掃討作戦を指揮した海兵隊の指揮官、主にコンウェイⅠMEF司令官とマティス第1海兵師団長の意思決定を概観する。

(2) ファルージャ——指揮官達の意思決定

海兵隊は2004年の春から秋にかけて、バグダッドの北西にあるファルージャで、武装勢力の制圧に乗り出す。03年3月にアメリカ軍が侵攻した後のイラクはどのような情勢だったのだろうか。03年3月、陸軍の第5軍団と海兵隊のⅠMEFはイラクの南部から二つのルートで北上した。4月には陸軍の第3歩兵師団と海兵隊の第1海兵師団は、バグダッドに進攻し、バグダッドを奪取する。そして、5月1日、ブッシュ大統領が空母エイブラハム・リンカーンの艦上で、イラク戦争の主要戦闘の終結を宣言した。アメリカ軍は軍事的に勝利した。ブッシュ政権は国防総省を中心に、直ちにイラクの復興に乗り出す。03年4月には退役中将のジェイ・ガーナー（Jay Garner）率いる復興人道支援室（Office of Reconstruction and Humanitarian Assistance［ORHA］）がイラク国内で活動を開始する。6月になると、ORHAが解体、代わりに連合国暫定当局（Coalition Provisional Authority［CPA］）が新設され、元外交官のポール・ブレマー

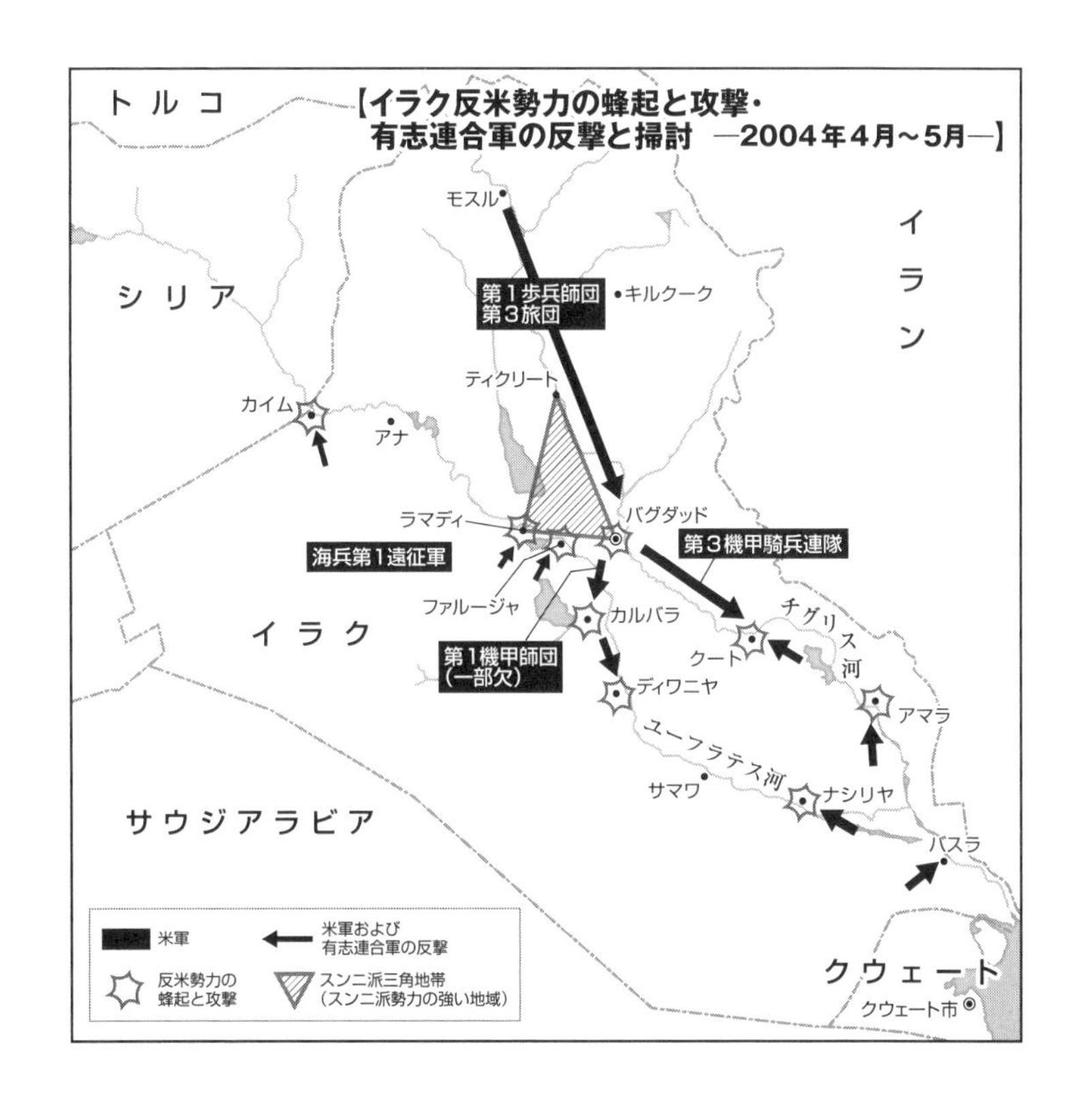

（Paul Bremer）の主導の下で、CPAがイラクの戦後統治に取り組み始めた。CPAは中央の行政官僚機構を立ち上げ、フセイン政権下で政治、経済を担っていたバアス党の党員を公職から追放し、イラク国軍を解体し、イラク人を中心とした統治評議会を発足させた。しかしながら、03年3月から4月の陸軍と海兵隊の作戦的勝利は、戦争の終結をもたらすことはなかった。

ブッシュ大統領による戦闘の終結の宣言後も、イラクではフセイン政権の残存勢力やイラクに入りこんだ外国人勢力とみられる反米勢力によるアメリカ軍への襲撃やテロが相次いだ。攻撃対象は石油パイプラインや送電線などにも拡大し、2003年8月にはバグダッドにある国連事務所で爆弾テロが起き、少なくとも二十人が死亡、数百人が負傷する。11月にはバグダッドの西ファルージャ南方とティクリートで、アメリカ軍のヘリコプターが撃墜され、それぞれ十六人、六人のアメリカ兵が死亡した。04年に入っても襲撃が収まることはなかった。アメリカ軍はイラク全土で反米武装勢力の掃討作戦を実施する。武装勢力の拠点を襲撃し、武装勢力を捕縛もしくは殺し、彼らの武器・弾薬を回収したのである。こうした掃討作戦は、03年に四十四回、04年に八十二回実施されたという。[31]

2004年4月、アメリカ軍は二正面で大規模な掃討作戦を実施する。ファルージャでのスンニ派武装勢力の掃討と、イラク南部・中部でのシーア派指導者ムクタダ・サドル師率いる民兵組織との衝突である。旧フセイン政権の残党の影響力が強いスンニ派三角地帯に位置するファルージャでは、武装勢力による襲撃が相次いでいた。04年2月にはファルージャを訪問していたジョン・アビザイド（John Abizaid）中央軍司令官の車列にロケット弾が発射され、その二日後には、警察署、保安隊、政府施設が武装勢力の攻撃にあった。ロケット弾や自動小銃で武装した四十人から七十人の武装勢力がそれらの施設に侵入し、警察官と応戦した。04年の春と秋に、海兵隊は二度に渡り、ファルージャで大規模な掃討作戦を実施する。

ビング・ウェスト（Bing West）の『ファルージャ 栄光なき死闘』では、政治からの要求や作戦的判断に基づく指示が目まぐるしく変化する中で、海兵隊の指揮官達が下した軍事的判断が描かれている。彼らが、戦場をどのような状態にしたいのか、そのための海兵隊の任務とは何かということを決定し続けたことが描かれている。[32] 以下、『ファルージャ 栄光なき死闘』を主に参照しながら、4月の掃討作戦における指揮官達の軍事的判断を概観する。

2004年3月、ＩＭＥＦはファルージャが位置するアンバル州とバービル県北部に派遣され、そこでの安定化・復興任務を陸軍第82空挺師団から引き継ぐ。03年のイラク自由作戦に引き続き、ＩＭＥＦの司令官はコンウェイ、ＩＭＥＦに所属する第１海兵師団の師団長はマティス、副師団長はケリーだった。03年のイラク自由作戦でＲＣＴ－５を指揮したダンフォードが、第１海兵師団の幕僚長の任にあたった。ＩＭＥＦが担当する地域の主に西側を第１海兵師団のＲＣＴ－７、東側をＲＣＴ－１が担当した。イラクに派遣される以前に、コンウェイは、04年のＩＭＥＦの主要な任務は安全・安定化作戦、情報作戦、民事活動であると言及した。具体的には、不安定要素の排除、イラク保安部隊のための訓練プログラムの構築、地元の信頼を促進し、効果的に情報が広まるような情報作戦の発展、民事活動のための予算や資源の特定と確保、地方自治の確立、失業率の低下を実現することで、イラクへの主権移譲に備えると[33]。イラク人による治安や統治の確立を重視していた。ただし、３月31日にファルージャで発生した事件により、ファルージャを巡る政治情勢は急変する。アメリカの軍事請負会社、ブラックウォータ社に雇用されていたアメリカの民間人四人が、携行式ロケット弾（ＲＰＧ）などで襲われ、自動車で引きずり回された後に、ユーフラテス川の橋に遺体となってさらされたのである。この事件をきっかけに、海兵隊は04年４月にファルージャで武装勢力の掃討作戦に乗り出すことになる。

イラク人自身による治安の確立を重視していたコンウェイとマティスは、海兵隊による武装勢力の掃討作戦に反対した。彼らは、イラク人保安部隊を発足させ、イラクの警察と軍隊が武装勢力を抑えるというアプローチを支持していた。他方、ドナルド・Ｈ・ラムズフェルド（Donald H. Rumsfeld）国防長官、アビザイド中央軍司令官、ＣＰＡのブレマー特使は海兵隊による報復を主張した[34]。ホワイトハウスと国防長官との一連の会議の後、リカルド・サンチェス（Ricard Sanchez）統合任務部隊７（ＪＴＦ７）司令官は、海兵隊に軍事作戦を実施するように指示した[35]。マティスは警察任務で取り締まるべきだと抗議し、コンウ

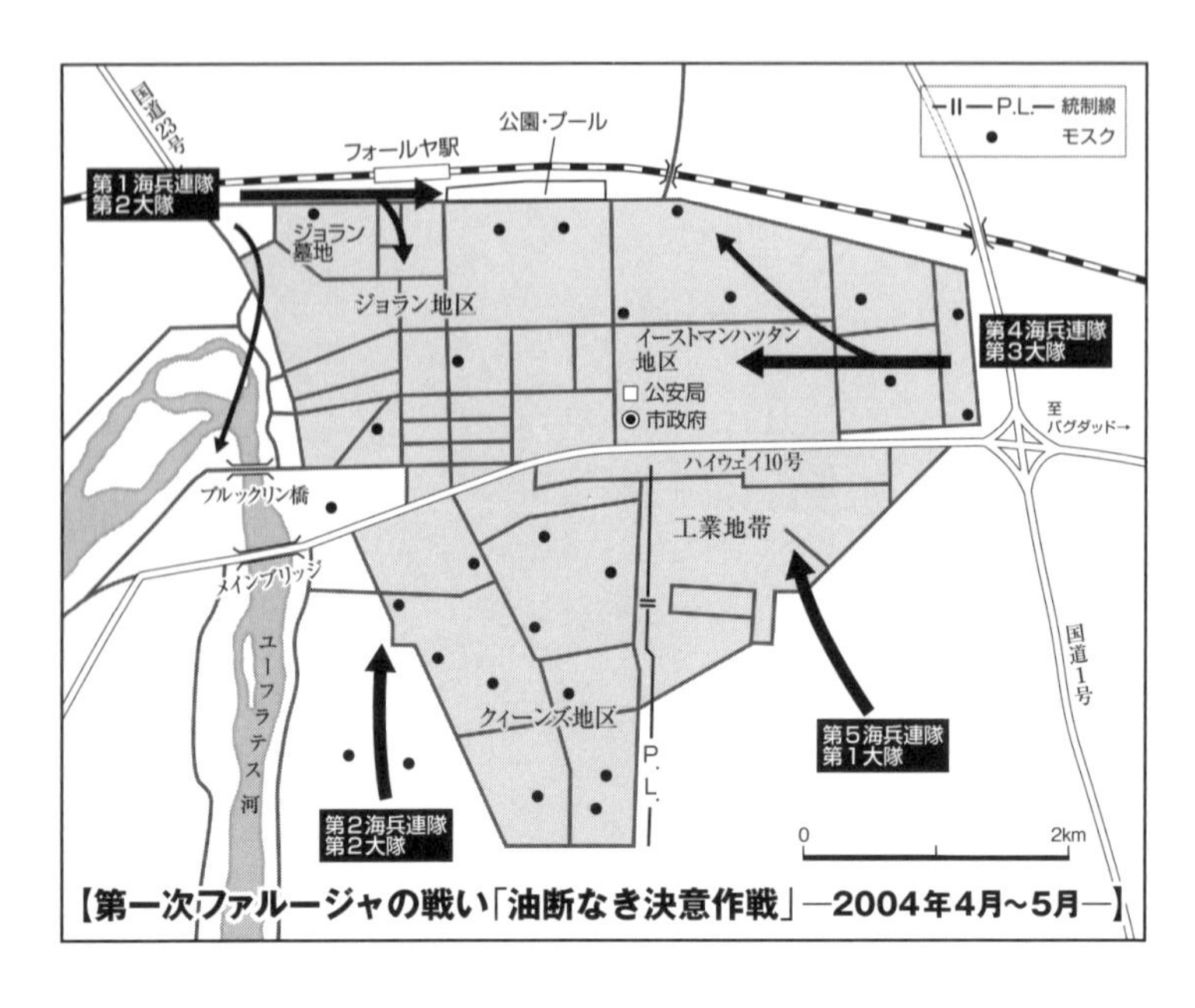

【第一次ファルージャの戦い「油断なき決意作戦」―2004年4月～5月―】

ェイも報復案に反対したが[36]、彼らの主張が聞き入れられることはなかった。4月1日、JTF7司令部はファルージャに機動の自由を取り戻すために、ただちに攻撃行動をとるように命じた[37]。

命令はIMEFから第1海兵師団に下達され、マティス率いる第1海兵師団は攻撃計画を作成する。そこで、マティスと師団の幕僚は、アンバル州とバービル県北部で武装勢力を抑える作戦をしながら、ファルージャを支配するための決定的な作戦を立案することにした。コンウェイやマティスは戦闘のプロフェッショナルとして報復に反対した。それでも、政治レベルで海兵隊による武装勢力の掃討が決断されたのであれば、決定的な戦闘で武装勢力を壊滅させる。攻撃計画は以下の四つの段階から構成されていた。第一に、RCT-1は二個大隊でファルージャを封鎖しながら、重要度の高いターゲットを襲撃する。第二に、ファルージャの北部と南部に設置した基地から、市内にいるターゲットを襲撃する。第三段階と第四段階では、ＲＣＴ－１は敵の占領地域を攻撃、奪取する。そして、徐々にイラク治安部隊に作戦を任せる。[38] ＲＣＴ－１隷下の第１海兵連隊第２大隊がファルージャの北西から、第５海兵連隊第１大隊が南東から攻めるという攻撃計画だった。[39] ４月３日、サンチェスは「油断なき決意作戦」（Operation Vigilant Resolve）を発令する。トゥーランが率いるＲＣＴ－１は、ファルージャでの武装勢力の掃討を開始した。

第１海兵連隊第２大隊と第５海兵連隊第１大隊は、計画通り、それぞれ北と南東からファルージャに進攻した。北から進攻した第１海兵連隊第２大隊は、市の北西に位置するジョラン地区で武装勢力と戦った。武装勢力は家々から飛び出してきては、海兵隊に向けて銃を乱射した。南東から進攻した第５海兵連隊第１大隊は、市南東部の工業地帯で武装勢力と掃討した。４月７日に始まった戦闘は四十八時間続き、第５海兵連隊第１大隊は、市を東西に走る高速10号線を一・五キロメートルに渡って支配下に置いた。モスクに立てこもった武装勢力から射撃を受けた第５海兵連隊第１大隊は、４月８日、攻撃機でモスクの壁を壊し、モスクに突入し、武装勢力を殲滅した。[40]

４月９日、突如、サンチェスから海兵隊にファルージャでの全ての攻撃作戦をやめるようにとの命令が届いた。戦闘を指揮していたコンウェイやマティスは、あと数日で掃討作戦は終了するため作戦の中断には反対だと主張した。マティスは、海兵隊員を含む三十九人のアメリカ兵は何のために命を落としたのかと激怒していたという。[41] 他方、ＣＰＡのブレマー特使やアビザイド中央軍司令官は政治的、作戦的観点から作戦の中断を支持した。対反乱（Counter-insurgency）では、武装勢力の掃討と共に統治の確立や民衆の支持の確保も重要な課題である。そのため、文民の政治指導者は軍事作戦に対して非常に敏感に反応しがちになる。４月初頭には海兵隊による報復を支持したブレマーは、今度はイラクの統治を確立するために、海兵隊は掃討作戦を中断すべきだと主張した。CPAが設立を進めていたイラク統治評議会、国連事務総長特別顧問、同盟国のイギリスもファルージャでの掃討作戦に反対していたのである。[42]イラクの主権移譲があと三か月と迫っていた。作戦的観点からファルージャの掃討作戦を指揮する立場にあるアビザイドも掃討作戦の中止に賛成だった。4月初旬、アメリカ軍はバグダッドやナジャフでもサドル民兵やスンニ派武装勢力と戦っていた。

報復、攻撃作戦の中断に続いてコンウェイに与えられた政治的要求は、ファルージャを占領せずに、かつ、犠牲者を極力出さずに武装勢力を制圧するという難題だった。[43]コンウェイはこの難題に対して、今度はCPAが解体したイラク軍の元軍人達を用いてファルージャの治安を回復させるという驚きの提案をした。海兵隊は引き揚げ、海兵隊がまさに戦っていた敵に治安維持を任せたのである。[44]ただし、この案でもファルージャの治安が確立されることはなく、海兵隊は秋に再び掃討作戦を行うこととなった。

与えられた課題が変化し続ける中、コンウェイとマティスは、海兵隊部隊の任務を決断し続けた。2004年4月のイラクでは、統治の再建という政治的な行為と軍事作戦が同時に行われていた。政治指導者達は、軍事作戦が政治に与える影響に敏感になる。かつ、ベトナム戦争終結以降の陸軍や海兵隊では作戦的思考が重視されるようになった。そのため、戦闘指揮官であるコンウェイやマティスに与えられた課題はめまぐるしく変化した。戦闘指揮官である彼らの見解が政治的決定や作戦的決定とは一致しなかったため、それらの決定に抗議した。時に政治と軍事、作戦的視点と戦闘的視点は矛盾する。ただし、抗議が受け入れられなかったとき、彼らはそれらの決定に従いながら、それでも海兵隊の被害を最小限に抑えながら任務を達成する戦術を模索し、決定したのである。彼らはベトナム戦争終結以降、グレイやウィリーが理想として追求した、自ら考え、決断する指揮官だったといえる。

5　遠征作戦——海からの作戦機動

海兵隊のＭＡＧＴＦが、海兵遠征軍（Marine Expeditionary Force［MEF］）、海兵遠征旅団（Marine Expeditionary Brigade［MEB］）、海兵遠征隊（Marine Expeditionary Unit［MEU］）と名付けられているように、遠征作戦（Expeditionary Operations）は海兵隊を特徴づけるキーワードの一つである。１９９８年に発行されたＭＣＤＰ３『遠征作戦』（MCDP 3, *Expeditionary Operations*）では、遠征作戦とは「外国において、ある特定の目標を達成するために軍隊によって実施される軍事作戦[45]」であると述べられている。つまり、自国ではなく、外国に部隊を展開し、軍事作戦を遂行することが遠征作戦である。「遠征」とは一時的かつ迅速な部隊の展開ということを暗に意味している。海兵隊は、空地協同の任務部隊であるＭＡＧＴＦ編制に代表されるように、常に外国に展開できる態勢をとってきた。そして、外国である特定の任務を達成した部隊は、原則的には、外国に駐留を続けることなく撤退する。外国へは海上や航空から、もしくは、隣接する国に建設した基地から地上部隊で侵入する。

湾岸戦争が終結すると、海兵隊は海からの戦力投射の見直しに着手する。ＭＣＤＰ３『遠征作戦』では、「海からの作戦機動」（"Operational Maneuver From the Sea"）と名付けられた新しい水陸両用作戦構想が採用された。水陸両用作戦とは、沿岸において上陸部隊が戦うために、海から部隊を送り込む軍事作戦である。１９３０年代に水陸両用作戦ドクトリンを開発した海兵隊にとって、お家芸ともいえる作戦である。では、なぜ、海兵隊は湾岸戦争終結後という時期に水陸両用作戦構想の見直しに着手したのだろうか。湾

【従来の上陸作戦と「海からの機動」の概念比較】

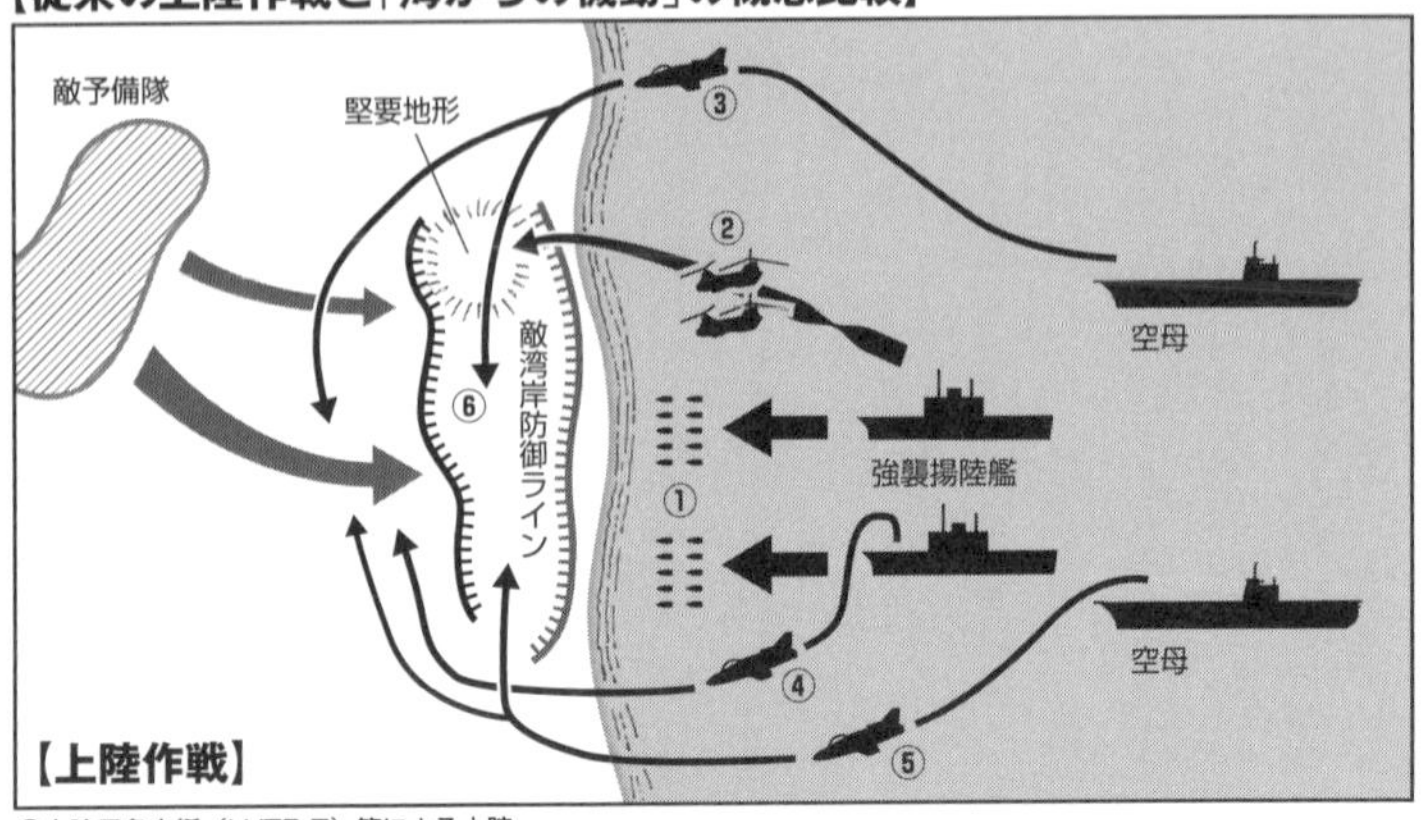

①上陸用各舟艇（LVTP-7）等による上陸
②ヘリボーンによる緊要地形（戦術上大きな意味を持つ地形）の奪取
③海軍航空隊による戦場哨戒と敵反撃部隊に対する攻撃
④海兵航空隊のハリアーⅡ垂直離着陸機（海兵航空隊）による近接航空支援による敵攻撃の阻止
⑤海兵航空隊のＦ18 等による敵攻撃の阻止
⑥上陸部隊によって確立された海岸堡（ここで敵をまず迎え撃つ）

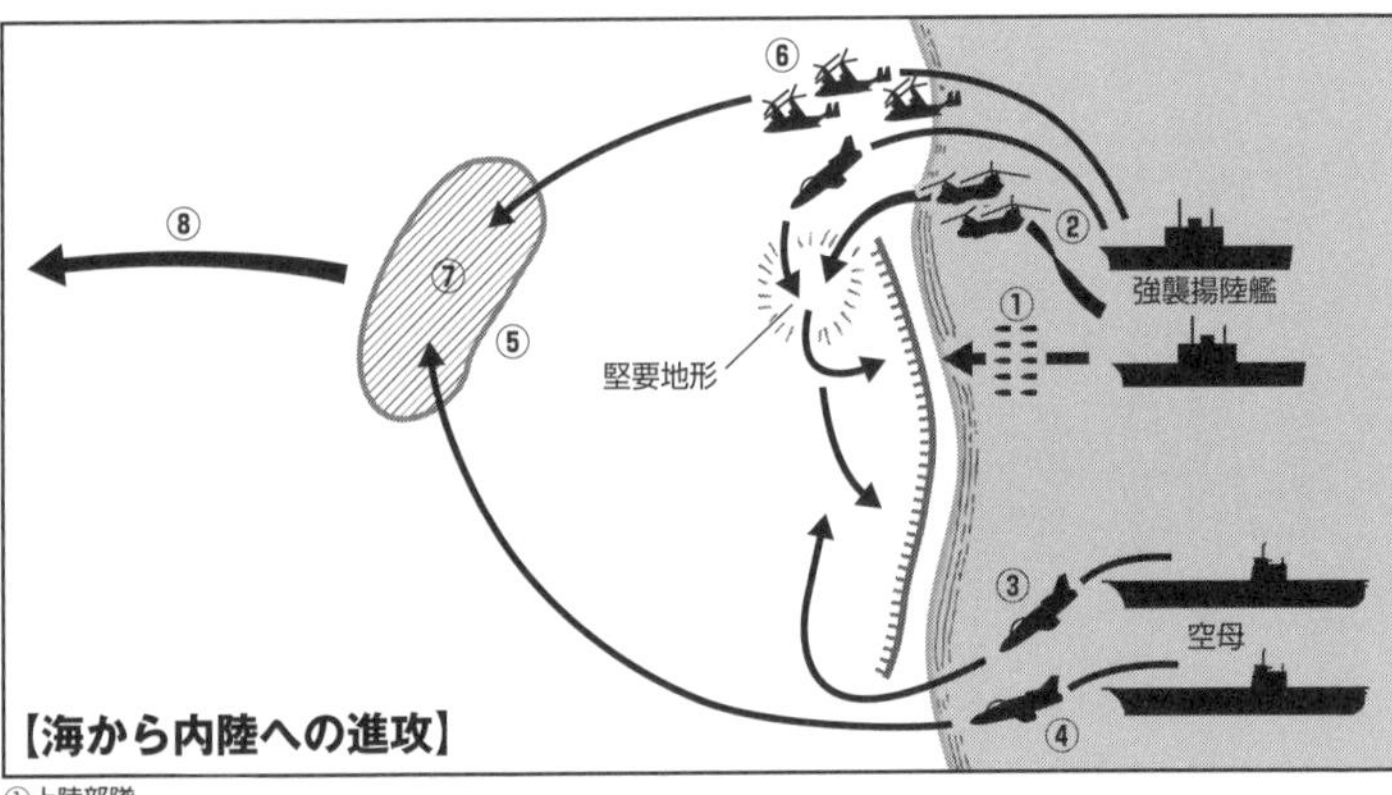

①上陸部隊
②ヘリボーン部隊
③ハリアーⅡ垂直離着陸機による航空支援
④海兵航空隊のＦ18 等による航空支援
⑤海軍航空隊のＦ18 等による敵予備隊への攻撃
⑥V22 オスプレイによる敵予備隊地域攻撃
⑦同部隊で空輸された海兵隊による敵予備部隊集結地域の占領
⑧さらなる内陸への進攻

岸戦争終結後、海軍は、大洋での作戦に備えた装備や訓練は沿岸部での戦闘に不適切だったという教訓を導き出した。そこで海軍は陸上への戦力投射へと海洋戦略を変更する[46]。海兵隊は海軍の動きと連動しながら、水陸両用作戦構想を見直していく。加えて、1990年代前半の戦略環境の変化がこの見直しを促すことになった。ソマリアやルワンダ、ボスニア・ヘルツェゴビナなどで、民族や宗教対立による地域紛争が頻繁に発生するようになる。92年の大統領選挙に勝利したクリントンは、紛争への人道的介入を主張した。93年2月、内戦が勃発していたソマリアへのアメリカ軍の大幅な増派をクリントンは決定した。95年8月には、アメリカ主導でNATOによるボスニアへの空爆を開始する。

1995年に第三十一代海兵隊総司令官に就任したクルーラックは、新たな水陸両用作戦構想を発表する。彼は、頻繁に発生する地域紛争に海から対応することが、海兵隊の存在意義だと主張した。96年、97年に発行された構想と同名の文書――『海からの作戦機動』(*Operational Maneuver From the Sea*)と『艦船から目標物への機動』(*Ship-To-Objective Maneuver*)――において、「海からの作戦機動」と「艦船から目標物への機動」構想が説明された[47]。その後、MCDP3『遠征』において「海からの作戦機動」と「艦船から目標物への機動」構想が正式に採用される。従来の海兵隊の水陸両用作戦構想では、上陸した部隊が海岸堡を構築しながら、順次後続部隊が上陸し、その後内陸部に向かって進撃する。他方、「海からの作戦機動」では、沿岸部ではなく、作戦レベルでの内陸部の目標に向かって海から機動する。加えて、敵の防御の強い点を避け、敵の決定的脆弱性を攻撃する。機動戦構想と作戦レベル構想を適用した結果、海兵隊の水陸両用作戦構想は、沿岸部への部隊の上陸から、内陸部の目標物の奪取を目指した迅速な機動へと変化したのである。

註　記

（1）トム・クランシー（橋本金平訳）『トム・クランシーの海兵隊』上（東洋書林、２００６年）、p.87。
（2）同上、p. 87。
（3）同上、pp. 85-88。
（4）クラウゼヴィッツ（篠田英雄訳）『戦争論』上（岩波書店、１９９１年）、ピーター・パレット編『現代戦略思想の系譜』、p. 182, 183。
（5）メアリー・カルドー（山本武彦、渡部正樹訳）『新戦争論』（岩波書店、２００３年）、p. ４。
（6）Christopher Bassford, "The Primacy of Policy and the 'Trinity' in Clausewitz's Mature Thought," Hew Strachan and Andreas Herberg-Rothe, ed., *Clausewitz in the Twenty-First Century*（Oxford: Oxford University Press, 2009）, pp. 74-90.
（7）*The Marine Corps Operating Concept: How an Expeditionary Force Operates in the 21st* Century（Washington, D.C.: Department of the Navy Headquarters United States Marine Corps,2016）.
（8）ゲイリー・ハート（Gary Heat）上院議員のスタッフだったリンドは、１９８０年代初頭に海兵隊の大尉達が機動戦構想について学び始めたときの協力者である。
（9）William S. Lind, *Maneuver Warfare Handbook*（Colorado: Westview Press, 1985）, p. 11.
（10）MCDP 1, *Warfighting*（Washington, D.C.: Department of the Navy Headquarters United States Marine Corps, 1997）, p. 28.
（11）Ibid., p. 28.
（12）Ibid., p. 29.
（13）Ibid., p. 30.
（14）Ibid., p. 30.
（15）Ibid., p. 30.
（16）ヘンリー・A・キッシンジャー（岡崎久彦監訳）『外交』上（日本経済新聞社、１９９６年）、p. 318, 319.
（17）酒井啓子「『イラク解放法』と反体制派―米国のイラク政策の変化とそれへの対応」『現代の中東』第26号（１９９９年）、pp. 2-12。

(18) ウッドワード『攻撃計画』、pp. 33-35, 252, 253。

(19) Nicholas E. Reynolds, *Basrah, Baghdad, and Beyond: The U.S. Marine Corps in the Second Iraq War* (Maryland: naval Institute Press, 2005), p. 53.

(20) Ibid., p. 74.

(21) James T. Conway, "I Marine Expeditionary Force Commander Live Briefing from Iraq," Christopher M Kennedy, Wanda J. Renfrow, Evelyn A. Englander, and Nathan S. Lowrey (complied), *U.S. Marines in Iraq, 2003: Anthology and Annotated Bibliography US Marines in the Global War on Terrorism* (Washington, D.C.: History Division United States Marine Corps, 2006), p. 29.

(22) Michael S. Groen and Contributions, *With the 1st Marine Division in Iraq: No Greater Friend, No Worse Enemy* (Virginia: History Division, Marine Corps University., 2006), p. 99, 100.

(23) Thomas E. Ricks, *The Generals: American Military Command from World War II to Today* (New York: Penguin Press, 2012), p. 406.

(24) Michael R. Gordon and Bernard E. Trainor, *Cobra II: The Inside Story of the Invasion and Occupation of Iraq* (New York: Pantheon Books, 2006), p. 367.

(25) Ricks, *The Generals,* p. 407, 460.

(26) 戦略研究学会片岡徹也編『戦略論大系③モルトケ』、p. 292, 293。

(27) Eitan Shamir, "The Long and Winding Road: The US Army Managerial Approach to Command and the Adoption of Mission Command (Auftragstaktik)," *The Journal of Strategic Studies,* Vol. 33, No. 5 (October 2010), p. 646.

(28) Ibid., pp. 651-653.

(29) MCDP 1, *Warfighting,* p. 87.

(30) Ibid., p. 7.

(31) 河津幸英『図説イラク戦争とアメリカ占領軍』(アリアドネ企画、２００５年)、pp. 120-142。

(32) ビング・ウェスト(竹熊誠訳)『ファルージャ 栄光なき死闘—アメリカ軍兵士たちの20カ月』(早川書房、2006年)。

(33) Kenneth W. Estes, *U.S. Marines in Iraq, 2004-2005: Into the Fray-U.S. Marines in the Global War on Terrorism* (Washington,

D.C.: History Division U.S. Marine Corps, 2011), p. 11.

（34） ウェスト『ファルージャ　栄光なき死闘』、p. 127。

（35） Estes, *Marines in Iraq, 2004-2005,* p. 31.

（36） Thomas E. Ricks, *Fiasco: The American Military Adventure in Iraq*（New York: Penguin Group）, 2007, p. 332, 333.

（37） Estes, *Marines in Iraq, 2004-2005,* p. 31.

（38） Ibid., p. 33.

（39） ウェスト『ファルージャ　栄光なき死闘』、p. 133。

（40） 河津『図説イラク戦争とアメリカ占領軍』、p. 147, 148。

（41） Ricks, Fiasco, p. 342.

（42） ウェスト『ファルージャ　栄光なき死闘』、p. 220, 211, Estes, *Marines in Iraq,* p. 39

（43） 同上、p. 326。

（44） 同上、pp. 351-357。

（45） MCDP 3 *Expeditionary Operations*（Washington, D.C.: Department of the Navy Headquarters United States Marine Corps, 1998）, p. 31.

（46） 高橋弘道「海洋戦略の系譜―マハンとコルベット―（１米国の海洋戦略（2/3））」『波濤』第161号（２００２年）、pp. 15-37。

（47） *Operational Maneuver from the Sea*（Washington, D.C.: Department of the Navy Headquarters United States Marine Corps, 1996）, *Ship-to-Objective Maneuver*（VA: Department of the Navy Marine Corps Combat Development Command, 1997）.

第2章　アメリカ海兵隊の歴史――ドクトリンと戦闘の視点から

太平洋戦争でアメリカと戦った日本において、「海兵隊」と聞いて、多くの人の脳裏に浮かぶのは、太平洋の島嶼に上陸し、血みどろの戦いを繰り広げながら陣地を奪取している兵士たちの姿ではないだろうか。太平洋戦争で、アメリカ軍はニューギニアからフィリピン、マーシャル諸島とテニアンの二つの経路で日本を目指した。島の奪取を主たる任務とした海兵隊は、多くの犠牲者を出しながらもマーシャル諸島やマリアナ諸島に上陸した。三個海兵師団が投入された硫黄島では、大量の艦砲射撃と空爆の後に、海兵隊が上陸し、島を要塞化していた日本陸軍と激戦を繰り広げた。一か月以上続いた激戦の後、海兵隊はようやく硫黄島を確保する。太平洋戦争の終了後も海兵隊の遠征作戦は続く。1950年9月、第1海兵師団が韓国の仁川に上陸した。朝鮮戦争では、ヘリコプターを用いた立体的な作戦能力を海兵隊は向上させた[1]。60年代になると、南ベトナムで、平定作戦や非武装地帯での北ベトナム軍の浸透の阻止に従事する。

本章では、第1章で描いた戦い以前、つまり、海兵隊の歴史上のドクトリンや実戦を概観してみたい。海兵隊はそもそもどのような組織として戦ってきたのかを知ることで、現在の海兵隊の在り方がより鮮明になるだろう。その際、以下の軍事構想に着目しながら、ドクトリンと実戦の歴史的変遷を考察する。序章で言及した「アメリカの戦争様式」構想である。それは主として、組織だった火力運用による敵の撃破を累積して勝利を目指す戦い方を意味する。中央集権型の指揮形態や部隊の実行を詳細に規定したマニュアルを用いながら、火力で敵を撃破する。ここでは、海兵隊の歴史上のドクトリンの全てを概観することは厳しいため、必ずしも指揮の方法には言及しないこともある。加えて、ここでは主に作戦レベルと戦術レベルの観点から歴史上のドクトリンと実戦を考察する。作戦レベルとは、時間と空間の両方において戦術レベルよりも拡大した領域であり、かつ戦術を関連させて戦略目標を達成させる領域である。

まず、第1節で１９３０年代に海兵隊が作成した水陸両用作戦ドクトリン、第2節では第二次世界大戦後に発展した垂直包囲による水陸両用作戦構想を概観する。その後、第3節において、ベトナム戦争での海兵隊の戦いを扱う。機動戦構想の開発が始まる直前の海兵隊の戦いの様式を描いてみたい。

1　１９３０年代の水陸両用作戦ドクトリンの誕生

１９３０年代に形成された海兵隊の水陸両用作戦ドクトリンの形成過程と思想的特徴に関する考察から始める。19世紀後半から20世紀前半にかけて、アメリカの海洋戦略の変化に伴い、海兵隊は嫌々ながらも新たな任務を担うようになった。この時代、マハンが主張したように、アメリカは、海洋と海上貿易の支配をアメリカ海軍の主要な任務として位置付けた。その際に海軍が直面した課題の一つが前進基地の防御であった。歴史家のエドワード・ミラー（Edward Miller）によれば、20世紀初頭の海軍の総合委員会と海軍戦争大学では、対日作戦計画立案において「突進派」と「慎重派」による二つの作戦案があった。短期戦を志向した突進派は、海軍は最小限の補給のみを確保し、フィリピンに急行すべきであると主張した。他方、慎重派は、たとえ時間を要するにしても、中部太平洋の小島に艦隊基地を建設し、補給を確実に確保しつつフィリピンに向かうべきであると論じた。１９２１年から22年に海軍戦争計画課で作成された報告書において、後者の慎重派の意見が採用されるようになると、海兵隊の前進基地防御任務の必要性が高まった。[2]

海兵隊では1921年に、エール・H・エリス（Earl H. Ellis）中佐が論文「ミクロネシアにおける前進基地」（"Advanced Base Operations in Micronesia"）において、前進基地となる島を上陸作戦で奪取することを提言した。その論文において、エリスは、日本の統治下にあった島嶼の地形や人口、経済、敵に関する情勢を分析し、その後上陸作戦の戦術の概略を説明した。エリスの論文では、艦砲射撃と航空部隊による火力支援、第一波、第二波と続く前進イメージが簡略に説明されている。[3] 海兵隊は後に、このエリスによる絵姿をドクトリンに採用する。また、1926年に海軍研究所から、アメリカ海軍のW・D・プレストン（W. D. Puleston）大佐の著作 *The Dardanelles Expedition A Condensed Study*（『ダータネルス遠征―概説』未邦訳）が出版される。この著作は水陸両用作戦のバイブルとなった。[4] しかし、エリスによって書かれた論文が、即座に、海兵隊における水陸両用作戦ドクトリンの形成を促進したということではない。1920年代半ばから30年代前半にかけて、海軍では対日作戦計画の立案が停滞し、海兵隊将校達の主たる関心事項は陸戦と対ゲリラ戦であり、教育カリキュラムは主に陸戦のままだった。[5]

では、海兵隊はどのように水陸両用作戦ドクトリンを採用したのだろうか。軍事史家のアラン・ミレー（Allan Millet）によれば、海兵隊総司令部が組織の分割の危機に直面した時に、水陸両用作戦ドクトリンが採用されることとなった。ハーバート・フーバー（Herbert Hoover）政権の下で、多軍種の間の任務を巡る競争が激化すると、陸軍は海兵隊航空部隊の陸軍航空軍団への編入と海兵隊の遠征任務の廃止を主張した。それに対して海軍と海兵隊は、海兵隊の主要任務は海軍の基地の防御のために水陸両用作戦を実施することだと主張し、海兵隊の存続を訴えた。[6] 1932年から33年、海兵隊学校において、イギリスのガリポリ上陸作戦、ハワイやカリブ海での海兵隊の戦訓など、水陸両用作戦に関する研究が実施された[7]。そして、33年10月に、ベン・H・フラー（Ben H. Fuller）第十五代海兵隊総司令官がジェームス・ブレッキンリッジ（James Breckenridge）海兵隊学校司令官に上陸作戦用ドクトリンの出版準備を命じた。34年1月に艦隊海兵隊（Fleet Marine Force）で勤務する野戦軍将校達がドクトリンの概要を批評した後、海兵隊学校の将校達がドクトリンを執筆した。その知的努力は同年6月に『上陸作戦の暫定マニュアル１９３４』（*Tentative Manual for Landing Operations, 1934*）に結集された。同文書は34年7月に海軍省から『渡洋作戦のマニュアル』（*Manual for Naval Overseas Operations*）という名前で発行され、35年に写真とスケッチが追記された『暫定上陸作戦マニュアル １９３５』（*Tentative Landing Operations Manual, 1935*）に改訂された。数度の改訂の後、38年に『上陸作戦ドクトリン アメリカ海軍 １９３８』（*Landing Operations Doctrine, United States Navy, 1938*）が発行された[8]。

１９３０年代、独自のアイデンティティを求め、海洋戦略における上陸作戦という新たな任務を担うことで、海兵隊は陸軍の影響下から抜け出そうとした。しかしながら、同年代の海兵隊は、新たに担おうとした上陸作戦において、陸軍の戦争様式だった消耗戦構想を維持し続けたのである。消耗戦の代表例とされる第一次世界大戦の西部戦線では、１９１４年にドイツ軍の前進が停滞し、各国の軍隊はスイス国境から英仏海峡まで塹壕を構築した。そのため、包囲が困難となり、各軍は正面突破という手段を選択せざるを得なくなった。また技術の発展により火力の威力が増大した。各軍は、16年のヴェルダン会戦やソンム会戦において、増大した火力による猛烈な準備砲撃、横隊で順次前進する歩兵と砲撃の協同による前線突破そして戦果の拡張を試みた。厳密な時間表で管理された砲撃に代表されるように、各軍は詳細に準備された火力運用で正面突破し、敵を撃破しようとした[9]。38年に発行された『上陸作戦ドクトリン アメリカ海軍1938』は、上述した陸戦様式を、海から岸という新しい場所に適用したと考えられる。このドクトリンは、第一章「上陸作戦一般」、第二章「任務編制」、第三章「上陸用舟艇」、第四章「艦から岸への移動」、第五章「艦砲射撃」、第六章「航空」、第七章「通信」、第八章「野戦砲・戦車・化学・煙幕」、第九章「兵站」から構成されている。ドクトリンの構成にも反映されているように、ここで描かれている戦い方は、砲撃と艦砲射撃という違いはあるが、第一次世界大戦の西部戦線での戦闘と類似している。海軍と海兵隊部隊は、艦砲射撃で敵の将兵や兵器その他の防護施設そして地理的に重要な拠点を破壊し、横隊による前進の後に島嶼に上陸し、橋頭堡を確保して戦果を拡張することとなっている。西部戦線で歩兵が前進したように、上陸部隊は第一波、第二波、第三波と続く比較的大規模な横隊に展開して、前進を開始し、敵兵器のリスクが高まった時点で小規模なグループを編成して前進し、艦から岸へ移動する。『上陸作戦ドクトリン アメリカ海軍1938』では部隊がとるべき行動が詳細に規定されている。

さらに、上述したマルケイジアンによって提示された消耗戦の特徴からも、『上陸作戦ドクトリン アメリカ海軍1938』で示された水陸両用作戦ドクトリンは、消耗戦だといえる。マルケイジアンによれば、消耗戦の特徴の一つは、敵の防御の強点への正面攻撃に代表されるように、甚大な損耗と資源の消費を伴うことである[10]。ドクトリンでは、島に上陸する際には敵の防御の強い地点は可能であれば避けるべきとされている。そのため、部分的には、敵の防御の強い点に正面攻撃をすることが常に規定されていたとは必ずしもいえない。しかしながら、たとえ敵が深く防御している場合でも、大量の艦砲射撃と空爆で敵の兵器を破壊し、上陸部隊が敵の橋や港、航空機等の施設や兵器を破壊することが志向されている。従って、全体としては敵の防御の強い点を大量の火力で破壊することが重視されていたといえる。

マルケイジアンは、組織的な火力運用で敵を殲滅することも消耗戦の特徴であると指摘する。『上陸作

戦ドクトリン アメリカ海軍 1938』でも、艦砲射撃と航空部隊による組織だった火力による敵の撃破と火力支援は徐々に激しさを増大させることが規定されている。六つの章から構成されるドクトリンにおいて、二つの章の中心テーマが火力の組織的な運用方法であり、当時の海兵隊において火力の組織的な運用が重要な課題であったと考えられる。そのうちの一つである艦砲射撃に関する章のテーマは、敵の防御を物理的に破壊するために艦砲の火力を組織的に運用する方法である。具体的には、準備と近接支援、縦深支援を実行するための艦船の分類や編制、各部隊間の調整方法が主に説明されている。航空に関する章でも、準備、揚陸、岸への接近の各段階における偵察方法や攻撃対象が主たる内容である。ここで想定されているのは、火力の組織的な運用で敵を物理的に破壊し、その破壊を累積させることを重視した戦い方、つまり消耗戦であるといえる。

加えて『上陸作戦ドクトリン アメリカ海軍 1938』は、戦術レベルのドクトリンだったといえる。1990年代後半に提示された海兵隊の水陸両用作戦構想では、水陸両用作戦の目的は内陸部の奥地にある戦略的目標を奪取すること、上陸作戦はその手段の一つであると明確に位置付けられた。そこには、作戦レベルとは、戦略的な目標を達成するために諸会戦を関連づける領域であるという考えが反映されている。加えて、90年代後半の構想では、艦から内陸部の目標物までの広い空間と長い時間軸で、水陸両用作戦が議論されている[11]。他方、30年代に作成された『上陸作戦ドクトリン アメリカ海軍 1938』では、水陸両用作戦の目的と手段が明確に区分されていなかった。かつ沿岸部での上陸という極めて狭い空間と短い時間で水陸両用作戦が提示されていた。

海兵隊が戦術レベルの消耗戦を受容していた20世紀初頭、ヨーロッパでは、新しい用兵の構想が開発されていた。第一次世界大戦の後半から戦間期にかけて、ドイツ、イギリス、ソ連では塹壕戦への回答として、敵を麻痺させるという用兵構想や、戦略と戦術をつなぐ作戦レベルの構想が発展しつつあった。19世紀後半に、機関銃、速射砲、弾倉給弾式ライフル、無煙火薬が開発されると、各軍の火力が増大する。火力の増大により、第一次世界大戦では、歩兵部隊の正面攻撃は、大きな犠牲を伴うわりに、得られるものは少ないという結果に終わった。そこで、各軍は激しい砲撃を敵の陣地に浴びせた。

激しい砲撃に対処するため、ドイツ陸軍は「縦深防御」戦術——連続する複数の防御線を構築して防御する——を生み出す。複数の防御線を構築したことにより、敵に深く攻め込まれるようになったが、その反面、ドイツ陸軍は反攻の準備の時間を稼げるようになった。さらに、敵に対して多様な戦い方が可能になった。また、敵の砲兵に攻撃される第一線の防御を軽微にしたことで、より多くの兵力を反撃のための予備に割けるようになった[12]。ドイツ陸軍は攻勢作戦においても、敵陣地に部隊を浸透させる戦術を開発した。小規模かつ独立したドイツ陸軍の歩兵部隊が、敵の防御の強い点を避け、弱い点を攻撃する。敵の抵抗の強い点を避けながら前進する第一波は、敵の掃討を後続部隊に任せ、敵の縦深に迅速に進撃した。その目的は、敵の破壊よりも、むしろ、敵の崩壊だった。戦間期、装甲師団を編成したドイツ国防軍は、作戦レベルで敵部隊に浸透することを準備した。

ドイツ陸軍と戦っていたイギリス陸軍でも、第一次世界大戦の最中から戦間期にかけて、フラーが「戦略的麻痺」構想を提唱する。戦車と航空機を用いた大規模な襲撃で、敵の頭脳である指揮所や後方地域を一挙に攻撃し、敵の指揮を麻痺させ、敵の戦闘能力を奪うことをフラーは提案した。

ソ連でも、近代戦においては、一回の会戦で敵を撃破することは困難になったと認識した軍人達が、新しい用兵構想を開発していた。帝政ロシア軍から赤軍に参加したスヴェーチンが、戦略目標を達成するために戦術の行動を関連づける術として「作戦術」を概念化した。そしてトリアンダフィーロフや帝政ロシ

【全縦深同時打撃と梯団攻撃】

下図にあるように第１次世界大戦のような陣地突破の攻撃方法では、攻撃部隊は、陣地帯陣地の抵抗や敵の予備隊の逆襲などにより戦力を擦り減らし、最終的には敵の増援部隊に突破を阻止されてしまう。これに対して赤軍の全縦深同時打撃と梯団攻撃は、敵の全縦深を同時に叩くことで敵陣地帯陣地の抵抗力を弱め、かつ予備隊の行動を妨害する。そして梯団攻撃によって突破後まで自軍の戦力を保持することができた。さらに騎兵、戦車、空挺部隊によって追撃と包囲により敵軍を殲滅する。①三個梯団に区分された突破兵団　②敵陣地帯を砲爆撃する長距離砲兵と航空部隊　③敵を包囲する騎兵、戦車、空挺部隊　④敵の増援を妨害・阻止する航空部隊。

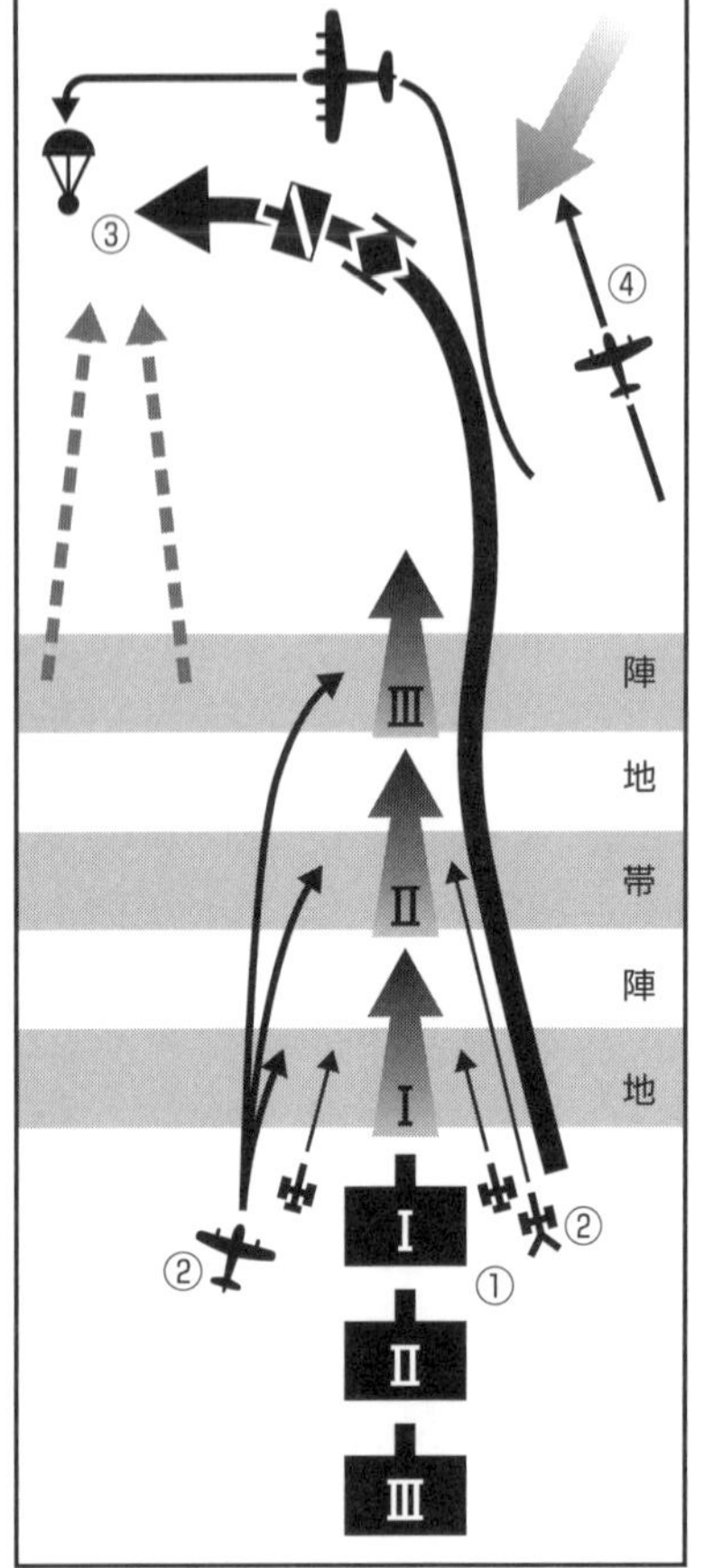

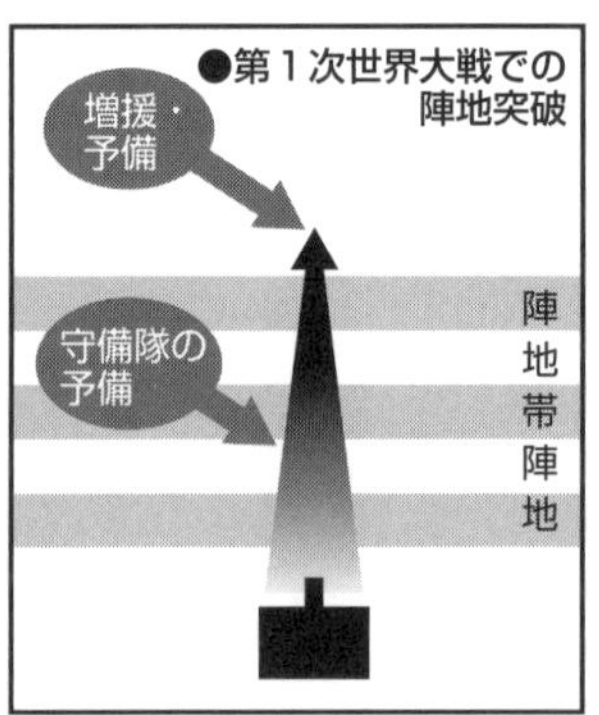

田村尚也著『用兵思想史入門』（作品社、2016 年）より転載。

ア軍では若手将校だった赤軍の英雄、トゥハチェフスキーが中心となって作戦レベルのドクトリンを生み出す。彼らは、敵の縦深まで連続かつ同時に攻撃し、戦域の敵部隊を殲滅させる「縦深作戦」構想を開発した。トリアンダフィーロフが連続作戦という概念を提示した。トリアンダフィーロフによると、敵に集結する機会を与えないことで、勝利を獲得できる。そのためには、敵の戦線の突破だけではなく、諸会戦を連続して行い、敵の背後に侵入して決定的な打撃を与える必要がある。そして、トゥハチェフスキーが敵の縦深への連続作戦をより具体的なアイデアとして提示した。自動車化歩兵部隊と自走砲部隊、航空機で敵の前線を突破し、第2梯隊が決定的な打撃を与え、空挺部隊が敵の退路を遮断することで敵を殲滅すると[13]。

以上のように、1930年代に形成された海兵隊の水陸両用作戦ドクトリンは、消耗戦という古い思考の新境地への適用にすぎなかった。それは先行研究が評価するような革新的なドクトリンとはいい難い。30年代の水陸両用作戦ドクトリンは、20世紀初めに一般的だった陸戦様式を、海から岸という場所に適用したにすぎなかった。同時期のヨーロッパでは、敵を崩壊させる、戦略的麻痺、作戦術、縦深作戦などの新しい用兵構想が議論されていたが、海兵隊は古い陸戦構想を新境地に適応したのである。

2　第二次世界大戦の終結後——垂直包囲ドクトリンの発展

1944年、海兵隊が太平洋マリアナ諸島のテニアンに上陸する。海兵隊がテニアンを奪取すると、アメリカ軍はテニアンに北飛行場と西飛行場を整備した。45年8月6日、テニアンの飛行場を飛び立った

B－29爆撃機は、日本に、前代未聞の大量の破壊力を持ち、後々まで人々を後遺症で苦しめることになった原子爆弾を投下した。38年に発見された核分裂は、アメリカに渡り、兵器として実用化されるようになる。F・D・ローズヴェルト（F. D. Roosevelt）政権は、42年6月には科学者達から提出された原子爆弾製造計画を了承し、陸軍が原子爆弾計画を管轄することになった。陸軍のレズリー・グローヴズ（Leslie Groves）が計画の責任者、カリフォルニア大学教授のロバート・オッペンハイマー（Robert Oppenheimer）が原子爆弾開発研究の責任者となって原子爆弾の製造を主導した。ニューメキシコ州北部の町、ロスアラモスの研究所で原子爆弾の設計・製造が行われ、45年7月にニューメキシコ州ホルナダで核分裂実験が実施された。核分裂の連鎖反応によって強力なエネルギーを放出する爆弾が実用化されたのである。そして、ハリー・S・トルーマン（Harry S. Truman）政権は、同年8月6日、二つのウランの塊を結合させて原子核を分裂させるガン式ウラン爆弾をB－29爆撃機から広島に投下した。上空で爆弾が爆発し、衝撃派や放射線が人々を襲った。数万人が命を落とし、生き残った人も後遺症に苦しんだ。続く8月9日、トルーマン政権は、長崎にプルトニウム爆弾を投下する。広島でも長崎でも、一発の爆弾が都市を破壊した。

核の時代が始まると、海兵隊は水陸両用作戦ドクトリンの見直しを迫られるようになった。新しい性質の兵器をどの軍種が運搬すべきか、という問題について、陸軍と海軍の意見は対立した。有人爆撃機の効率性を指摘した陸軍には、将来戦の主役は陸軍航空隊と陸軍だという意見があった。海兵隊を陸軍に統合させ、海軍は陸軍航空隊や陸軍が必要とする兵站のみを担うべきだと。他方で、海軍は、新しい大量破壊兵器を運搬するには、海上優勢の確保が必須であり、海軍の任務は重要であると主張した。[14] 核兵器の登場により、はたして、艦隊は時代遅れの産物になったのだろうか。統合参謀本部は、カーチス・ルメイ（Curtis Lemay）を委員長とする委員会を設置し、１９４６年7月、太平洋のビキニ環礁で海上船舶への原子爆弾で爆弾を爆発させた。

の効果を調べるための実験を行った。クロスロードと名付けられたこの実験では、二回核実験が行われ、一回目は退役艦の戦艦ネヴァダとその周辺に係留された船に、原爆が空中から投下された。二回目は水中で爆弾を爆発させた。

陸軍に反対されながらも、海兵隊は水陸両用作戦を海兵隊の主たる任務と位置づけ続けた。クロスロード実験に海兵隊のオブザーバーとして派遣された将校は、直ちに、総司令官に、各時代における水陸両用作戦について検討するように提言した。[15] １９４４年に第十八代海兵隊総司令官に就任したアレキサンダー・A・ヴァンデグリフト（Alexander A. Vandegrift）は、核時代の水陸両用作戦を検討するための委員会を海兵隊内に設置した。レミュエル・C・シェパード（Lemuel C. Shepherd）が当委員会を率いることとなった。シェパードは、グアムへの上陸作戦で第1暫定海兵旅団を指揮し、沖縄戦では第6海兵師団を指揮した海兵隊員である。ヴァンデグリフトは（1）水陸両用作戦部隊の任務は未だ妥当性があること、（2）火力が増大している現在、第二次世界大戦以前に開発された水陸両用の戦術と技術を変化させる必要があることを前提として、議論をするように委員会に求めた。[16] スピードの遅いアムトラックや上陸用舟艇は敵火力の格好の餌食となりかねない。そこで委員会はより迅速にかつ拡散して部隊を運ぶ方法を模索した。ヘリボーンと潜水艦による上陸、巨大な飛行艇を検討した後に、委員会は最終的にヘリボーンによる水陸両用襲撃を総司令官に提案した。[17]

ヴァンデグリフトは委員会の提案を受け入れる。１９４８年1月にヘリコプター飛行隊が編成され、11月にヘリコプターを使用した水陸両用作戦マニュアルである『水陸両用作戦――ヘリコプターの利用（暫定）』（*Amphibious Operations: Employment of Helicopters* ［*Tentative*］）が発行された。本マニュアルは導入、編制と指揮、戦術考慮、乗船、艦船から沿岸部への移動、火力支援、兵站、通信、ＨＲＰ－1ヘリコプターとＨＯ３Ｓ－１ヘリコプターの特徴の各章から構成される[18]。56年に出版されたＬＦＭ－４『艦船から沿岸への移動』（LFM-4, *Ship-to-Shore Movement*）にもヘリボーン上陸に関する章が登場する[19]。水陸両用作戦全体を扱うＬＭＦ 01『水陸両用作戦ドクトリン』（１９６７、LMF 01, *Doctrine for Amphibious Operations*）でもヘリボーンが扱われた[20]。

第二次世界大戦の終結後、海兵隊の水陸両用作戦ドクトリンは、装備のみならず、編制でも大きな進化を遂げることとなる。戦後、海兵隊の動員が解除され、核兵器が登場し、ヘリコプターによる襲撃や輸送が実現する中で、海兵隊は艦隊海兵隊の編制も再検討する。１９５０年代から60年代の編制の見直しにおいて海兵隊が作り上げたのが、現在に至るまで海兵隊が自らの特徴の一つとしてきた、ＭＡＧＴＦである。第一次世界大戦と第二次世界大戦の戦間期に海兵隊航空部隊がカリブ海諸国や中国に派遣され、近接航空支援が発達した。航空部隊は、第二次世界大戦中は主に太平洋戦線で地上部隊の上陸を支援した。ただし、空地共同部隊編制が政策文書に明確に登場するようになるのは、50年代になってからである[21]。50年代前半に海兵隊では航空部隊と地上部隊の指揮の在り方が議論された。航空部隊と地上部隊の両方を指揮する指揮官がヘリコプター部隊も指揮すべきだと論じられた。さらに52年にシェパード第二十代海兵隊総司令官がクワンティコに設置した委員会は、航空部隊と地上部隊を一つの統合された兵器システムとして扱うべきだと提言し、司令部の幕僚も統合すべきだと主張した[22]。

シェパードが設置した委員会が、地上部隊と航空部隊の指揮の統合を推進した理由は厳密には明らかになっていない。ただし、朝鮮戦争の仁川上陸作戦の際に海兵隊が次のような状況に陥ったことが、指揮の統合を彼らが推進するようになった理由の一つだと推測できる。それは、海兵隊の関与が非常に制限されていた意思決定の場で、海兵隊航空部隊の使用方法が海兵隊の意図とは異なる形で決定されかねなかったということである。海兵隊総司令官が統合参謀本部の常設のメンバーとなるのは１９７０年代後半のことであり、仁川に海兵隊が上陸した50年には、総司令官は統合参謀本部の正式な構成メンバーではなかった。ミレーによれば、ダグラス・マッカーサー（Douglas MacArthur）が海兵隊の航空部隊を伴う海兵隊地上部隊の派遣を主張し、海軍作戦部長が支持したのに対して、空軍参謀長は海兵隊の航空部隊の地上部隊への近接航空支援に反対した。空軍は海兵隊の航空部隊を空軍の統制外で使用することに反対し、またエアパワーを近接航空支援ではなく、北朝鮮人民解放軍の後方連絡線の遮断に使用すべきであると主張した。海兵隊は航空部隊を伴わない地上部隊の派遣を受け入れるつもりはなかった[23]。最終的に、統合参謀本部はマッカーサーの要求を受け入れ、海兵隊の意図した通りに海兵隊地上部隊と航空部隊の両方が仁川に派遣された。とはいえ、この出来事は海兵隊の上層部に苦い経験として記憶されたのかもしれない。

朝鮮半島での軍事作戦が実質的な休戦状況となっていた１９５３年1月、第1暫定空地任務部隊が編成され、12月に第２海兵空地任務部隊が編成された[24]。翌年には第２海兵師団と第３海隊兵航空部隊がカリブ海で水陸両用作戦の訓練を実施した[25]。同年、総司令官は、地上部隊と航空部隊の指揮を任務部隊の指揮官に一元化し、統合司令部を設置すること、任務部隊指揮官は部隊の指揮に集中すべきであるという提案を受け入れた[26]。

１９６０年代になると空地共同部隊の具体的な編制が検討されるようになり、62年、海兵隊総司令官よりＭＡＧＴＦの基本編制が通達された。12月に海兵隊総司令部から発行された文書において、デビッド・Ｍ・シャウプ（David M. Shoup）第二十二代海兵隊総司令官は司令部と地上戦闘部隊、航空戦闘部隊、戦闘支援部隊からＭＡＧＴＦが編成されること、規模の異なる四種類のＭＡＧＴＦを採用することを示した。大隊上陸団と攻撃飛行隊、ヘリコプター隊、支援部隊から編成される海兵遠征隊（Marine Corps

Expeditionary Unit [MEU])、連隊上陸団と航空群、支援部隊から編成される海兵遠征旅団（Marine Corps Expeditionary Brigade [MEB])、一個師団と航空団、支援部隊から編成される海兵遠征部隊（Marine Expeditionary Force [MEF])、二個ＭＥＦ等から編成される海兵遠征軍団（Marine Expeditionary Corps [MEC]）である。ＭＥＵは大佐、ＭＥＢは准将、ＭＥＦは少将が指揮することになった[27]。これら四種類のＭＡＧＴＦのうちＭＥＵとＭＥＢ、ＭＥＦの三種類は、現在に至るまで海兵隊に採用されている。

１９７７年に草案が起草され、79年にＭＡＧＴＦ編制について規定したＦＭＦＭ０－１『海兵空地任務部隊ドクトリンアメリカ海兵隊』（FMFM 0-1, *Marine Air-Ground Task Force Doctrine U.S. Marine Corps*）マニュアルが発行された。このマニュアルはＭＡＧＴＦ部隊、編制と指揮、ＭＡＧＴＦ司令部、計画と作戦、ＭＡＵ、ＭＡＢそしてＭＡＦの八つの章から構成される[28]。

以上のような努力の結果、海兵隊の水陸両用作戦構想には新しい装備と編制が導入されることになった。ヘリコプターという新兵器を導入したことで、それまでの平面から垂直での上陸が可能になり、水陸両用襲撃のスピードと柔軟性も向上した。核時代の水陸両用作戦の課題であった上陸部隊の分散も可能になった。ＭＡＧＴＦ編制の採用は航空部隊と地上部隊の一体化を進めることとなった。しかしながら、それらの変化は従来の消耗戦というパラダイム内での進化だったといえよう。ヘリコプターやＭＡＧＴＦを採用した後の水陸両用作戦マニュアルも第１節で言及した消耗戦の特徴を有する。この時代の水陸両用作戦マニュアルも、艦砲射撃と砲兵、近接航空支援で敵を撃破した後に、第一波、第二波、第三波と横隊で前進することが想定されている。組織だった火力運用の重視にも変化がない。例えば、『水陸両用作戦――ヘリコプターの利用（暫定）』マニュアルも次のように主張している。敵が防御している地域に海兵隊部隊はヘリボーンで上陸する。そのため、作戦が成功するかどうかは火力支援による敵の撃破が鍵を握っていると。本マニュアルの「艦から沿岸への移動」の章では波状による部隊の前進、「火力支援」の章ではヘリボーンへの近接航空支援、艦から岸への移動中と上陸後の艦砲射撃とヘリボーン作戦の調整などが規定されている。[29] 加えて、『水陸両用作戦―ヘリコプターの利用（暫定）』、LFM‐4『艦から沿岸への移動』、LMF 01『水陸両用作戦ドクトリン』、FMFM 0‐1『海兵空地任務部隊ドクトリンアメリカ海兵隊』の全てが、部隊の行動を規定したマニュアルである。

そして水陸両用作戦ドクトリンは戦術レベルのドクトリンのままだった。この時代の水陸両用作戦構想は、のちに1990年代に採用されたような内陸部の目標物を奪取するための一連の機動における上陸とは描かれていない。98年に発行されたMCDP 3『遠征作戦』ドクトリンでは、例えば、44年のマリアナ諸島への上陸作戦はオーストラリアから南西太平洋の一連の作戦における一つの会戦として描かれる。他方、50年代、60年代の水陸両用構想は上陸そのものにのみ主眼が置かれていた。一連のドクトリンの中で水陸両用作戦全体を扱っているLMF 01『水陸両用作戦ドクトリン』でも、水陸両用作戦は、航空支援と艦砲射撃、砲兵から成る火力支援を受けながら、部隊は艦船から沿岸へ移動し、上陸し、海橋堡を確保し、最終目標物を奪取すると描かれている。[30] ここでは確かに最終目標物の奪取が考慮に入れられている。しかし、上陸までの方法論がドクトリンのほとんどを占める上、最終目標とは広範囲の一連の作戦で設定された目標ではなく、沿岸部の目標を意味していたのである。

3　ベトナム戦争——海兵隊の戦術の〝完成〟

1963年の前任者の暗殺という想定外の出来事で政権を引き継いだリンドン・B・ジョンソン（Lyndon B. Johnson）は、ベトナムにおけるアメリカの戦略を大きく変容させることになった。前任者のジョン・F・ケネディ（John F. Kennedy）にとって、南ベトナムの国家建設における主役は南ベトナムの政府と軍であり、アメリカ軍はあくまでその支援者だった。他方、ジョンソンの時代には、従来、支援者だったアメリカは国家建設の主たるアクターとなる。大統領就任直後には、軍事顧問団の強化というケネディ政権の方針を踏襲したジョンソンだが、トンキン湾事件後、ベトナムへの軍事的関与を強化してゆく。64年8月4日、北ベトナム沖で任務についていた二隻のアメリカ海軍の駆逐艦から、攻撃を受けたとの報告がワシントンDCに届く。報告を受けたジョンソンは、直ちに、統合参謀本部に報復計画を立案させると共に、アメリカ軍への攻撃を撃退するためのあらゆる措置を取る権限を大統領に与えることを議会に求めた。翌年の2月、ジョンソンは北ベトナムへの航空爆撃——ローリングサンダー作戦——を開始する。南ベトナム援助軍司令官のウィリアム・C・ウェストモーランド（William C. Westmoreland）は、北ベトナムがローリングサンダー作戦への反撃をしかけてくることを懸念した。65年3月、ダナンにあるアメリカ軍の航空基地を北ベトナム軍の反撃から防衛するために、海兵隊の二個大隊がダナンに上陸した。

ジョンソンは北ベトナムへの航空攻撃と併せて、戦闘部隊も派遣することにした。デイヴィッド・ハルバースタム（David Halberstam）の著書『ベスト&ブライテスト』では、ジョンソン政権内の戦闘部隊の派遣に関する意思決定が次のように描かれている。1965年3月から4月にかけて、戦闘部隊の派遣を巡る議論が展開された。陸軍の出身で、統合参謀本部議長から南ベトナムのアメリカ大使へと転身したマックスウェル・D・テイラー（Maxwell D. Taylor）は、アメリカ軍の部隊を南ベトナムの沿岸部の拠点に集結させる案を主張した。アメリカ軍の任務は、拠点の付近のパトロールに限定すべきだと彼は訴えた。そうすることで、アメリカ軍の海上からの出口も確保できるし、戦闘の主たるアクターになることも回避できると。他方、ウェストモーランドは拠点へのアメリカ軍の集中配備に反対だった。南ベトナム政府軍には南ベトナム解放民族戦線（ベトコン）を撃破する能力が十分に備わっていないと判断したウェストモーランドは、アメリカ軍の戦闘部隊の派遣を求めた。そして、アメリカ軍が拠点にこもっていては、南ベトナム政府軍の士気が低下するとテイラーの案に反対だった。アメリカの戦闘部隊は積極的に敵を探し、撃破すべき――サーチ&デストロイ戦術――を採用すべきだと彼は考えていた。ジョンソン政権は当初はテイラー案を採用していたが、徐々にウェストモーランドのサーチ&デストロイ戦術と彼が求める戦力の増強を承認するようになっていった[31]。

ベトナムに派遣された第3海兵水陸両用軍（III Marine Amphibious Force［III MAF］）の部隊は、1965年に派遣された当初は、主に平定作戦――学校の建設や医療の提供、治安の維持――に従事していた。ただし、67年になると、Ⅲ MAFの任務は、南北の境界線に設けられた非武装地帯を越えて侵入してくる北ベトナム軍の阻止が中心となる。そのために、アメリカ軍が非武装地帯付近に建設した基地の一つが、ケサンの海兵隊基地である。海兵隊は、非武装地帯に近く、かつラオスに隣接したケサンにある高地に射撃基地を作り、谷地に滑走路を備え、基地を建設した。ケサンが位置する南ベトナム最北端のクワンチ省は、四個大隊、約四千名の兵士から編成された第3海兵連隊の戦術責任地域となった。67年、ク

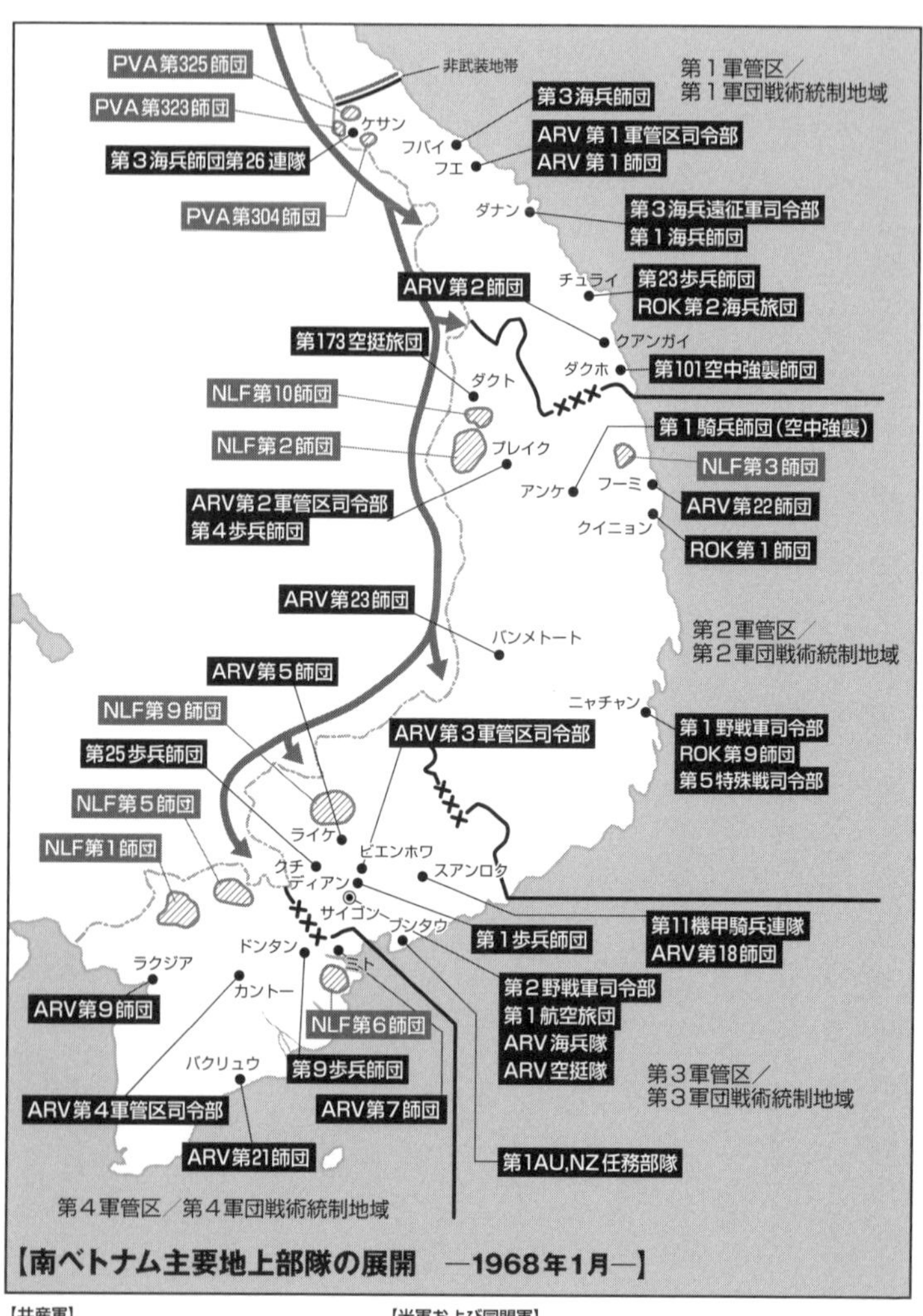

【共産軍】
PVA 北ベトナム軍　NLF 解放戦線軍
⬅ ホーチミン・ルート

【米軍および同盟軍】
ARV 南ベトナム軍　ROK 韓国軍　AU オーストラリア軍
NZ ニュージーランド軍　―XXX― 軍管区／軍団境界線

※第1海兵師団には、第5海兵師団の第26、27連隊を配属。
※第3海兵遠征軍には航空団が編成に含まれている。
※各師団はおおむね大隊単位で展開している。

ワンチ省北部で海兵隊と北ベトナム正規軍とベトコンが戦った。2月、五個海兵大隊に増強された第3海兵連隊はサーチ&デストロイを実施する。砲兵や近接航空支援を受けながら、分隊から中隊で敵を捜索した。ライフルや機関銃、迫撃砲弾等で敵に対して大量の火力を集中させ、その後、敵を捕獲するために捜索した。海兵隊が捜索している間、敵は一時退却するが、海兵隊が別の地域に移動すると、再び敵が戻ってきた。[32] 大量の火力を消費しながら、この地域の北ベトナム正規軍とベトコンを掃討するという戦術上の目的を、海兵隊は達成できなかったのである。7月、ケサン基地への海兵隊の後方連絡線だった国道9号線を北ベトナム正規軍が遮断したため、ケサン基地は孤立した。そのため、海兵隊は空輸で補給を行う。68年1月、ウェストモーランドは再び火力を集中させて敵の排除を試みた。

1968年1月末から翌年の4月にかけて、アメリカ軍と北ベトナム正規軍はケサン基地を巡って激戦を繰り広げる。67年後期、北ベトナム軍とベトコンは総攻撃と総蜂起計画を実行に移すことにした。北ベトナム軍がケサンの海兵隊基地をはじめとするアメリカ軍の基地を攻撃し、アメリカ軍の注意を引きつけている間に、1月31日、南ベトナムの各地でベトコンが攻撃を開始した。首都のサイゴンや古都フエ、第二の都市のダナンなど、南ベトナム全土でベトコンは奇襲攻撃にでた。ケサン周辺では、67年12月から1月にかけて、ケサン基地周辺の敵の動きが活発になっていると海兵隊は分析していた。[33] 68年1月20日から21日にかけて、北ベトナム軍が迫撃砲やロケットでケサン基地を攻撃する。滑走路や兵舎が損害を被り、海兵隊には死者十数人、負傷者約百人がでた。北ベトナム正規軍は5日早朝にもケサンの基地に猛砲撃を加え、861高地にも地上攻撃を仕掛けてきた。砲撃はその後も続いた。ケサンの基地は北ベトナム正規軍に包囲された。2月末には北ベトナム軍の塹壕が基地まで約百メートルの距離に迫る。ウェストモーランドはケサンを何としても防御しなければならないと考えていた。なぜなら、ケサンはラオスを通って浸透してくる北ベトナム軍を阻止し、ラオスに退却する敵に対する軍事作戦のための基地である。加えて、北ベトナムから南ベトナムへの物資や兵士の補給路に対する航空偵察のための滑走路も、ケサン基地は提供している。非武装地帯の南部の防御にとってもケサン基地は重要だった[34]。

さらに、アメリカ軍では、ケサンとディエン・ビエン・フーの地形の類似性が指摘されていた。ディエン・ビエン・フーでベトミン軍に包囲されたフランス軍は、1954年7月に降伏した。ディエン・ビエン・フーの戦いでフランス軍が敗北すると、フランス国内では戦争終結を求める声が強くなった。54年7月にジュネーブ休戦協定が締結され、フランス軍はベトナムから撤退した。ウェストモーランドは、50年代のフランス軍と比べると、海兵隊には幾つかの利点があると考えていた。海兵隊は高地を支配しているし、十分な空輸能力もあり、何といっても火力の優勢を享受していた。これらは54年のフランス軍には欠如していたものである[35]。

そのため、ウェストモーランドと海兵隊は、再び火力を集中させ、敵を撃破することを決めた。今度は戦術空軍、海軍・海兵隊航空部隊が北ベトナム正規軍やベトコンを爆撃した。グアムやタイから飛来する爆撃機による激しい爆撃が、連日、行われた。ケサン基地で包囲されていた海兵隊の大尉は、地上からケサンでのアメリカ軍の航空攻撃を見ていた。爆撃の凄まじさを以下のように回想する。

二月の第二週までに、空軍のB-52六機が、昼夜三時間にわたって北ベトナム軍に爆撃を加えた。この爆撃を見ていたが、まるで仕掛け花火のようだ。まったくB-52の空爆は目玉が飛び出るほどすさまじい。さらにB-52以上の空爆が実施されている。毎日、八〇〇機以上の戦闘機や攻撃機がケサン上空を飛びまわり、ベトコンの頭に爆弾の雨を降らしている[36]。

4月、地上部隊によるケサン基地の解放作戦が開始された。一時期、ケサン基地は北ベトナム軍の包囲から解放される。ただし、7月になると、アメリカ軍は圧倒的な火力を投入したケサン基地から撤退した。ウェストモーランドと海兵隊は、戦術レベルであるケサンの戦いに、火力という資源を集中させたのである。１９３０年代から60年代に至る海兵隊のドクトリンや戦術には、主にアメリカ陸軍を観察することで帰納的に導き出されてきた「アメリカの戦争様式」構想と多くの共通点が観察される。海兵隊のドクトリンはアメリカの陸戦の伝統を忠実に継承していたのである。つまり、海兵隊は戦術レベルで消耗戦を戦う術を獲得したのである。ベトナム戦争から撤退後、海兵隊では、一部の若手将校達が新しい軍事構想や戦術の開発に奮闘する。次章では、彼らが開発した軍事構想がどのようなものだったのかをみていこう。

註記

（1）稲垣治『世界最強の軍隊アメリカ海兵隊』（光人社、２００９年）、pp. 50-77。
（2）エドワード・ミラー（沢田博訳）『オレンジ計画―アメリカの対日侵攻50年戦略』（新潮社、１９９４年）。
（3）Earl H. Ellis, "Advanced Base Operations in Micronesia" in *Advanced Base Operations in Micronesia* (Department of Navy, 1992).
（4）Raymond G. O' Connor, "The U.S. Marines in the 20 Century: Amphibious Warfare and Doctrinal Debates," *Military Affairs*, Vol. 38, No.3 (October 1974), pp. 97-103.
（5）Bittner, *Curriculum Evolution*.
（6）Allan R. Millett, *Semper Fidelis: The History of the United States Marine Corps* (New York: The Free Press 1991).
（7）Bittner, *Curriculum Evolution*, p. 22.
（8）David C. Emmel, "The Development of Amphibious Doctrine," Master Thesis, submittedto U.S. Army Command and General Staff College, 2010, Office of Naval Operations, Division of Fleet Training, *Landing Operations Doctrine, U. S. Navy, 1938*

(Washington: United States Navy, 1938).

(9) Paddy Griffith, *Battle Tactics of the Western Front: British Army's Art of Attack, 1916-1918* (New Haven&London: Yale University Press, 1994), Travers, *The Killing Ground.*

(10) Carter Malkasian, "Toward a Better Understanding of Attrition: The Korean War and Vietnam War," *The Journal of Military History,* Vol. 68, No. 3 (July 2004), pp. 911-942.

(11) 阿部亮子「米国海兵隊の水陸両用作戦構想の変化―湾岸戦争後の機動戦構想と作戦レベル構想の適用」『戦略研究』第20号（２０１７年３月）、pp. 75-91。

(12) David Jordan, James D. Kiras, David J. Lonsdale, Ian Speller, Christopher Tuck, and C. Dale Walton, *Understanding Modern Warfare* (Cambridge:Cambridge University Press, 2016), pp. 102-111.

(13) 『現代戦略思想の系譜』 pp. 563-584、McKercher and Hennessy, eds., *The Operational Art: Developments in the Theories of War,* pp. 50-85.

(14) Joseph H. Alexander and Merrill L. Bartlett, *Sea Soldiers in the Cold War: Amphibious Warfare, 1945-1991* (Maryland: United States Naval Institute Press, 1995), p. 9.

(15) Ibid., p. 26.

(16) Terry C. Pierce, *Warfighting and Disruptive Technologies: Disguising Innovation* (Oxford: Frank Cass, 2004), p. 72.

(17) Ibid., p. 73.

(18) *Amphibious Operations: Employment of Helicopters (Tentative)* (Virginia: Marine Corps Schools, November 1948).

(19) LFM-4 *Ship-to-Shore Movement* (Washington, D.C.: Headquarters U.S. Marine Corps, 1956).

(20) LFM 01 *Doctrine for Amphibious Operations* (Department of the Army, the Navy, and the Air Force, 1967).

(21) From Commandant of the Marine Corps to Commandant, Marine Corps Schools, Commanding General, Fleet Marine Force, Pacific, Commanding General, Fleet Marine Force, Atlantic, "The Marine Corps Air-Ground Task Force Concept," Nov 9 1954, Historical Reference Branch, Marine Corps History Division, Quantico, VA.

(22) Pierce, *Warfighting and Disruptive Technologies,* pp. 81, 82.

(23) Millett, *Semper Fidelis*, p.479.

(24) "History of 1st Provisional Marine Air-Ground Task Force Fleet Marine Force," From Commandant of the Marine Corps to Commanding General, Fleet Marine Force, Atlantic, "2d Marine Air-Ground Task Force, FMF; activation of," 20 Dec 1953, Historical Reference Branch, Marine Corps History Division, Quantico, VA.

(25) From Director of Marine Corps History and Museums to Deputy Chief of Staff for Aviation, "Origins of the Marine Corps Air-Ground Team Concept,"31 July 1979, Historical Reference Branch, Marine Corps History Division, Quantico, VA.

(26) "The Marine Corps Air-Ground Task Force Concept."

(27) From Commandant of the Marine-Corps, "The Organization of Marine Air-Ground Task Force,"27 Dec 1962, Historical Reference Branch, Marine Corps History Division, Quantico, VA.

(28) FMFM 0-1 *Marine Air-Ground Task Force Doctrine U.S. Marine Corps*（Washington, D.C.: Headquarters United States Marine Corps, 1979）.

(29) *Amphibious Operations-Employment of Helicopters (Tentative)*.

(30) LFM 01 *Doctrine For Amphibious Operations*.

(31) デイヴィッド・ハルバースタム（浅野輔訳）『ベスト&ブライテスト』下（二玄社、２０１５年）、pp. 176-212。

(32) 西村仁「１９６７年前半におけるベトナム地上戦の一考察―米海兵隊の作戦にみる作戦・戦闘の実態と戦争指導」『新防衛論集』第9巻第1号（１９８１年）、pp. 64。89。

(33) Charles R. Smith, David A. Dawson, Jack Shulimson, and Leonard A. Blasiol, *U.S. Marines in Vietnam: The Defining Year-1968*（Washington D.C.: History and Museum Division Headquarters, U.S. Marine Corps,1997）, pp. 63-65.

(34) Ibid., p. 67.

(35) Ibid., p. 65, 66.

(36) アーネスト・スペンサー（山崎重武訳）『ベトナム海兵戦記』（大日本絵画、１９９０年）、p. 136, 137。

下とくつろぎながら話すグレイ

右側、正装のグレイ氏

総司令官に就任後も、グレイの信条の一つは、常に海兵隊員と共にあることだった。グレイにとって、海兵隊の最も重要な資源は装備や編制ではなく、海兵隊員だった。

ベトナム戦争で海兵隊一個小隊を率いたジェームス・ウェッブ海軍長官（中）は、海兵隊を戦う組織に変革するために「戦士」が海兵隊を率いることを求めた。ウェッブと対面するグレイ（右側）

1970年代から90年代初頭の海兵隊の知的改革を主導したマイケル・D・ワィリー（Michael D. Wyly）

第29代アメリカ海兵隊総司令官アルフレッド・M・グレイ大将（General Alfred M. Gray）

第Ⅱ部

現実主義者とマーヴェリック達——行動原理はどのように変化したのか？

組織改革を成し遂げたグレイ。若き日、戦友たちと。

第3章　ウォーファイティングの哲学

この章では、いよいよ１９８０年代後半から90年代前半に海兵隊で採用された機動戦構想に関する考察に入る。海兵隊上層部のリーダーシップに内外から批判や疑問が投げかけられる中で、87年7月にグレイが第二十九代海兵隊総司令官に就任する。ドクトリンが発行された背景やグレイの軍歴と信条については第5章で詳しくみるが、彼は既に述べたように、四年間の在任中に一連の基盤ドクトリンを発行した。89年にＦＭＦＭ１『ウォーファイティング』、90年にＦＭＦＭ１-１『戦役遂行』、91年にＦＭＦＭ１-３『戦術』ドクトリンが発行された。グレイはＦＭＦＭ１『ウォーファイティング』でウォーファイティングに関する彼の哲学を示すと宣言した。

一連の新しい基盤ドクトリンにおいて、グレイは機動戦と名付けられた用兵の構想を、海兵隊の主たる戦争（Warfare）構想として採用する。このグレイが採用した機動戦構想とはどのような構想なのだろうか。本章では、機動戦構想の海兵隊での概念化に大きく貢献したと考えられる三人の軍人の思想に着目することで、機動戦構想の特徴とその思想的背景を明らかにする。

1　機動戦構想とはどのような構想か

機動戦構想は現代の海兵隊にとって、多くの戦いに関する構想の基盤となってきた。ただし、機動戦構想は、当然のことながら、海兵隊に自然に備わった構想ではない。海兵隊の将校達の知的な努力によって海兵隊が獲得した用兵構想である。１９７０年代半ばに、若手将校達の間で機動戦構想を巡る議論が開始され、80年代後半から90年代初頭の一連の基盤ドクトリンの改定において、ようやく、正式に海兵隊の主たる戦争様式として採用された。戦争の本性と戦争理論、戦争準備、戦争の実行の四つの章から構成されるＦＭＦＭ１『ウォーファイティング』は、戦争の定義や海兵隊が採用する戦争哲学について描く[1]。戦役、戦役の計画、戦役の実行、結論の各章から成るＦＭＦＭ１−１『戦役遂行』では、戦略と作戦の関係や戦術と作戦の関係、戦役の計画や実行における戦役の特徴について説明された[2]。ＦＭＦＭ１−３『戦術』は戦闘での勝利を描写する。ＦＭＦＭ１−３『戦術』は導入、決勝の達成、てこの獲得、偽騙、より迅速な移動、協調、実現の六つの章から構成される[3]。

その後、１９９７年に第三十一代海兵隊総司令官に就任したクルーラックによって、艦隊海兵隊マニュアル（Fleet Marine Force Manual［FMFM］）シリーズは海兵隊ドクトリン出版（Marine Corps Doctrine Publication［MCDP］）シリーズへと改定された。ただし、ＭＣＤＰ１『ウォーファイティング』、海兵隊ドクトリン発行１−２『戦役遂行』（ＭＣＤＰ１−２『戦役遂行』Marine Corps Doctrine Publication 1-2, *Campaigning*［MCDP 1-2, *Campaigning*］）、海兵隊ドクトリン発行１−３『戦術』（ＭＣＤＰ１−３『戦術』

Marine Corps Doctrine Publication 1-3, *Tactics*［MCDP 1-3, *Tactics*］）の各ドクトリンにおいて、その内容は部分的な変更に留まった。

　次に示すようなＦＭＦＭシリーズの基本的な特徴は、ＭＣＤＰシリーズでも継続されている。海兵隊は公式のウェブサイトではドクトリンを公開していない。そのため、断言することは難しいが、海兵隊の将校達が寄稿する『海兵隊ガゼット』誌でのドクトリンの改定を巡る議論やドクトリンの出版状況から判断すると、少なくとも２０１７年の段階では、ＭＣＤＰシリーズが継続して使用されているようである。

　海兵隊が１９８９年から90年代前半に採用した一連の基盤ドクトリンには、どのような特徴があるのだろうか。新しい基盤ドクトリンで生じた最も重要な変化が、繰り返し述べるように、機動戦と称された新しい戦争の概念が採用されたことである。ＦＭＦＭ１『ウォーファイティング』の発行以前にも教育とドクトリンにおいて機動戦構想が部分的に導入されていたが、それは限定的な使用に留まっていた。それに対して、ＦＭＦＭ１『ウォーファイティング』とＭＣＤＰ１『ウォーファイティング』では戦争には消耗戦と機動戦の二つの形態があり、戦争ではこの二つの戦争様式が混在しているが、現代の海兵隊のドクトリンは主に機動戦に基づくと説明された。消耗戦は敵の物理的破壊の累積で勝利を追求する戦い方である。他方、機動戦構想は以下のような戦争理解に基づく。それは、敵に我の意思を強要することが戦争の目的であり、軍事力はそのための手段であるということや戦争とは不確実な現象であるということである。そのような戦争の定義の下、機動戦構想は敵の物理的撃破ではなく敵の機能不全を引き起こすことに主眼を置く。海兵隊は敵の指揮や心理的そして物理的一貫性を破壊し、敵が効果的に戦いそして戦いを調整する能力を破壊する。敵が機能不全となる状況を形成し最終的には敵のパニックや麻痺を目指す。ＦＭＦＭ１『ウォーファイティング』では機動戦とは以下のように定義される。

機動戦とは以下のような手段で敵の一貫性を破壊することを追求する戦争哲学である。その手段とは、一連の迅速、暴力的そして予期しない行動をとることで、敵が対処することが不可能な程に激しくそして迅速に崩壊していくような状況を形成することである。[4]

敵が機能不全となる状況を創出するために、海兵隊は幾つかの要素を採用した。特徴的なのは時間という要素を戦いの手段として導入したことである。従来、陸軍と海兵隊では火力と機動により敵を撃破することが想定されていた。他方、１９８９年以降の海兵隊のドクトリンでは、火力や機動とともに相対的な速度であるテンポが戦いの手段として導入された。そこでは、海兵隊部隊の作戦速度を敵の作戦速度よりも上げることで、海兵隊が戦闘を主導する。それにより、敵が対応できない状況を作り出す。

ＦＭＦＭとＭＣＤＰ両シリーズの『ウォーファイティング』と『戦役遂行』、『戦術』ドクトリンにおいて、敵を崩壊させるためにテンポを支配し主導権を掌握する必要性が繰り返し強調されている。従って、作戦テンポの高速化で敵を機能不全にすることは、海兵隊の機動戦の要であると考えられる。一連のドクトリンでは、作戦テンポを上げるために複数の戦術行動を同時に行うこと、ある会戦を戦う際にはその結果を予想しつつ遅滞することなくその結果を利用する準備をすること、不必要な戦闘を戦わないことなどが指摘されている。より重要な変化は任務戦術と呼ばれる分権型の指揮形態が導入されたことである。作戦テンポを高速化するためにも、戦争の不確実性に対応するためにも指揮の分権化が必要であると説明された。[5]任務戦術では、指揮官は自らのヴィジョンが反映される「指揮官の意図」を提示し、その達成方法については部下に任せる。隷下部隊の指揮官はその「指揮官の意図」を達成する範囲において、自らその達成方法を決定し、実行する。

加えて、海兵隊ドクトリンによると、海兵隊部隊は敵の強い点を避け弱点（gaps）に我の努力を集中させる（focus of effort）ことで敵の機能不全を促すこととなっている。敵の物理的破壊を累積させる消耗戦に対して、機動戦では、部隊は我の資源と努力を敵の物理的もしくは時間や空間上の弱点に集中させ、そこを攻撃する。[6]ＭＣＤＰ１『ウォーファイティング』ドクトリンでは、敵を機能させる要である重心（Center of Gravity）概念が導入され、戦略レベルの重心の例として敵の首都や指導者、士気や世論、作戦レベルの重心の例として敵の軍隊が示された。重心は敵の防御が強固である。そのため、機動戦では、部隊は敵の重心を直接的に攻撃することを避け、敵の重心に働きかけるような敵の決定的脆弱性（Critical Vulnerability）を探し出し、そこへの攻撃に我の資源と努力を集中させる。[7]アメリカの伝統的な戦争（Warfare）形態の特徴が火力による敵の物理的な撃破であるならば、機動戦構想の採用はその伝統からの離脱といえる。

特徴の二つ目は、同時期に陸軍で採用された作戦構想や海兵隊の歴史上のドクトリンとは異なり、海兵隊のＦＭＦＭシリーズ・ドクトリンでは軍事構想が具体化されていないということである。陸軍では１９８２年にＦＭ１００-５『作戦』マニュアルが発行された。そこにおいてエアランド・バトル構想と名付けられた戦いの様式が採用された。エアランド・バトル構想では陸軍部隊がとるべき行動が具体化されている。デュパイＴＲＡＤＯＣ司令官と彼の部下達は、エアランド・バトルを作成する際に、火力と機動の要素の総合を意味する「中心会戦」概念に基づき兵器毎の敵部隊との戦力比や敵の前進速度等を計算した。また、彼らは「統合された戦場概念」に基づき、戦術核の使用と敵の縦深における第２梯隊の阻止について研究し、軍団と師団、旅団各々の前方地域展開の地域と時間の担当を明確に区分した。[8]ＦＭ

１００–５『作戦』では、主導性と縦深、敏捷性、同時性の概念に基づき、敵の前線と縦深における敵後方梯隊への同時攻撃が採用された。そしてより具体的に、航空戦力と砲兵が敵の縦深で敵部隊を攻撃し近接戦闘を支援し、機甲部隊が敵の機甲部隊や対戦車ミサイルなどを撃破し、敵防御を突破し縦深を攻撃すると規定された[9]。第1章で明らかにしたように、水陸両用作戦ドクトリンや垂直包囲ドクトリンも海兵隊部隊がどのように上陸すべきかを詳細に規定していた。

他方、１９８０年代後半から90年前半にかけて採用された海兵隊のドクトリンは、戦争を不確実で予期できない現象と捉え概念を具体化していない。海兵隊はプロイセンの古典軍事思想家のクラウゼヴィッツが提示した戦争の本質は不確実であるという定義を採用している。常に変化する戦争では確実性を高めることは可能であるが、将来において生起することを予期できないという考え方を導入した[10]。当該期に採用されたＦＭＦＭシリーズドクトリンやその後改定されたＭＣＤＰシリーズドクトリンでは作戦と戦略、作戦と戦術の関連性、重心と決定的脆弱性、テンポと奇襲といった軍事概念の厳密な定義から構成されている。そして、ここでは、どのような編制と兵器でそれらの構想を具体化するのかということは規定せず概念の定義に終始した。ドクトリンでは、海兵隊の軍人は厳密に定義された軍事概念により思考枠組みは共通化されているが、不確実性が支配する戦場では、軍人が自分の判断でこれらの諸概念を具体化することが求められている[11]。

三つ目の特徴は、この時期の海兵隊ドクトリンに、戦略と作戦、戦術という戦争の階層区分構想が導入されたことである。ここで注目すべきは海兵隊のドクトリンに作戦レベルという新しい領域が導入されたことである。１９３８年に発行された水陸両用作戦ドクトリンである『上陸作戦ドクトリン アメリカ海軍１９３８』や67年に発行されたヘリボーンによる水陸両用作戦ドクトリンでは、戦争の階層区分は導入されていなかった。ただし、言語化されていなかったとはいえ、第1章で明らかにしたように、それらは戦術レベルのドクトリンであったといえよう。他方、80年代後半から90年代の海兵隊のドクトリンは従来の戦術レベルに加えて、作戦レベルと称される新たな領域を採用した。FMFM 1『ウォーファイティング』では、国家戦略と軍事戦略、作戦、戦術から構成される戦争の階層区分概念が導入され[12]、90年に作戦レベルに特化したFMFM 1-1『戦役遂行』ドクトリン、その翌年には戦術レベルに特化したFMFM 1-2『戦術』ドクトリンが発行された。FMFMシリーズでは戦略レベルのドクトリンは発行されなかったと考えられる。ただし、90年代後半にFMFMシリーズがMCDPシリーズに改訂されると、96年に戦略レベルのドクトリンであるMCDP 1『戦略』(MCDP 1, *Strategy*)が発行された。

海兵隊は「軍事戦略」を「政治目的を確保するために軍事力を適用する」[13]こと、「戦術」レベルを「ある特定の時間と場所での戦闘において、敵を撃破するために戦闘力を用いる」[14]こと、そして「作戦」レベルを「戦略目的を達成するために、戦術結果を使用」[15]することであると定義した。作戦レベルでは、指揮官は戦術レベルよりも時間と空間の認識を拡大させ、諸会戦や機動を連続させたり、関連させたりして戦略目標を達成することが求められている。従来戦術レベルのドクトリンに特化してきた海兵隊にとって、作戦レベルを導入したことは伝統からの逸脱といえよう。

ベトナム戦争後の海兵隊はどのように伝統的なアメリカの陸戦様式とは異なる機動戦構想を創出したのだろうか。どのように、行動様式を規定するマニュアルではなく軍事概念の定義から構成されるドクトリンへと変化させたのか。機動戦構想と軍事概念の規定というドクトリンの性質はどのように関連して発展したのだろうか。さらに、海兵隊ドクトリンは戦術構想から作戦構想へとどのように変化したのだろうか。

続く第2節と第3節では海兵隊に採用された機動戦構想の思想的背景を整理する。

2　機動戦の概念化——理想主義者の勝利の追求

（1）ジョン・ボイドの新しい戦争様式の追求

前節では、1989年以降に改定された海兵隊の基盤ドクトリンの特徴を整理した。本節では、これらの基盤ドクトリンはどのように、前節で整理したような思想的特徴をもつようになったのかを考察する。70年代から80年代にかけて創出された軍事構想の形成において、中心的な役割を果たしたと考えられる三人の将校達の思想に主に着目しながら、特徴の背景を明らかにする。

アメリカ国防総省が発表する構想やアメリカ軍の統合ドクトリン、各軍のドクトリンは、初めから完成物として、まるでそれ自体で存在しているわけではない。軍事ドクトリンが存在する背景には、軍人や軍事研究者達の知的な営みがある。[16] 軍事ドクトリンは、歴史上、軍の将校達や軍事研究者達の議論を通して形成されてきた。[17] 軍人や軍事研究者が創出する軍事構想が、軍に正式に採用されたときに、その軍事構想は組織の公式なドクトリンとなる。従って、軍隊の作戦ドクトリンや戦術ドクトリンを理解するには、そのドクトリンに影響を与えた人物が提唱する軍事構想に対する理解が欠かせない。

ベトナムから撤退した陸軍と海兵隊は両軍ともに地上戦のドクトリンの改定を実施した。ただし、その改定過程には幾つかの相違点が観察できる。両者における際立った違いの一つは、海兵隊への機動戦構想の導入過程を研究したダミアンが指摘するように、[18] 誰が改定を主導したのかということである。陸軍は組織的に新しい構想を形成したのに対して、海兵隊は必ずしも組織的にそれを実施したわけではない。1973年に先述のTRADOCを創設した陸軍では、同初代司令官のデュパイや彼の後継者であるスタリーの下で、公的かつ組織的に新しい軍事構想が研究された。そして、76年と82年そして86年にFM100-5『作戦』ドクトリンを改定した。軍隊におけるドクトリン改革モデルを提示したローゼンによれば、軍の改革とは、中堅将校達が抱いた批判を上層部が取り上げたときに推進される。[19] 70年代後半から80年代の陸軍でも、一部の将軍や大佐と多くの中佐達は陸軍のリーダーシップや忠誠心、教育内容に関して疑問を表明していた。[20] ロムジュや軍事史家のチティーノ、戦略研究家のリチャード・ロック＝プラン（Richard Lock-Pullan）などの研究により、陸軍のTRADOC設立過程とドクトリン改定過程が徐々に明らかになりつつある。ただし、未だ全貌が描かれているとはいえない。[21] そのため、果たして、この改革は大佐や中佐達と同様の問題意識を抱いた歴代の陸軍参謀総長やTRADOC司令官達の強いリーダーシップによって推進したのか、それとも将軍達を説得することに成功した大佐や中佐達が彼らの考えをドクトリンに反映させることで改革が進んだのかということは十分に明らかになっていない。また、当時の陸軍参謀総長とTRADOCの関係についても今後の検証が待たれる。しかしながら、陸軍はドクトリン改定を組織的に実施し、将軍達もドクトリンを改定することを少なくとも支持していたといえよう。

例えば、陸軍は組織としてTRADOCを新設した。また、陸軍省作戦計画部署の副参謀長にFM100-5『作戦』を改定することを示唆されたスタリーが、TRADOC内での研究の方向性として中心会戦概念と戦力造成概念を提示した。その後TRADOCや陸軍野砲学校がその概念を具体化した後に、同副司令官のウィリアムソン・R・リチャードソン（Williamson R. Richardson）准将によって選出された三人の中佐達が、指揮幕僚大学校の戦術部局においてFM100-5『作戦』の草稿を執筆した。

その際、TRADOCは現役と退役将軍達に聞き取りを実施した[22]。執筆に際しては、リチャードソンや第3軍団リチャード・E・カヴァソス（Richard E. Cavazos）中将が相談役となっていたという[23]。

他方、1970年代後半から80年代の海兵隊は必ずしも上層部の主導でドクトリンを形成したとはいえない。機動戦構想の発展過程について、ダミアンは次のように説明する。まず、海兵隊の水陸両用戦学校の教官をしていたワィリーを中心とする半ば非公式に形成された若手将校達の研究グループで、機動戦構想が議論されるようになる。その際、ゲイリー・ハート（Gary Heat）上院議員のスタッフだったリンドが、ボイドのアイデアを海兵隊の将校達に紹介した。ワィリーはリンドやボイドの協力を得ながら、機動戦構想を若手将校達に教えた。ワィリーや大尉達は、海兵隊の将校達が寄稿する『海兵隊ガゼット』誌で機動戦構想に関する議論を繰り広げると同時に、当時、第2海兵師団の師団長だったグレイを説得することで、師団の訓練に機動戦構想を普及させた。その後、総司令官に就任したグレイが機動戦構想を公式に採用し、組織全体に同構想を普及した[24]。本書はこのダミアンの見解に対して大きく修正を試みるのではない。むしろ彼が同構想の思想的発展に寄与したと指摘するボイドとワィリー、そしてFMFM1『ウォーファイティング』の執筆者であるジョン・F・シュミット（John F. Schmidt）の思想に焦点を当てる。彼らの思想を考察することで、新しい基盤ドクトリンが、どのように第1節で明らかにしたような思想的特徴をもつようになったのかを明確にする。

まず、1970年代のアメリカにおける軍事改革グループの中心的人物の一人であったボイドが、敵を崩壊させるという新しい戦争様式を提示した。グラント・T・ハモンド（Grant T. Hammond）やロバート・コーラム（Robert Coram）をはじめとするボイドに関する研究が彼の軍歴や軍事思想について既にかなりの程度明らかにしている[25]。そのため、先行研究に依拠しながら彼の経歴と軍事思想、その軍事思想が海兵隊に及ぼした影響について整理する。

後に空軍の次期戦闘機開発に理論を提供し、戦史研究を通して海兵隊ドクトリンに多大な影響を及ぼすことになったボイドは、グレイと同様に、意外なことに幼少期から青年期を通して知的さとは程遠い環境で成長した。1927年1月23日に、ペンシルバニア州にある労働者階級が多く住む町の中産階級の家庭に誕生した彼は、三歳の時に旅行会社で営業を担当していた父親が肺炎で死亡し、世界恐慌により社会の経済状況も厳しい中で貧しいシングルマザーの家庭で育った。読書よりもスポーツが好きな少年時代を過ごした後に十八歳の時に陸軍航空部隊に入隊し、占領軍の一員として日本で航空基地の監視任務についた。47年にアメリカに帰国した後はアイオワ大学で経済学を学びながら空軍の予備役将校訓練団（Reserve Officers, Training Corps［ROTC］）に参加した[26]。

しかしながら、彼は、疑問を感じ取る能力とそれを追求する強い意思を備えていたこと、そして時代が必要としたことで、彼は20世紀後半の最も有名な軍事思想家の一人となる。朝鮮戦争に従軍した彼は、F–86とMiG–15の空中戦でF–86の撃墜率が高かったことに疑問を持ち、戦闘機の性能を決定する要因は、高度と航続距離そして速さだけではなく他の要因があるのではないかと気がついた。空軍は経済学もしくはビジネス行政の修士号を取得することを勧めたにもかかわらず、三十三歳という年齢でジョージア工科大学の工学部に学部生として戻った。彼は、熱力学を航空戦に応用することで、戦闘機の性能の決定要因は機動力、つまり、ある機動から別の機動へと移行する能力にあるのではないかということに思い至った。ボイドは数学者の助けを借りながら、その想定に基づき機動力を指標化しEM理論としてまとめた。おりしも、空軍の上層部は次期戦闘機開発においてボイドのEM理論を必要とした。そのため、ボイドは国防総省空軍司令部に配属になりF–15やF–16の開発に携わることとなった[27]。

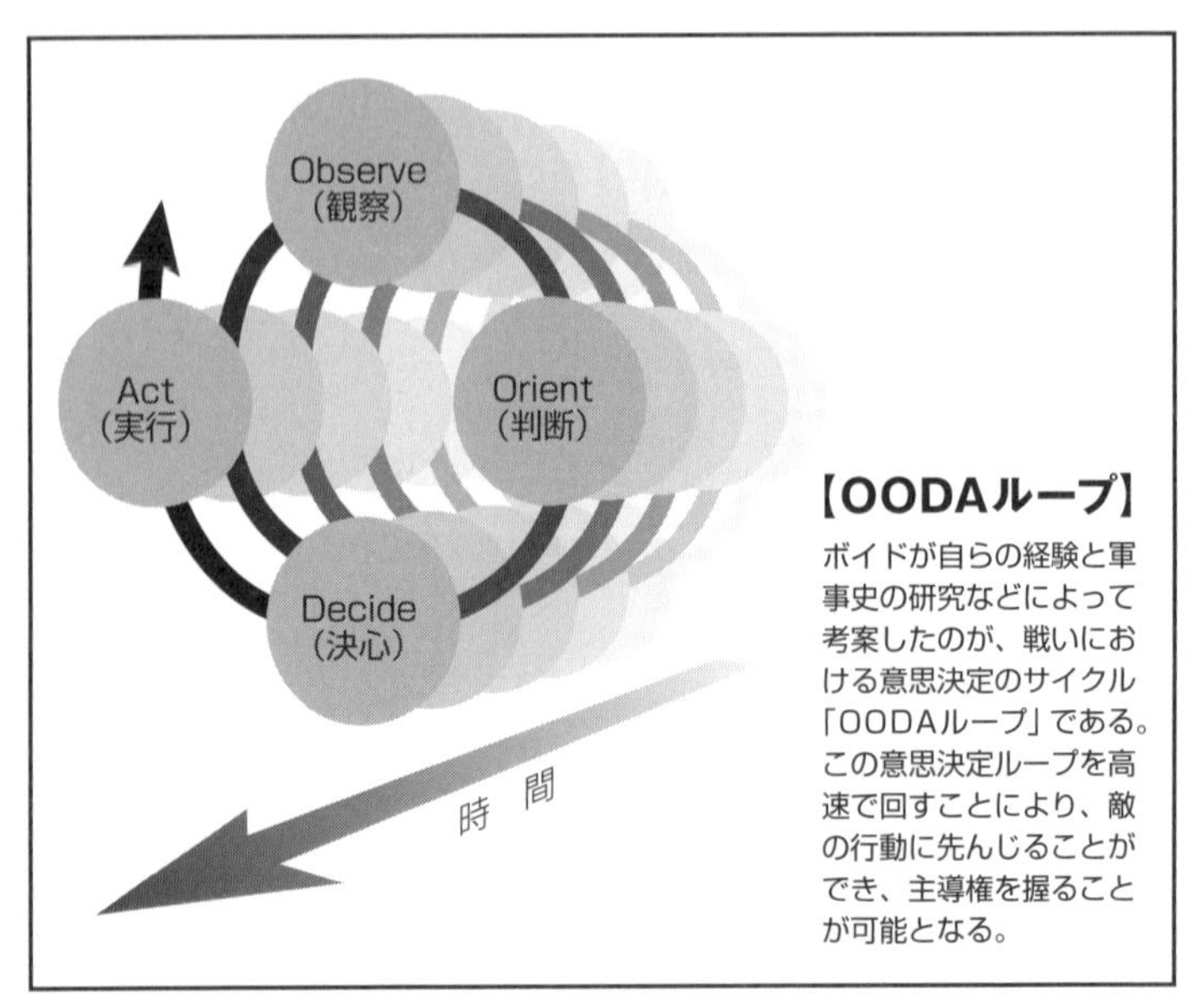

田村尚也著『用兵思想史入門』（作品社、2016年）より転載。

時間という要素に着目しながら敵を崩壊させる戦争様式を提供したことが、ボイドの軍事思想の特徴の一つである。１９７５年に空軍を退役したボイドは、戦史研究を通して勝利をもたらす作戦のパターン、戦史研究を通して勝利をもたらす作戦のパターンの一般化を試みた。「紛争のパターン」（"Pattern of Conflict"）と名付けられたプレゼンテーションにおいて、ボイドは、空中戦で勝利をもたらす大きな要因はある機動から別の機動への迅速な移行であるという想定を戦史で確認しようとした。ドイツ陸軍の電撃戦とゲリラ戦略に特に着目した彼は、両者に共通している特徴は敵の脆弱な箇所に浸透していくこと、敵のＯＯＤＡループ（Observe, Orient, Decision, Action のサイクル）を混乱させることで敵を崩壊させることであると説明した。[28] ボイドは、火力により敵を撃破する消耗戦（Attrition Warfare）、運動により奇襲と衝撃を発生させる機動紛争（Maneuver Conflict）、そして物質的な優位よりも価値を重視する士気紛争（Moral

Conflict）に戦争を分類し、それらをシンテーゼした戦争様式が勝利のパターンであると結論づけた。そして、その勝利のパターンとは、敵のＯＯＤＡの速度よりも我のＯＯＤＡを高速化することで敵を崩壊させる戦争様式だった。[29]

敵の脆弱性への浸透や時間という要素が勝利の要因となると導き出したボイドは、彼の軍事構想を積極的に講義した。１９７０年代から80年代のアメリカには軍人やサム・ナン（Sum Nunn）、ハート、チェイニーなどの議員、『アトランティック・マンスリー』（*Atlantic Monthly*）誌や『タイム』（*Time*）誌などのジャーナリストを含む緩いネットワーク化された集まりである軍事改革グループが存在した。彼らの主要な問題関心の一つは、アメリカは破綻した前提に基づき軍事力を整備しているため、その前提を見直すべきであるということだった。アメリカ軍の編制や作戦ドクトリン、装備調達政策は消耗戦に基づいてきた。ただし、消耗戦が機能するためには物質の優位や兵力の多さや動員という保証が必要となる。アメリカはそれらを失っているにもかかわらず、消耗戦を基盤とし続けていることを彼らは懸念していた。[30] 82年にウエストポイント陸軍士官学校で開催された「軍事改革セミナー」では、ドクトリンと編制、兵器開発と調達、国防予算、議会、各軍種間の競争といった各分野の問題点が取り上げられた。[31] ボイドは軍事改革グループのメンバーに対し、各所で、「紛争のパターン」という題目の講義を行い、上述した勝利のパターンについて話した。ボイドの伝記の執筆者であるコーラムによれば、軍事改革支持者の中で「紛争のパターン」の熱心な聴講者に、後に海兵隊のドクトリンを改革したグレイや、イラク自由作戦の時に副大統領の任についていたチェイニーがいた。[32]

ボイドは、招待されれば喜んで出向き、海兵隊員たちに機動戦について説明した。１９８０年1月に、ワィリーの招待で水陸両用戦学校を訪問したボイドは、大尉達にＯＯＤＡループについて講義した。翌年には、第2海兵師団長に就任したグレイに招聘され、そこでも同様の内容で話した[33]。ボイドにより提示された、敵を麻痺させるという構想は、そのままでは、海兵隊という組織が実戦で実行するには困難だった。海兵隊が組織として構想を使用するには、構想を簡潔で明確な方法論として海兵隊員達に提示し、教授する必要があった。それを担ったのが、ボイドの親しい友人だったワィリーである。

(2) マイケル・ワィリーの麻痺の方法論の提示

機動戦構想の発展を考察したダミアンは、ワィリーはボイドの考えを教育に転換したと評価する[34]。1970年代から80年代に海兵隊の学校の教官として教育とドクトリン改革に取り組んでいたワィリーが、ボイドにより提示された構想を組織的に実行するために必要な方法論を提示したのである。母親から硫黄島に星条旗を掲げる写真を「これが海兵隊よ」と紹介されて以来、幼少期から海兵隊に憧れていたワィリーは、十七歳になるのを待って親友と喜び勇んで海兵隊に入隊した[35]。61年に海軍兵学校を卒業した後、65年から66年、68年から69年の二度ベトナム戦争に従軍した。一度目は南ベトナムの村で民軍協力活動に従事し、二度目は、中隊長としてダナン近郊での戦闘に従事した。アメリカに戻った後は海兵隊の教育機関の教官として教育やドクトリンの改革に取り組んだ。ワィリーは、経営学や統計学などの社会科学が軍の知的基盤であり、軍事史が軽視されていた当時の海兵隊において、戦史や軍事理論を研究し、軍事史の修士号を取得した変わり者の将校だった。87年にグレイが総司令官に就任すると、グレイが新設したMCDCのウォーファイテング・センター（Warfighting Center）に配属になる。ここで、ワィリーは海兵隊の将来像を描く海兵隊戦役計画の草案を執筆した。その後、グレイが新設した海兵隊大学の副校長に就任し、海兵隊大学の機能を立案し、指揮官の読書プログラムを準備した。

部隊の行動を規定するマニュアルから将校達が判断する際の概念枠組みを規定するドクトリンへと海兵隊のドクトリンの性質を転換すべきであると、彼は考えていた。指揮官は戦場で自らの判断で部隊を指揮すべきであり、彼らが判断するための概念の枠組みをドクトリンは提供すべきである。そしてその概念とは「面とギャップ」と「任務戦術」、「努力の焦点」、「目標」、「予備」である。[36]

「面とギャップ」とは敵の防御の強点と弱点である。海兵隊部隊は敵の防御の弱点を探し出しそこを攻撃することで自らの兵力の疲弊を防ぐことができる。ウィリーは、そのためには、計画に従って部隊を指揮する方法から偵察を主体とする部隊指揮へと変更し、かつ指揮官は後方ではなく、前方で指揮をすべきと主張した。偵察部隊が敵の弱点を探し出し、前線で指揮をとる指揮官が柔軟に計画を変更しながら、「面」を迂回し、「ギャップ」すなわち弱点に部隊を投入する方法へと変化すべきである。二つ目の「任務戦術」とは分権型の指揮統帥法である。上級部隊の指揮官は、任務の目的と大綱のみを示し、詳細な実行方法は隷下部隊の指揮官に任せる指揮統帥の方法である。三つ目の「努力の焦点」とは、指揮官が自らの指揮下にあるどの部隊を主力に設定するかを決定することである。重要なことは、指揮官は戦場での状況の変化とともに常に「努力の焦点」を柔軟に変更すべきということである。そのためには分権型の指揮統帥法が適している。つまり、ウィリーにとって、「面とギャップ」と「任務戦術」、「努力の焦点」の三つの軍事構想は互いに関連していた。以下、彼がどのようにしてこの考えに至ったのかを考察する。

ウィリーはベトナム戦争で得た教訓を戦史の研究で確認することで、将校が自ら判断することの必要性と上述した諸概念を導き出した。ベトナムから帰還したウィリーが最も危惧していたことは、海兵隊の戦術を近代化しない限り、ヨーロッパでのワルシャワ条約機構軍との戦闘に勝利することは不可能だということである。[37]ベトナムの戦場で中隊長として部隊を指揮した彼は、手続きの遵守が強調されている海兵隊のドクトリンと訓練は、戦場では機能しないことを発見した。また、消耗戦は戦場での勝利に直接的には関連しないという教訓を得た。彼によれば、急激に状況が変化する戦場で海兵隊将兵達は状況に合わせて適応していくことに遅れた[38]。ベトナム戦争では、統計と定量分析といった分析方法をマクナマラ国防長官が重視したこと、無線機等の通信技術の発展や火力の重視により、計画と手続きの順守の重要性はアメリカ軍において益々支配的となっていた[39]。また、アメリカ軍が採用した敵の損耗に対する計量的測定は勝利に直接的に関連しなかったと考えたワィリーは、海兵隊が採用したボディ・カウントを激しく非難した。北ベトナム軍の例が示すように、たとえ甚大な損害を敵に与えたとしても、敵の抵抗する意思を破壊しない限り勝利はもたらされない。ワィリーによれば、兵士が敵の死体を数えることは、勝利に何の意味も持たなかった上に兵士達を危険にさらしたのである[40]。

では、手続きが規定されたマニュアルと火力で敵を物理的に破壊する戦術が機能しないとして、海兵隊が採用すべき新戦術とは何か。ソ連とフィンランドの戦争（冬戦争・継続戦争）の研究を通してドイツ陸軍に着目したワィリーはその答えを戦史研究から導き出した。第一次世界大戦、第二次世界大戦で、ドイツは戦争（War）では連合国側に敗北しながらも、作戦と戦術レベルではフランス侵攻のように迅速な勝利を実現した。その要因は何か。そして海兵隊とドイツ陸軍の戦術・作戦術の違いは何か。彼は、1983年にジョージ・ワシントン大学に提出した修士論文「上陸部隊戦術――バルト海におけるドイツ陸軍の経験と太平洋におけるアメリカ海兵隊の経験の比較」（"Landing Force Tactics: The History of the German Army's Experience in the Baltic Compared to the American Marines' in the Pacific"）で、1917年10月のバルト海におけるドイツ陸軍の水陸両用作戦と太平洋戦争での海兵隊の水陸両用作戦を比較することで、これらの問題を考察した。

ドイツ陸軍と海兵隊の水陸両用の戦術は目的と方法論の両方において異なっていたと、ワィリーは論じる。海兵隊の目的は海岸の橋頭堡の奪取だった。橋頭堡を奪取するため、海兵隊は火力を集中させ、上陸部隊を波状隊形で前進させた。そこでは各部隊の行動様式が一致していることが重視されていた。他方、クラウゼヴィッツの影響を受けていたドイツ陸軍の目的は、敵の意思の破壊だったという。ドイツ陸軍は、その目的を達成する手段として、波状隊形や横隊などの編制の維持を採用しなかった。彼らは、偵察部隊が発見した敵の防御の弱点に、我の努力を集中させ攻撃した。その際、ドイツ陸軍では、戦場での環境の変化に応じて、部隊指揮官が「努力の焦点」を柔軟に決定した。両作戦の比較を通してワィリーは以下のように結論づける。両軍ともに目的に応じた方法論を採用した。ただし、海兵隊の戦術は甚大な損耗を伴う戦術だった。その戦術は、敵である日本軍が充分な火力を動員できず、かつ兵士が死を選択するという特殊な状況だったために機能したにすぎなかった。一方で、ドイツ陸軍は、近代の火力の発展で生じた問題を解決する新たな戦術を開発したと。[41] ワィリーは1983年に『海兵隊ガゼット』誌に発表した論文「海岸堡を越えて思考する」（"Thinking Beyond the Beachhead"）において、海兵隊将校達が一般的に抱いている「海岸に橋頭堡を築き、自分達の防御地点に敵を引きずり込み撃破する」という水陸両用作戦のイメージから、「迅速に海岸から内陸に進み、内陸部にいる敵を撃破する」というイメージに思考を転換すべきであると訴えた。[42] この彼のアイデアは湾岸戦争後に発表された海兵隊の水陸両用作戦に関する構想文書に反映されていく。

ワィリーの原動力は、海兵隊将校としてのプロフェッショナリズムと海兵隊にはびこる反知性主義への反発だった。海兵隊上層部の多くは彼が進めていた新しいドクトリンの開発と普及を認めなかった。軍隊という命令系統が厳密に定まった組織において、上層部の意向に沿わないことは、昇進や配属で不利になりかねない。一中佐そして一大佐にすぎなかった彼は、時にキャリアを犠牲にしてまで機動戦構想の開発と普及を追求した。その背景にあったのは、ベトナム戦争で、自分は将校としての専門性と真摯に向き合ったといえるのかという反省と軍隊には知性が必要であるという認識だった[43]。彼の試みは、一部の若手将校達の間で、反知性主義と形式主義がはびこっていると認識されていた海兵隊において、兵器や装備といった物理的な要素と同様に知性も強力な武器であることを組織に認めさせようとする戦いだった。

以上、機動戦構想の形成に貢献した二人の将校の思想を整理した。空軍将校のボイドが機動戦構想を概念化し、海兵隊将校のワィリーが組織として実行する際の方法論を提示したのである。ただし、重要なことに、その際の方法論とは部隊の行動の規定ではなく、思想枠組みの規定であった。それは実際の戦場で機能するドクトリンの追求であった。彼らは戦略環境の変化に応じて新しい軍事構想を形成したというよりも、実戦での経験や発見を、軍事史研究を通して概念化した。彼らの軍事構想をＦＭＦＭシリーズ・ドクトリンにまとめあげた人物が次節で扱うシュミットである。

（3）クラウゼヴィッツ再考と機動戦

ボイドやワィリーにより概念化された軍事構想を陸軍や海軍で議論されていた軍事構想と統合させ、体系だったドクトリンへと昇華したのは、一連の基盤ドクトリンのうちの幾つかを執筆したシュミットである。シュミットは、ワィリーよりも一世代若い海兵隊将校だった。１９５９年にノースカロライナで生まれ、ニューヨークで育ったシュミットは、大学でジャーナリズムを専攻しながら海軍予備将校教育団（Naval Reserve Officer Training Corps［NROTC］）に参加し、海兵隊部隊がベトナムから撤退した後の81年に海兵隊に入隊した。ベトナムの戦場で初級指揮官としての経験を積み、帰国後は海兵隊の伝統と格闘したワィリーとは異なり、シュミットはむしろ革新の中で軍歴を開始した。彼はグレイが指揮する第2海兵師団に少尉として配属になった。グレイ師団長は機動戦構想を師団の公式ドクトリンとして導入しながら、訓練を変革していた。シュミットによれば、彼の周りの将兵達は、皆、機動戦構想に魅了された。小隊長としての彼の任務は機動戦構想で議論されていた敵のギャップを探すことだった。86年にクワンティコ基地に異動になった彼は、『作戦的ハンドブック 6－1』(*Operational Handbook 6-1*)、『地上戦闘作戦』(*Ground Combat Operations*)、FMFM 1『ウォーファイティング』、FMFM 1－1『戦役遂行』、MCDP 3『遠征作戦』(MCDP 3, *Expeditionary Operations*)、MCDP 5『立案』(MCDP 5, *Planning*)、そしてMCDP 6『指揮統制』(MCDP 6, *Command and Control*)を執筆した。[44] シュミットによれば、80年代終わりにグレイが彼に新たなドクトリンの執筆を命じた時、当時クワンティコ海兵隊基地で勤務していたワィリーとポール・K・ファン・ライパー(Paul K. van Riper)にドクトリン執筆に関して相談した。後の回想において、シュミットは、新しい基盤ドクトリンはこの三人の共同作品だったと指摘する。[45]

グレイは、クラウゼヴィッツの戦争の定義と重心概念を海兵隊のドクトリンに導入した。既に述べたように、クラウゼヴィッツによれば、戦争とは暴力や憎しみ、敵意といった情念、偶然と確からしさ、そして政策の道具という従属性の三位一体の現象であり、情念は民衆、偶然と確からしさは将帥と軍、そして政策への従属性は政府に帰するのである。[46] 戦争の軍事領域は指揮官と軍隊固有の性質に依存するため、偶然と確からしさに支配されることとなる。クラウゼヴィッツは敵の軍事力と意志の破壊は、それ自体が戦争の目的ではなく、政治的目標を達成するための手段であると提示した。[47] 1980年代後半から90年代に発行された一連の基盤ドクトリンの中でも、とりわけ、FMFM 1『ウォーファイティング』とMCDP 1『ウォーファイティング』、MCDP 6『指揮統制』のドクトリンにクラウゼヴィッツの戦争の定義が明確に反映されている。FMFM1『ウォーファイティング』では戦争とは「二つの敵意があり、独立し、関連していない意志の暴力的衝突であり、互いに相手に我の意志を強要すること」[48]であり、「軍事力による政治の延長」[49]であると定義される。また、戦争とは摩擦が伴う現象であり、その原因は戦争の不確実性や偶然等である。海兵隊のドクトリンによれば、不確実性への対処方法は確実性を追求する方法と不確実性を受容するという二つの方法があり、海兵隊は後者を採用する。[50]さらに、FMFM1『ウォーファイティング』の脚注では海兵隊将校は全員『戦争論』を読むべきであると奨励されていたように、『ウォーファイティング』の構成は明らかにクラウゼヴィッツの『戦争論』を参考にしていたといえよう。

戦争の不確実性を導入することで、一将校の戦場での発見は古典軍事概念で説明されることになった。第2節で論じたように、ワィリーは戦場では刻一刻と状況が変化するので、方法を規定するのではなく、将校達の思考枠組みを統一し、方法に関しては指揮官が自ら判断すべきであると主張した。シュミットはワィリーの主張の前提である「戦場では、刻一刻と状況が変化する」という発見を、プロイセンの軍事思想家であったクラウゼヴィッツにより提唱された戦争の不確実性という軍事概念を用いて説明したのである。それにより、他の将校達が、ワィリーの戦場での経験や理解を共有することが容易になった。

クラウゼヴィッツの戦争の定義は、どのように海兵隊に導入されたのだろうか。シュミットによれば、機動戦構想と比較すると戦争の定義という問題は当時の海兵隊内でそれほど注目を集めていなかった。ただし、海軍戦争大学においてクラウゼヴィッツの『戦争論』の読み直しが起こっており、海兵隊でも『戦争論』が読まれるようになっていたという。シュミットも、海兵隊将校のための初期教育の機関である基本術科学校（The Basic School）に入校中にクラウゼヴィッツの著作を読み、ごく自然にクラウゼヴィッツの軍事概念をドクトリンに反映させることになった。[51]

アメリカでは、ベトナム戦争で敗北するより以前から、クラウゼヴィッツの『戦争論』が将校達の間で読まれていた。ただし、軍事史の文脈で読まれていたわけでも、軍事ドクトリンに影響を与えたとも言い難い。第二次戦争大戦前後の陸軍や海軍の教育機関では、ドワイト・D・アイゼンハワー（Dwight D. Eisenhower）などの指揮官や軍事思想を研究する一部の将校達が『戦争論』を読んでいた。ただし、当時のアメリカ軍では組織的にクラウゼヴィッツが研究され、軍のドクトリンや組織の編制に影響を及ぼしたとはいえない[52]。ベトナム戦争前の時期にはキッシンジャー、サミュエル・ハンチントン（Samuel Huntington）、ロバート・E・オスグッド（Robert E. Osgood）などの後に有名になる研究者が、クラウゼヴィッツの『戦争論』から影響を受けた[53]。しかし、彼らは、外交史家や国際政治学者であり、軍事研究者ではなかった。1949年にバーナード・ブロディ（Bernard Brodie）が戦略も経済学のように社会科学の手法に基づき理論を形成すべきであると提言した[54]。そのことに表れているように、ベトナム戦争以前の国防に関する議論では、古典軍事思想や軍事史は軽視され、ゲーム理論やシステム理論といった社会科学が重視されていた。国防政策の理論的基盤や手法は、政治科学者の理論、ブロディなどの核戦略家の理論、そしてマクナマラが国防総省に導入したシステム分析であった。リチャード・ハート・シンレイチ（Richard Hart Sinnreich）によれば、50年代、60年代の陸軍において、軍事史の研究は威信の点でも人員の点でも社会科学の下座に置かれ、軍事史は社会科学の理論形成のための材料としてみなされるようになっていた。また反戦運動の結果、多くの大学で軍事史の講座が廃止された[55]。陸軍戦争大学のハリー・G・サマーズ（Harry G. Summers）は著書 *On Strategy: A Critical Analysis of the Vietnam War*（『戦略論――ベトナム戦争の批評』未邦訳）で、ベトナム戦争以前のアメリカでは軍事の観点からの研究が欠如していたことを端的に指摘し、それを批判している[56]。

他方、ベトナム戦争終結後のアメリカでは、戦略学や軍事史の文脈で『戦争論』が研究されるようになった。海軍戦争大学や陸軍戦争大学、空軍戦争大学などで、将校達がクラウゼヴィッツの『戦争論』を再び手に取るようになった。1976年、軍事史家のハワードとピーター・パレット（Peter Paret）が『戦争論』を英語に翻訳し直し、プリンストン大学出版から出版した。作戦と戦術レベルの観点から『戦争論』が読み直されるようになった70年代半ばから80年代初頭にかけて、海軍戦争大学や空軍戦争大学、陸軍戦争大学で『戦争論』は主要なテキストとして採用された[57]。海兵隊と陸軍、海軍で教鞭をとり、アメリカを代表するクラウゼヴィッツの研究者の一人であるバスフォードは、20世紀の英米圏でクラウゼヴィッツが読まれてきた過程を検証するとともに、彼が作成した有名な「クラウゼヴィッツ・ホームページ」（"Clausewitz Homepage"）において攻撃の極限点や重心、攻撃と防御、摩擦そして不確実性など戦争（Warfare）に関するクラウゼヴィッツの諸概念を紹介した[58]。リンドは、機動戦とは敵が対応できないような状況に追い込む戦い方であり、そのためには我のOODAループの迅速さが重要であり、その過程を迅速に行うためには、任務戦術、重心、面とギャップが重要な要素であると説明した[59]。オハイオ州立大学のアラン・D・バイヤーチェン（Alan D. Beyerchen）は、クラウゼヴィッツは『戦争論』で戦争を非線形科学の現象と捉えており、そのことが『戦争論』の理解を困難にしていたと主張する。彼によればクラウゼヴィッツの『戦争論』は非線形科学のアプローチで理解がすすむ。彼は、『戦争論』でクラウゼヴィッツは戦争とは相互作用があり、また摩擦、偶然が本質であるため予期できないと主張し、この主張には、システムの構成要素が相互作用するため、比例関係になくまた部分の合計が全体と等しくないので結果を予期できないという非線形科学の考えが色濃く反映されていると指摘した[60]。アメリカ軍は80年代から現代に至るまで、重心とは何か、そしてどのように実戦において適用できるのかという二つの問題について議論を継続している。[61]

確かに国際政治学や核戦略の研究はアメリカが実現を望む世界像を描き出し、政策として具体化する際には有益であり、システム分析は費用対効果の観点から効率的に国防予算を配分し、兵器を購入することに貢献した。しかしながら、政策やシステム分析は戦場で実際に敵と戦っている将兵が、自分達が直面している現象とは何か、そして果たして自分達はどう戦うべきなのかということを思考する際にはあまり有益ではなかった。核戦略や軍縮は通常兵力による戦争遂行とは全く異なる現象である。将兵達はベトナム戦争で平時での思考過程と戦場での思考過程が異なることを経験した。また統計に基づくシステム分析は戦場を支配できるという前提に基づいていた。

クラウゼヴィッツの『戦争論』は、システム分析では明らかにならなかった戦争とは何か、そしてなぜアメリカはベトナム戦争で勝利しなかったのかという問題について、幾つかの回答を軍人達に提供した。その一つは、戦争には兵士の士気や勇気、将校の指揮能力など数値化できない要素が含まれるということであった。システム分析では戦争での兵士の人間性が無視されがちであった。例えば、マクナマラと彼のチームは戦略報復兵力の規模と性格を決定するために、破壊する目標あるいは照準点の数と種類、我の兵器運搬システムの数と種類などのデータから分析した。[62] 数量に基づく分析は物理的破壊においては有効であろう。しかしながらクラウゼヴィッツが指摘するように、戦争という現象は人間の感情や知性といった精神的要素を無視もしくは誤差として分析できる現象ではない。戦争の本質は「暴力と憎悪、敵意」であり、理性のみならず人間に備わっている情念が人々の行動を促す。[63] また戦争は、究極的には戦場で兵士と兵士による人殺しであるので、指揮官自身の生命と部下の生命への危険への恐怖、苦悶、勇気そして責任感といった感情が戦場における兵士の行為に大いに影響を与える。また戦争とは「物理的な力を行使して我が方の意志を相手に強要しようとする」[64]行為であるのでいくらアメリカ軍がベトナムで北ベトナム軍とベトコンを物理的に破壊したとはいえ、彼らがベトナムの統一とアメリカの撤退を諦めない限り、彼らにアメリカの意志を強要することは不可能であった。つまり、敵の物理力を完全に壊滅させない限り、精神的な要素が戦争の終結において最終的な判断を下す。

第二に、システム分析は机上の作戦計画を現実に実行する際のずれについて回答を示さなかった。兵士が問題点を明らかにし、代替案と費用を考慮に入れつつ導き出してきた解決策を戦場で実行した際に、なぜその行為が成功をもたらさない場合があるのかという問題である。クラウゼヴィッツはこの問題について、偶然や不確実性、摩擦という概念を提示した。軍が戦場で計画を実行する際には、予定していた車両がなんらかの不都合で遅れたとか通信機器の不具合など、クラウゼヴィッツの挙げた例では駅に着くと馬がいなかったなど、小さな困難が沢山ありそれらが積み重なって計画通りに実行することを困難にする。計画が小さな想定外の事態で予定通りに実行できなくなるという現象をクラウゼヴィッツは戦争の摩擦と概念化した。クラウゼヴィッツによれば、戦争ではこの摩擦が偶然性――因果関係が観察できない状況――と接触し、不確実性――「前もって推測し得ないような現象」――が生じることとなる。

最後に、戦場で戦闘を指揮する司令官にとって、戦場である問題が生じた場合、因果関係の証明を待っていては危機に適切に対応できない。戦場の指揮官に求められることは、因果関係を明らかにした後に判断を下して行動することではない。むしろ、彼は限られた情報の中で自らの経験や戦史の知識から、敵の行動を予期し、最悪の場合を考慮に入れつつ想像力に富む計画を立案し、一度判断を下したらそれを信じ込み行動することが求められる。[65]湾岸戦争で中央軍を指揮したH・ノーマン・シュワーツコフ（H. Norman Schwarzkopf）は、自伝の中で、ベトナムの戦場で出会った「もっとも優秀な指揮官」について描写しているが、それはここに挙げた能力を持った指揮官である。[66] それは極めてバイアスのかかった見方である。ただし、戦場では、因果関係の証明を待っていては、証明されたころには部隊に大きな損害が生じる可能性があるし、また我のOODAループの速度が遅くなる。統合参謀本部議長を務めたパウエルの自伝からは、社会科学と統計による分析が陸戦での部隊指揮に必ずしも寄与しないことに、現場の将兵達が不満を抱いていたことがわかる。[67]

反啓蒙主義やプロイセンの哲学者カントの影響を受けていたプロイセン軍人のクラウゼヴィッツは、戦争とは必ずしも、必然が支配し、一般法則で説明できる現象ではないことを論理的に説明した。彼は『戦争論』において、戦争には政治目的が伴っていること、そして戦争の軍事領域は確からしさと偶然の両方が支配する領域であると論じた。クラウゼヴィッツによれば、戦争とはカントが生物学や美学を用いて説明したことと同様に[68]、因果関係が成立している物理学などとは異なり、我の意志を敵に強要するという目的論的な領域である。

その理由は、第一に、戦争では、情報や予測が不確実である上に、摩擦が偶然と結びつき予期し得ない現象が生じるからである。[69] 一見単純な行為である軍事行動でも、小さな予測し得ない困難が蓄積すると摩擦が生じるのである。そして、摩擦と偶然が接触すると予測できない結果が生じることになる。第二に、戦争の軍事領域、特に現在海兵隊や陸軍が作戦レベルと呼称する領域は反啓蒙主義が重視した人間の心理的要素、ここでは、上級指揮官の知性、勇気や才能による自由な心的活動が及ぼす影響が大きいからである。クラウゼヴィッツは戦争の軍事領域を戦闘と個々の戦闘を組み合わせる活動に二分して説明する。戦闘を指導する活動を戦術、後者を指導する活動を戦略と定義する。クラウゼヴィッツが定義する戦略とは現在では作戦術と定義される活動である。戦闘は物理的な兵器により実行されるので軍事行動の場は物質界である。従って、戦闘序列や戦闘計画、戦闘指導法は法則によって規定することが容易である。他方、戦略、現在我々が作戦レベルと呼ぶ軍事行動では上級指揮官の創造的知性が決定要因となる。戦争とは偶然性——因果関係の明らかではない状態——が本質であり将帥は常に偶然性に直面する。新しい情報を得たところで状況がより明らかになるよりも、むしろ不確実性が増大する場合もある。将帥には「新たに企画を立て直す時間的余裕はおろか、時には十分に考える暇さえ」[70]与えられない。将帥には不確実な状況の中で計画を見直し、実行できるだけの知性とその知性に基づく勇気を身につけていることが必要とされる。海兵隊のドクトリンは、戦争観を変化させることになったのである。

(4) 作戦レベル構想の導入

グレイは、クラウゼヴィッツの戦争の定義に加えて、戦争を戦略と作戦、戦術の階層に区分して理解するという考え方をドクトリンに導入した。第2章で明らかにしたように、海兵隊のドクトリンは伝統的に戦術レベルのドクトリンであった。それゆえ、ドクトリンへの作戦レベル構想の導入は海兵隊の伝統からの乖離だった。戦争の作戦レベル概念とは、19世紀後半から20世紀前半にかけて欧州で発展した軍事概念である。国民軍の登場と火力の発展により戦場が拡大する中で、19世紀のプロイセンの軍人のモルトケは、部隊を動員、開進し、決勝会戦に向けて集中させる一連の行動を「作戦的」と概念化した。第一次世界大戦では一つの決勝会戦で敵を撃破することはますます困難になり、塹壕戦が続いた。その後、赤軍の軍人達が、戦間期に戦略と作戦を繋ぐ「作戦術」やその具体的な戦いの様式である「縦深作戦」概念を発展させた。敵の縦深を連続的に攻撃することで戦域における敵を全て撃破し、戦略目標を達成しようとしたのである。赤軍での議論から約半世紀遅れて発行された海兵隊のFMFM1『ウォーファイティング』では、作戦レベル構想は以下のように定義された。

戦争の作戦レベルは戦略と戦術レベルを関連づける。作戦レベルは戦略目標を達成するために戦術の結果を使用することである。作戦レベルとは、より高次の目標に関して、いつ、どこで、どのような条件で敵を会戦に引き込み、そして、いつ、どこで、どのような条件で会戦を拒否するのかということを決定することを含む。作戦レベルの行動は戦術行動よりも時間と空間の規模が拡大していることを意味する。戦略が戦争を扱い、戦術が会戦と戦闘を扱うように、戦争の作戦レベルは戦役に勝利するための術である。作戦レベルの術の手段は戦術の結果であり、その目的は軍事戦略目標である。[71]

ベトナム戦争後のアメリカでは、海兵隊よりも陸軍が先んじて作戦レベル構想をドクトリンに導入した。戦略家のエドワード・ルトワック（Edward Luttwak）が『国際安全保障』(*International Security*) 誌の1980－81年冬の号で、英語圏の将校達は作戦レベルという用語の欠如とそれに伴う作戦的思考が欠如していると指摘した。同時期、陸軍の内部では陸軍戦争大学校においてウォレス・P・フランツ（Wallace P. Franz）やアーサー・リッケ（Arthur Lykke）、サマーズなどによる知的革命が進行中だった。フランツは陸軍将校達にドイツの作戦的構想と用語を認識させ、リッケは戦争の目的、方法そして手段という思考枠組みを将校達に提供した。[72] 加えて戦争とは単なる軍事的な活動ではなく政治的な意思を伴う現象であるという考えがサマーズにより提示された。クラウゼヴィッツの『戦争論』で示された戦争の三位一体論を概念枠組みとしてベトナム戦争を考察した彼は、陸軍は戦争とは政治的意思の伴う現象であることを理解しておらず、その結果戦略と戦術を混合したと主張した。82年、グレン・K・オーティス（Glenn K.

Otis）ＴＲＡＤＯＣ司令官の主導により、作戦レベル構想がＦＭ１００−５『作戦』ドクトリンに採用された[73]。

三個師団の地上戦力から成る海兵隊になぜ作戦レベル構想が必要なのか。この疑問に対して幾つかの理由が説明された。まず、陸軍から数年遅れること１９８８年、『海兵隊ガゼット』誌の４月号で、リンドが作戦レベル構想を海兵隊に導入する必要性を論じた。作戦レベル構想を軍団以上の部隊運用と定義すると一見海兵隊には導入する必要がないように思われる。しかしながら、作戦レベルの術である作戦術構想を「敵の戦略的重心を直接襲撃する」ために「戦術の結果を利用する」術、言い換えると「いつそしてどこで会戦を戦い、どこで戦わないかということを戦略的基盤に基づいて判断する」術と定義すると、海兵隊にも作戦レベル構想を導入する必要があるとリンドは訴えた。加えて彼は海兵隊が導入した機動戦構想には作戦術構想が必要であると主張した[74]。ＦＭＦＭ１−１『戦役遂行』では危機に真っ先に派遣されるＭＡＧＴＦ指揮官には作戦的思考が必要であり、その後の段階でも海洋戦役や地上戦役の一部として戦略目的の追求が求められると説明されている[75]。

作戦レベル構想の導入は、以下の三つのことを意味するといえよう。第一に、将校達の時間と空間の認識が拡大したことである。ＦＭＦＭ１−１『戦役遂行』によれば「戦争の作戦レベルとは主として認識の問題」[76]である。作戦レベルの認識は時間と空間の両方において、戦術レベルの認識よりも拡大したものである。第二に、クラウゼヴィッツの戦争の定義の導入によりもたらされた戦争を目的が伴う現象として理解し、実行しようとする姿勢が強化されたことである。作戦レベルとは、上述した海兵隊ドクトリンの定義によれば、戦略目的を達成するために戦術の結果を利用することである。この定義は戦争には戦略目的があること、そしてそれを達成するための手段を設定することを前提としている。戦略目標を達成するために終末態勢（End States）を設定し、それを実現するために作戦レベルの目的を設定する。[77] 第三は、水陸両用戦学校の講義でウィリーが論じていた戦術レベルの新しい戦い方――機動戦――は、戦術レベルに留まらず、作戦レベルにも採用されたことである。作戦レベルに焦点を当てたドクトリンであるFMFM1-1『戦役遂行』でも、海兵隊は我の努力を集中させ、敵の強点に働きかける脆弱性を攻撃し、作戦テンポを武器にして戦うことが説明されている。[78]

このように、軍事史研究を通して概念化されたボイドやウィリーの戦場での個人的な経験は、クラウゼヴィッツの軍事構想で哲学的な根拠を獲得し、かつ、作戦レベルにまで拡大されたのである。戦争は不確実な現象であるという理解に基づく海兵隊の基盤ドクトリンは軍事構想の厳密な定義から構成されることとなった。そしてボイドやウィリーが提唱した機動構想は戦術レベルのみならず作戦レベルにまで採用されるようになった。軍事構想の厳密の定義から構成される海兵隊の基盤ドクトリンは一見、実用性が低いように思える。しかしながら、それは実戦において海兵隊が抱えていた問題点を見抜いた将校達が、より実戦に適したドクトリンを追求した結果だったのである。一連の基盤ドクトリンは、戦場で勝利するための戦争様式を真摯に追い求めた彼らの理想であった。

彼らの理想の産物である機動戦構想は、当時の海兵隊にとってあまりにも画期的な構想であったこと、若手将校達が中心となって発展した構想だったことから、正式なドクトリンとなるのに時間がかかった。次章では、機動戦構想が海兵隊にどのように採用されたのかを検証してみよう。

註　記

（1） "FMFM 1, Warfighting," pp. 35-77.

（2）"FMFM 1-1, Campaigning," pp. 79-136.

（3）"FMFM1-3, Tactics," pp. 137-184.

（4）"FMFM 1, Warfighting," p. 67.

（5）部下が指揮官に全ての情報を上げ、指揮官が判断し命令を下達する中央集権型の指揮統帥に対して、分権型の任務戦術では、指揮官は任務の達成目標とその理由のみを部下に示し、その任務の達成方法は部下に任せる。部下は指揮官の意図を達成するための戦術を自ら選択し実行する。任務戦術では、部下は上層部に情報を上げて指揮官の命令を待つのではなく、変化しつつある状況で自ら決定し実行するので、行動のスピードは上がる、"FMFM 1, Warfighting," "FMFM 1-3, Tactics," MCDP 1, *Warfighting*（Washington, D.C.: Department of the Navy Headquarters United States Marine Corps, 1997）, MCDP 1-3, *Tactics*（Washington, D.C.: Department of the Navy Headquarters United States Marine Corps,1997）, MCDP 6, *Command and Control*（Washington, D.C.: Department of the Navy Headquarters United States Marine Corps, 1996）、任務戦術の軍事史上の発展過程についてはEitan Shamir, *Transforming Command: The Pursuit of Mission Command in the U.S., British, and Israeli Armies*（Stanford: Stanford University Press, 2011）を参照。

（6）"FMFM 1, Warfighting," p. 74.

（7）ＭＣＤＰ １−２『戦役遂行』では、重心を直接攻撃した第二次世界大戦での連合軍の戦役と重心を直接攻撃せずに決定的脆弱性を攻撃したイギリスのマレー作戦が紹介されている。１９４４年から45年の欧州戦線において、ノルマンディ上陸作戦で開始したアイゼンハワーの一連の作戦から構成される戦役では、連合軍はドイツ軍を重心として捉え、重心を直接攻撃した。他方、１９４６年から60年のイギリスのマレー作戦では、マレーシアでの安定した非共産主義政府の確立という目的の下、イギリスは中華系民族による共産主義運動を重心と捉え、その運動の決定的脆弱性は、中華系民族はマレーシアで孤立した民族であること、共産主義運動は中華系民族に補給を依存していることであると捉えた。従ってイギリス王立海軍は共産主義の海からの補給を妨害し、イギリス陸軍は共産主義者をジャングルにて孤立させ中華系住民から孤立させた、と説明される、MCDP 1-2, *Campaigning*（Washington, D.C.: Department of the Navy Headquarters United States Marine Corps, 1997）, pp. 52-58。

（8）Romjue, *From Active Defense to Airland Battle*.

（９） FM 100-5, *Operations*（Washington, D.C.: Headquarters Department of the Army, 1982）.

（10） MCDP 1, *Warfighting.*

（11） MCDP 1-2, *Campaigning.*

（12） "FMFM 1, Warfighting," p. 47.

（13） Ibid., p. 47.

（14） Ibid., p. 47.

（15） Ibid., p. 47.

（16） 高橋弘道「海洋戦略の系譜―マハンとコルベット（１米国の海洋戦略（1/3））」『波濤』通巻第160号（２００２年５月）、「海洋戦略の系譜―マハンとコルベット（１米国の海洋戦略（2/3））『波濤』通巻第161号（２００２年７月）。

（17） Glantz, *Soviet Military Operational Art;* Harrison, *The Russian Way of War;* Romjue, *From Active Defense to Airland Battle.*

（18） Damian "The Road to FMFM1," p. 13.

（19） Rosen, *Winning the Next War.*

（20） 例えば、ダグラス・キナード（Douglas Kinnard）准将は、部隊指揮官の任務期間が短期間となったベトナム戦争では、部下への気遣いを失った部隊指揮官達は表面的なリーダーシップしか発揮しなかったこと、多くの将軍達はこの問題を認識していたことを指摘している、Douglas Kinnard, *The War Managers*（New Hampshire: University Press of New England, 1977）。また陸軍大学校のサマーズは、陸軍は戦争の三位一体を理解していなかったし、手段を目的に転換する方法を欠いていたと指摘した、Harry G. Summers, Jr., *On Strategy: A Critical Analysis of the Vietnam War*（New York:Presidio Press, 1995）。ロックプランによれば、陸軍大学の報告書では四百五十人の中佐が陸軍のリーダーシップについて疑問を投げかけていた、Richard Lock-Pullan, *US Intervention Policy and Army Innovation From Vietnam to Iraq*（Oxford: Routledge, 2006）, p. 57。

（21） Romjue, *From Active Defense to Airland Battle,* Robert M. Citino, *Blitzkrieg to Desert Storm: The Evolution of Operational Warfare*（Kansas: University Press of Kansas, 2004）, Lock- Pullan, Ibid.

（22） Romjue, *From Active Defense to Airland Battle.*

（23） Citino, *Blitzkrieg to Desert Storm,* p. 261.

（24） Damian, "The Road to FMFM1."

（25） Robert Coram, *Boyd: The Fighter Pilot Who Changed the Art of War*（New York: Back Bay Books, 2002）, Grant T. Hammond, *The Mind of War: John Boyd and American Security*（Washington: Smithsonian Institution, 2001）.

（26） Coram, Ibid., Hammond, Ibid.

（27） Hammond, Ibid.

（28） Ibid.

（29） John Boyd, Patterns of Conflict.

（30） Asa A. Clark IV, Peter W. Chiarelli, Jeffrey S. McKitrick, and James W. Reed, ed., *The Defense Reform Debate: Issues and Analysis*（Maryland: The Johns Hopkins University Press, 1984）, p. 46, Coram, *Boyd*., pp. 345-359, Hammond, *The Mind of War*., pp. 101-109.

（31） Asa A. Clark IV, Peter W. Chiarelli, Jeffrey S. McKitrick, and James W. Reed, *The Defense Reform Debate*.

（32） Coram, *Boyd*, p. 355.

（33） Coram, *Boyd*, pp. 378, 379, 383.

（34） Damian, "The Road to FMFM1," pp. 31, 32, 75-81.

（35） マイケル・D・ワイリーへの著者によるメールでのインタビュー。

（36） Lind, *Maneuver Warfare Handbook.*

（37） マイケル・D・ワイリーへの著者によるメールでのインタビュー。

（38） マイケル・D・ワイリーへの著者によるメールでのインタビュー。

（39） Eitan Shamir, "The Long and Winding Road: The US Army Managerial Approach to Command and the Adoption of Mission Command（Auftragstaktik）," *Journal of Strategic Studies,* Vol. 33, Issue 5,（2010）, pp. 645-672.

（40） マイケル・D・ワイリーへの著者によるメールでのインタビュー。

（41） Michael D. Wyly, "Landing Force Tactics: The History of the German Army's Experience in the Baltic Compared to the American Marines' in the Pacific," Master Thesis submitted to George Washington University, 1983.

（42）Michael D.Wyly, " Thinking Beyond the Beachhead," Marine Corps Gazette, Vol. 67, Issue 1（January 1983）, pp. 34-38.

（43）Michael D. Wyly, *Country and Corps One Marine's Struggle to Serve Them Both; And the Choice He Made,* 未公刊の自伝。

（44）ジョン・F・シュミットへの著者によるメールでのインタビュー。

（45）John F. Schmidt, Oral History Interview, interviewed by Lt. Col. Shawn Callahan, United States Marine Corps History Division, February 21 2013.

（46）クラウゼヴィッツ『戦争論』上、pp. 28-63。

（47）ピーター・パレット「クラウゼヴィッツ」、パレット編『現代戦略思想の系譜』、pp. 180。

（48）"FMFM 1, Warfighting," p. 37.

（49）Ibid., p. 45.

（50）MCDP 6, *Command and Control*（Washington D.C.: Department of Navy Headquarters United States Marine Corps, 1996）, pp. 77-104.

（51）Schmidt, Oral History Interview.

（52）Christopher Bassford, *Clausewitz in English: The Reception of Clausewitz in Britain and America 1815-1945*（New York: Oxford University Press, 1994）, pp. 152-176.

（53）Ibid., pp. 197-203.

（54）Bernard Brodie, "Strategy as a Science," in Thomas G. Mahnken and Joseph A. Maiolo, *Strategic Studies A Reader*（London and New York: Routledge, 2008）, pp. 8-21.

（55）マーレー、シンレイチ編『歴史と戦略の本質』（上）、p.116, 117。

（56）Summers, *On Strategy.*

（57）Bassford, *Clausewitz in English,* p. 204.

（58）Clausewitz Homepage by Christopher Bassford, http://www.clausewitz.com/, accessed on September 18, 2011.

（59）William Lind, *Maneuver Warfare Handbook*, "Some Doctrinal Questions for the United States Army," *Military Review,* Vol. 77,

No. 1 (January-February 1997), pp. 135-143.

(60) Alan D. Beyerchen, "Clausewitz, Nonlinearity and the Unpredictability of War," *International Security* Vol. 17, No. 3 (Winter,1992), pp. 59-90.

(61) 重心とはクラウゼヴィッツによれば、「全てが依存している力と運動の中心」(*On War*, pp. 595, 596) であり、我々はそこに全てのエネルギーを向けるべきである、Clausewitz, *On War*, pp. 595, 596。重心概念は、陸軍のＦＭ１００－５『作戦』、海兵隊のＦＭＦＭ１『ウォーファイティング』に導入された。統合のレベルでも、『統合発行５－０』(Joint Publication 5-0) 等において、重心概念の定義や適用方法が示され、軍人と研究者が議論を繰り広げている。例えばアントゥリーオ・Ｊ・エチェバリア (Antulio J. Echevarria) はクラウゼヴィッツの本来の重心の意味からすると、殲滅戦かつ敵がシステム――一つの目的に向かう各部分から成る全体――という性質を持つ場合のみ重心概念の使用が適切であり、アメリカ軍は重心概念の使用を再検討すべきであると指摘する。またミラン・ヴェゴ (Milan Vego) はアメリカ陸軍の重心概念はクラウゼヴィッツの努力の焦点とは異なると指摘し、クラウゼヴィッツの努力の焦点はドイツ軍の努力の焦点に近いと主張する。ヴェゴによれば、ドイツ軍は努力の焦点の選択方法として、指揮官の意図、敵の状況、地形であり、ドイツ軍は敵の弱点に向け努力の焦点を向けた。さらに、統合ドクトリンでは重心概念の目的や有用性については明確であるが、目的の達成にどう適用できるかについては議論が不足していると指摘される。Antulio J. Echevarria II, *Clausewitz's Center of Gravity: Changing our Warfighting Doctrine-Again!* (Strategic Studies Institute, 2002), Milan Vego, "Clausewitz's Schwerpunkt Mitranslated from Misunderstood in English," *Military Review*, Vol. 87, No.1 (January-February 2007), pp. 101-109, Dale C. Eikmeier "Redefining the Center of Gravity," *JFQ*, Issue 59, (Fourth Quarter 2010), pp. 156-158。

(62) ウイリアム・カウフマン（桃井真訳）『マクナマラの戦略理論』（ぺりかん社、１９６９年）。

(63) クラウゼヴィッツ『戦争論』上、pp. 161-172。

(64) 同上、p. 28。

(65) １９４０年に実行されたドイツ陸軍のフランス侵攻作戦を考察した軍事史家のフリーザーは、エーリッヒ・フォン・マンシュタイン（Erich von Manstein）は「即断即決、ときによっては独断専行をも辞さない指揮官であり、疑わしい場合は数学的計算よりも自己の直観を頼りとした」と表現している。フリーザーによれば、彼は歴史上最も評価されたヒットラーの将軍である。フリーザー自身も「軍事作戦の領域ではマンシュタインは大軍の用兵の妙に真価を発揮した。それは他の追随をゆるさない『名人芸』であり、水際立った用兵で敵軍を翻弄した」と評価している。カール＝ハインツ・フリーザー（大木毅・安藤公一訳）『電撃戦という幻』上、中央公論新社、２０１２年）、p. 138。

（66） H・ノーマン・シュワーツコフ（沼澤洽治訳）『シュワーツコフ回想録―少年時代・ヴェトナム最前線・湾岸戦争』（新潮社、１９９４年）、pp. 137-141。

（67） コリン・パウエル、ジョセフ・E・パーシコ（鈴木主税訳）『マイ・アメリカン・ジャーニー［コリン・パウエル自伝］少年・軍人時代編』（角川書店、２００１年）、pp. 167-169。

（68） カントは、世界とは必ずしも「結果がそれに先行する原因の必然的な帰結」である必然の世界だけではないことを説明した。例えば、彼は、必然が支配し機械論的な経験の世界である「現象界」と、必然に支配されない「物自体」の世界に分割することで、人間の意志の自由と責任が成り立つことを説明した。加えて、カントは『判断力批判』で、機械論的世界に対する解釈として目的論的世界を打ち立てた。物理学や化学は原因と結果の必然の契機である一方、生物学は生命を維持するといった必然の世界では成り立ちえない目的を含んでいるのである、G・H・ミード（魚津郁夫・小柳正弘訳）『西洋近代思想史』上（講談社、１９９４年）、pp. 93-131, 152-178。

（69） 摩擦概念とは、パレットによれば、クラウゼヴィッツが発展させた諸概念のうち、天才概念と共に、最も包括的な概念である、パレット「クラウゼヴィッツ」、p. 182。

（70） クラウゼヴィッツ『戦争論』p. 92。

（71） “FMFM 1, Warfighting,” p. 47.

（72） Swain, “Filling the Void,” pp. 147-172.

（73） Ibid., p. 159, 160.

（74） William S. Lind, “The Operational Art,” *Marine Corps Gazette,* Vol. 72, Issue 4（April 1988）, pp. 45-47.

（75） “FMFM 1-1, Campaigning,” p. 96.

（76） Ibid., p. 118.

（77）Ibid., p. 103.

（78）Ibid., p. 104, 126, 127.

第4章　機動戦構想の採用——鍵は、戦略環境の変化かリーダーシップか

１９７０年代半ばから80年代前半にかけて、ボイドやワィリーが、後に機動戦と称されるようになる軍事構想を概念化した。彼らは、戦場での経験や発見を、軍事史研究を通して確認することで、機動戦構想を概念化する。機動戦構想は敵の無力化に主眼を置いた構想で、作戦テンポの高速化や敵の弱点への我の主力を集中させることで、敵を麻痺させる構想である。89年、グレイが、海兵隊の主たる戦争（Warfare）構想として、機動戦構想をドクトリンに採用した。

海兵隊は、どのように、機動戦構想を主たる戦争（Warfare）構想として採用したのだろうか。本章では、機動戦構想が海兵隊に採用された背景を探求する。ベトナム戦争後に陸軍が採用したエアランド・バトルに関する研究と比較すると、同時期の海兵隊ドクトリンの改定過程に関する考察は限られている。ただし、幾つかの先駆的な研究により、機動戦構想の採用過程が徐々に明らかになりつつある。戦略文化の研究者であるテリフは水陸両用作戦という海兵隊のアイデンティティが機動戦構想の採用要因であると指摘した。テリフによれば、戦略環境の変化に対して組織の利益を追求した海兵隊は、１９７０年代に機甲戦が主体となる北大西洋条約機構（ＮＡＴＯ）正面での任務を自らの任務とした。ただし、海兵隊は利益追求のみならず組織としてのアイデンティティを維持しようとした。[1] テリフの研究は70年代から80年代の海兵隊ドクトリンの採用要因を考察した画期的な研究であるが、採用過程はブラックボックスとして扱われた。政治科学者のローゼンが作成した軍事改革モデルによれば、軍の内部での議論を経て初めて、新しい構想が軍の

ドクトリンに採用され、ドクトリンが改定される。[2] しかしながら、テリフの研究では『海兵隊ガゼット』誌でのごく限られた議論を除き、海兵隊内部における議論が十分に明らかになっていない。とりわけ、海兵隊が新しい任務においてどのような課題に直面し、その課題と機動戦構想がどのように関連していたのかということは解明されなかった。

テリフの主張に対して、ダミアンは海兵隊将校達の議論という内発的な契機に焦点を当てて機動戦構想の採用過程を考察した。彼は海兵隊将校へのインタビューや『海兵隊ガゼット』誌に掲載された数多くの論文の丹念な読み込みを通して、以下のように機動戦構想の採用過程を解明した。[3] 繰り返しになるが彼によれば、一部の中堅将校と若手将校達が中心となって機動戦構想を組織に普及し、グレイが彼らの主張を受け入れたことで、機動戦構想は海兵隊の公式なドクトリンとなった。ベトナム戦争の経験から海兵隊の戦術に不満を抱いていたワィリー、ハート上院議員のスタッフだったリンド、ワィリーの教え子である大尉を中心とする将校達は、１９７９年に水陸両用戦学校で半ば私的に新しいドクトリンを巡る議論を開始した。その後、彼らは79年から82年に『海兵隊ガゼット』誌で機動戦構想を巡る議論を展開することで組織に新構想を紹介した。推進派の主張に対して次のような批判が寄せられた。機動戦構想は心理面を強調しすぎていること、不確実性が伴う戦場では指揮の統制が必要であること、小部隊の指揮官には機動戦の推進派が期待するような部隊指揮の技術が伴っていないこと、機動戦は地上戦を志向しており、水陸両用作戦というアイデンティティを失いかねないこと、海兵隊の既存の編制には機動戦は不適切であることなどである。[4] それでも水陸両用戦学校のカリキュラム改正や第2海兵師団での機動戦構想の実験的使用を通して、改革派は機動戦構想を徐々に組織に浸透させた。水陸両用戦学校を卒業し、第2海兵師団に赴任した数人の大尉達は、グレイ師団長に機動戦構想の使用を訴えた。改革派の若手将校達の希望を受け入れたグレイは、師団に機動戦委員会を設置し、訓練に機動戦構想を採用するようになる。自由統裁で行った演習を通して、機動戦構想は第2海兵師団に普及したという。その後87年に総司令官に就任したグレイは、機動戦が採用された新しいドクトリンを発行した。つまり、ダミアンによって描かれた上述の改革過程とは、組織のヒエラルキーの上層部ではない若手将校達が機動戦構想の採用を推進していったというものである。

ダミアンの研究は、従来、国際政治学者や戦略研究者が軍の改革を考察する際にブラックボックスとして扱いがちであった軍の内部の議論を解明した貴重な研究である。ただし、彼の研究は将校達の議論という内発的な契機に主に目を向けており、1970年代後半から80年代前半に海兵隊が置かれていた戦略環境の変化と、それに伴う任務の変化をほとんど考察していない。

1970年代後半は海兵隊にとって戦略環境と任務が大きく変化した時代である。第一次世界大戦において ヨーロッパの西部戦線で陸戦を経験して以降、海兵隊は主に太平洋の島嶼や朝鮮半島そしてベトナムといったアジア太平洋地域で戦ってきた。ただし70年代半ばになると、それまで海兵隊の主戦場とは想定されてこなかったヨーロッパ北部や中東という新たな地域での任務が加わるようになる。70年代後半には、旅団規模の部隊でNATO北側面での訓練に参加するようになった。そこでは、後に機動戦構想をドクトリンに正式に採用したグレイが、70年代後半にNATO北側面での訓練の主力部隊となった第4旅団長の指揮官を務めていた。果たして、戦略環境の変化とそれに応じて生じた任務の変化は、機動戦構想の採用に影響を及ぼさなかったのだろうか。

本章では、1970年代後半に生じた海兵隊の任務の変化とそれによって生じた課題に着目することで、機動戦構想の採用背景を再考してみたい。新しい任務において部隊はどのような課題に直面したのか。新しい任務を将校達はどのように遂行しようとしたのか。直面した課題や将校たちの試みと機動戦構想はどのように関連していたのか。それとも全く関連していなかったのだろうか。これらの問いに答えることで、海兵隊がどのように機動戦構想を採用していったのかが、より明確に理解できるだろう。

本章では、とりわけ、1970年代後半に実施されたNATO北側面における海兵隊の演習と70年代後半から80年代前半のトウェンティナイン・パームズ（Twentynine Palms）での演習に着目しながら、これらの問いを考察する。この時期、海兵隊はNATO南側面でも演習を実施し、また、中東での作戦構想も議論していた。ただし、後述するように、この時代の任務の変化の特徴は、NATO南側面での演習よりも北側面での演習に強く反映されていると考えられる。また中東での演習に関しては詳細が不明である。そのため、本書ではNATO北側面での海兵隊の演習に着目する。以下、まず第1節では70年代前半に外部から海兵隊に寄せられていた批判を先行研究に基づきながら整理する。その後、75年に第二十六代海兵隊総司令官に就任したウィルソンが、どのようにその批判に応えたのかを考察する。続く第2節と第3節では、各々、NATO北側面とトウェンティナイン・パームズでの演習において生じた課題と機動戦構想との関連を考察する。

1　戦略環境の変化への対応

（1）リチャード・ニクソンの国防政策——アジアからヨーロッパへの回帰

1969年、リチャード・ニクソン（Richard Nixon）がアメリカの大統領に就任した。ニクソンにとって、国防政策における喫緊の課題は、泥沼化したベトナム戦争を、アメリカの国際イメージを損なわない形で終結させることだった。ニクソンは69年11月の演説、70年2月に公表した外交教書で、「ニクソンドクトリン」として知られるようになる外交方針を発表する。そこでは、アメリカは、今後、核保有国の関与しない紛争に、過度な軍事介入を抑制することが示された。同盟国が核保有国の脅威にさらされた場合にはアメリカの核の傘を提供する一方で、核の脅威以外には、一義的には自国の軍隊で自衛をすることを同盟国に求めた。とりわけ、アジアの紛争へのアメリカの軍事的関与を縮小する方針が示されたのである。加えて、ニクソン政権は通常兵力に関する軍事戦略を以下のように変化させた。ヨーロッパとアジアという二つの地域、そしてその他地域での小規模な紛争に対処する「2・1/2」戦略から、ヨーロッパもしくはアジアでの紛争と小規模な紛争に対処する「1・1/2」戦略へと変更し、さらに実質的にはアジアよりもヨーロッパを優先させた[5]。

ニクソンとキッシンジャー国家安全保障担当大統領補佐官は、大統領就任直後から、ベトナム戦争からの〝名誉ある撤退〟に着手する。ニクソンは、中国とソ連との関係改善に乗り出し、アメリカ軍顧問による南ベトナム軍の装備の近代化と増強を進めながら、ベトナムに展開するアメリカの戦闘部隊を縮小させた。海兵隊も、1969年から71年までの間に、軍事顧問や航空要員そして艦砲射撃連絡中隊を除いて、部隊を順次ベトナムから撤退させる。加えて、ニクソンは、米中和解や米ソの緊張緩和を実現することで、北ベトナムとの交渉を進めようとした。ただし、アメリカの戦闘部隊の撤退が北ベトナムからの譲歩を引き出すことに成功していないと認識すると、ニクソンは軍事作戦で北ベトナムへ圧力をかけることを選択する。アメリカ軍は、70年、71年にカンボジアやラオスを攻撃する。軍部は、以前から、それらの地域が北ベトナム軍の後方地域や補給路となっているため、その聖域を攻撃すべきだと主張していた。ただし、ニクソンの前任者であるジョンソンはその提案を許可しなかった。ニクソンは、アメリカの軍事的関与を拡大させ、性質を変化させたジョンソンでさえも許可しなかったカンボジアとラオスへの侵攻を決定する。カンボジアでは南ベトナム軍とアメリカ軍が密林の捜索、地下壕の破壊、米軍機による補給路への爆撃、ラオスでは主に南ベトナム軍が攻撃し、アメリカ軍は航空支援を行った[6]。72年12月にも、北ベトナムとの和平交渉が難航すると、ニクソンは北ベトナムへの大規模な爆撃を行った。73年1月、ベトナム和平休戦協定が調印され、停戦が発効された。アメリカのアジアの小国への軍事的関与はようやく終結が見えてきた。

1970年代半ばになると、アメリカとソ連の緊張緩和が停滞する。70年代初頭、ニクソンとキッシンジャーは対中和解を足掛かりに、アメリカとソ連の関係改善に乗り出した。アメリカとソ連は72年5月に、核軍備を制限する条約――SALT I（第一次戦略兵器制限協定）とABM（弾道弾迎撃ミサイル）条約――に調印し、全欧安保協力会議の準備会議と中央ヨーロッパ相互兵器削減交渉の開始に同意した。しかしながら、70年半ばになると、アメリカ国内で、ニクソンとキッシンジャーの緊張緩和外交への道義的問題が議会で批判される。また、ウォーターゲート事件でニクソンの政治スキャンダルが明るみに出る。加えて、73年の第四次中東戦争でソ連はエジプトとシリアへ武器を空輸し、75年にはカンボジア、南ベトナム、ラオスが共産化し、アンゴラでの内戦にソ連は軍事支援を行った。そのため、アメリカ国内で、ソ連は緊張緩和を利用しながら世界で勢力を拡大していると批判されるようになった。米ソの緊張緩和は頓挫した。

（2）海兵隊の存在意義への疑問——機甲戦を戦えない海兵隊は削減せよ

アメリカの国防政策がヨーロッパ重視へとシフトすると、海兵隊は任務の定義という問題に再び直面することとなった。海兵隊はアメリカの他軍種とは異なり、陸や海、空といった領域で任務が定義されていない。この任務の定義は海兵隊において歴史上繰り返されてきた問題である。海兵隊は１９７０年代半ばにもこの問題に直面した[7]。海兵隊は、ヨーロッパ正面や中東での機甲戦の任務と、30年代以降の海兵隊の伝統である歩兵を中心とした水陸両用作戦任務のどちらを優先すべきであるかという課題に直面することとなった。ヨーロッパの機甲戦に対応しなければ、アメリカの国防における海兵隊の存在意義が低下しかねない。他方で、機甲戦に対応するために重装備から成る組織へと転換すると、迅速な展開が必要とされる遠征任務が困難になるというジレンマを、70年代半ば、海兵隊は抱えていた。

海兵隊の通史を執筆したミレーによれば、ベトナム撤退後から１９８０年代初期の間、ワシントンの国防コミュニティは以下のような理由から海兵隊の有効性を疑問視していた。アメリカがヨーロッパやその周辺海域以外の地域へ軍事介入する可能性は低いこと、ヨーロッパでの対ソ戦争において水陸両用強襲は主要な役割を果たさないこと、海兵隊の機械化戦争遂行能力は限定されていて致命的であることなどが指摘された[8]。

１９７６年、ブルッキングス研究所が海兵隊の現状分析と将来に向けた提言から構成される報告書『海兵隊はどこへ向かうのか』（*Where Does Marine Corps Go from Here?*）を発表した。この報告書も水陸両用作戦が生起する可能性がある地域は主にヨーロッパと中東に限定されること、海兵隊の装備は機甲戦を戦うには十分ではないことを指摘し、その上で海兵隊の将来像として次の四つの代替案を提示した。それらは、

①　一個ＭＡＦと三分の一個ＭＡＦへ、十九万六千から約十一万千七百へと兵力を大幅に削減すること。Ⅲ ＭＡＦ、Ⅰ ＭＡＦの二個連隊、Ⅳ ＭＡＦ（予備）は解隊される。

②　アジア・太平洋地域での陸軍の任務を海兵隊が引き継ぐこと。海兵隊は大規模な水陸両用作戦能力を備えたアメリカでの唯一の部隊であり続ける。ただし、水陸両用強襲が主要な任務ではなくなることを、海兵隊は受け入れなくてはならない。

③　陸軍の第82空挺師団の任務を引き継ぎ、迅速に地上部隊を展開するアメリカの唯一の部隊になること。編制や装備に大きな違いはないが、十九万六千から十四万二千に兵力を削減する。

④　ヨーロッパでの陸軍の任務に合流し、海兵隊の部隊を機械化することである。沖縄の第3海兵師団とカリフォルニア州ペンデルトンの第1海兵師団の二個連隊を東海岸に移転させ、十二個機械化大隊と八個装甲化大隊、二個装甲騎兵大隊へと改編する。[9]

本報告書は、戦略環境の変化に応じて海兵隊の任務と装備そして編制を変更するか、それとも従来の水陸両用作戦任務に固執して兵力の削減を受容するかという選択を海兵隊に迫ったのである。外部から海兵隊の存在意義に疑問が投げかけられる中で、海兵隊総司令官はどのようにその存在意義を提示したのだろうか。

（3）ルイス・ウィルソンの回答――『作戦的即応性』の提示

海兵隊の伝統的な任務と機甲戦争を遂行する能力に外部から疑問が投げかけられていた状況で、ウィルソンが第二十六代海兵隊総司令官に就任した。ミズーリ州出身のウィルソンはミルサップス大学を卒業し、1941年に海兵隊に入隊した。グアム奪還作戦で中隊を指揮し、ベトナム戦争では第1海兵師団の作戦担当副参謀長を務めた。作戦部作戦班長や副参謀長（計画）の共同計画調整官、法律アシスタントとしての総司令部勤務と太平洋艦隊海兵隊の司令部の参謀長、第1海兵水陸両用軍第3海兵師団長、太平洋艦隊海兵隊の司令官などの部隊勤務を繰り返したのちに、75年、総司令官に任命された[10]。

ウィルソンにとっての重要課題は、海兵隊の内外に向けて、その任務を再定義した上で、任務に適した編制と装備を整え、訓練環境を整備することであった。本節では『任務と編制研究』と題する報告書やアメリカの議会へ提出した総司令官報告などから、ウィルソンによる海兵隊任務の再定義と、再定義された任務におけるヨーロッパでの作戦構想について検討する。『任務と編制研究』報告書とは、ウィルソンによって設置された「兵力と編制研究」会が上院軍事委員会に提出した報告書である。本報告書は現在公開されている。

軍事ドクトリンの改定要因を提示した政治科学者のポーゼンが軍隊の改革とは外部からの介入により促進されると指摘したように、１９７０年代半ばの海兵隊も上院軍事委員会の要請に応じて「兵力と編制研究」を実施した。上院軍事委員会は「多くの報告書が海兵隊は多くの兵力を維持するために、伝統的な海兵隊の優秀さを犠牲にしていると言及する」[11]ことに懸念を抱いた。そこで、軍事委員会は、ウィルソンに海兵隊の任務と編制、兵力のレベルと質に関する研究に着手し、76年1月1日までに報告書を提出するようにと要請した。上院軍事委員会は特に次の点について報告するように求めた。それは、

① 海兵隊の任務と任務での調整に適した編制
② 地上兵力と航空兵力の均衡
③ より少ない兵力で戦闘能力の質を維持できるかということであった。

上院軍事委員会の要請を受けたウィルソンは、フレッド・ヘインズ（Fred Haynes）海兵隊少将を報告書

作成の責任者として任命する。ヘインズの下で「兵力と編制研究」会と「任務と編制研究」会の二つの研究会が設置され、前者は主に兵力と戦闘能力について、後者は任務と編制について検討することとなった。総司令部の各部署から集められたアドホックな各研究グループは兵力と編制に関する二つの報告書を各々上院軍事委員会に提出した。兵力に関する報告書は75年11月、任務と編制に関する報告書は76年3月に提出された。本書で主に使用する『任務と編制研究』は二つの報告書のうちの後者の任務と編制に関する研究書である。そこでは主にアメリカが直面している脅威や将来戦の特徴、海兵隊の役割、編制が研究されている。

上院軍事委員会やシンクタンク等から海兵隊の存在意義を示すようにと強い圧力がかけられていた中で、1970年代半ば、ウィルソンは海兵隊の任務をどのように定義したのだろうか。『任務と編制研究』はアメリカにとって最大の脅威はソ連とワルシャワ条約機構の同盟国であり、また、中東とペルシャ湾周辺国にアメリカが軍事介入する可能性も高いと予想した。他方、ブルッキングス研究所の報告書の指摘と同様に、アジアやアフリカ、南米の戦闘に地上軍を派遣する可能性は低いと見た。そして海兵隊が関与する可能性が最も高い将来戦の特徴とは中烈度及び高烈度紛争であると見込んでいた[12]。つまり海兵隊の上層部も戦略環境が変化し、ヨーロッパと中東が国防政策の中心となったことを受け入れていたといえよう。第1節でも紹介した戦略文化研究者のテリフによれば、当時、『海兵隊ガゼット』誌でもヨーロッパでの機甲戦任務と従来の水陸両用作戦任務を巡る議論が繰り広げられていた。前者の支持者はアメリカの国防政策の中心となったヨーロッパでの任務を見出さない限り、海兵隊の資源は減少されるため、早急にNATO正面での任務を見出すべきであると主張した。他方、後者を支持する者は、海兵隊の中心的な任務をヨーロッパでの任務とすると海兵隊の特徴である遠征任務の遂行能力が落ちるため、組織が滅びるこ

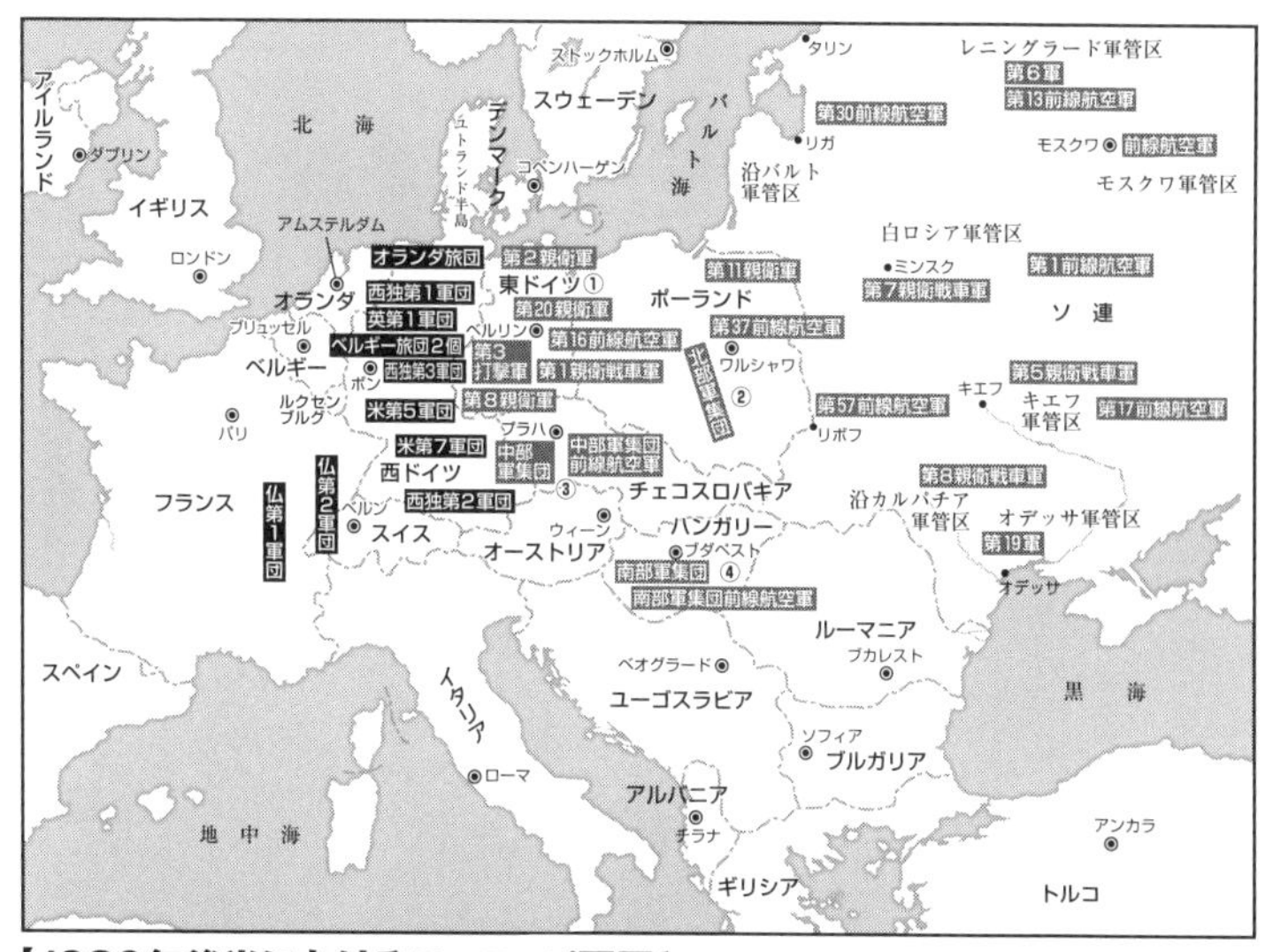

【1980年後半におけるヨーロッパ要図と NATO軍・ワルシャワ条約機構軍の主用部隊配置】

①東独駐留ソ連軍集団
・戦車師団 ×10
・自動車化狙撃師団 ×6
・砲兵師団 ×1
・戦術航空機 ×975
・東独師団 ×6

②北部軍集団
・戦車師団 ×2
・戦術航空機 ×350
・ポーランド師団 ×15

③中部軍集団
・戦車師団 ×2
・自動車化狙撃師団 ×3
・戦術航空機 ×100
・チェコスロバキア師団 ×10

④南部軍集団
・戦車師団 ×2
・自動車化狙撃師団 ×2
・戦術航空機 ×270
・ハンガリー師団 ×6

とになると主張した[13]。

戦略環境とアメリカの国防政策の脅威認識の変化に応じて、海兵隊も部隊の機械化を推進すべきだという主張に対して、ヴィクター・ハロルド・クルーラック（Victor Harold Krulak）海兵隊退役中将（当時）が以下のように提案した。部隊の機械化と戦力投射能力の均衡を取るべきだと彼は海兵隊員達に訴えた。クルーラックは三つの理由から、部隊の機械化と戦力投射能力の均衡を取るように主張したという。第一に、現在のニーズに応じて任務を定義し、装備と編制を整備すると、実際の有事の際には不適切な装備と編制になりかねないこと。第二に戦力投射部隊である海兵隊は重装備では機動できないこと。第三にアメリカにはすでに陸軍が存在していることである[14]。

『任務と編制研究』報告書は、機械化

部隊による地上戦もしくは水陸両用作戦といった二者択一ではなく、海兵隊はどちらの任務も遂行すべきであると提言した。『任務と編制研究』報告書では、アメリカにとって最大の脅威はソ連とワルシャワ条約機構軍であり、中東とペルシャ湾地域に軍事介入する可能性も高いという認識の下、ヨルダンやシナイ半島、NATO北側面、マラッカといった複数の地域での軍事作戦シナリオが示されている。[15] 機械化部隊による地上戦と水陸両用作戦の両立は、NATO北側面での軍事作戦シナリオに明確に表れているといえよう。

『任務と編制研究』報告書で想定されているNATO北側面での海兵隊の軍事作戦シナリオでは、海兵隊はまずデンマークのユトランド半島に上陸し、その後地上戦を戦うことが想定された。後に中央軍司令官に就任したC・ジニーによれば、海兵隊はヨーロッパでの任務を探求するに当たり、海洋戦略の文脈で任務を考察していた。[16] つまり、戦力を海から投射することは海兵隊上層部にとって前提であったと考えられる。であるならば、どこに戦力を投射するかということが問題となるが、『海兵隊ガゼット』誌の1997年12月号に掲載された記事において、リチャード・D・ティバー（Richard D. Taber）は以下のように指摘する。（NATO加盟国の軍隊が）NATO中央正面で戦うためには、両翼と大西洋での空域と海域での後方連絡線を支配することが重要となり、北側面と南側面には水陸両用作戦に適した海岸線があると。[17]

『任務と編制研究』報告書ではヨーロッパに関して二つの軍事シナリオが検討されている。一つ目はユトランド半島の南西に海兵隊が上陸し、陣地防御を戦うというシナリオである。このシナリオでは、東欧諸国に戦略予備の配置を開始したワルシャワ条約機構軍が、NATO中央正面で主攻撃を実施する。北側面では、中央正面の北翼を防御し、ソ連海軍の北海へのアクセスであるデンマーク海峡を確保するために、ワルシャワ条約機構軍がオランダとデンマークを攻撃すると想定されている。そのような状況において、海兵隊は北側面で戦うと想定された。戦車大隊と歩兵連隊そして航空部隊で編成された第２海兵水陸両用軍（II Marine Amphibious Force［II MAF］）が、ユトランド半島南部の都市エスビアウの港湾や空港、海岸に上陸し、防御のための陣地を準備する。そこに東ドイツ第１自動車化歩兵師団が攻撃を仕掛けてくる。

二つ目のシナリオはⅡＭＡＦが同じくユトランド半島の南西に上陸した後に、攻勢作戦を戦うというものである。後者のシナリオでも、ワルシャワ条約機構軍の主攻撃はＮＡＴＯ中央正面である。そして海兵隊は、北側面で、オランダを奪取し、特殊作戦群による海洋と空挺、水陸両用作戦でデンマーク海峡も確保する。二つ目のシナリオではワルシャワ条約機構軍の地上部隊がバルト海沿岸から北上し、ユトランド半島も奪取すると想定されている。そこで、機械化歩兵大隊、戦車大隊が配備された歩兵連隊、砲兵大隊、航空部隊等から編成されたⅡＭＡＦは、デンマーク海峡でのＮＡＴＯ部隊による空戦と海戦を支援するために、エスビアウに上陸し、海橋堡を確保し、東ドイツ第１自動車化歩兵師団を相手に攻勢作戦を戦う[18]。

少なくとも構想段階では、機械化部隊による地上戦と上陸作戦のどちらも遂行するという『任務と編制研究』での提案を、ウィルソンは採用した。確かに、彼がこの二つの任務の両立を海兵隊部隊の編制と装備にどの程度具体化できたのかということは、歴史家による今後の検証を蓄積しないと判断できない。ただし、任務を再定義するという段階において、ウィルソンはこの二つの任務の両立を目指したといえよう。

戦略環境から判断すればヨーロッパでの高烈度紛争へ海兵隊部隊を参加させたい。しかしながら、海洋戦略の戦力投射部隊としての海兵隊の能力も維持したい。このジレンマに直面したウィルソンは、「作戦的即応性」（Operational readiness）構想で将来の海兵隊の任務を定義することで、相反する性質を持つ二つの任務の両立を試みたのである。議会に提出した報告書でウィルソンは、海兵隊の基本原理として「作戦的即応性」と「多用途」（Versatility）、「空地協同」（air ground team）を挙げている。ウィルソンは報告書で次のように指摘する。

海兵隊は国家安全保障上の要求に対して直接的に貢献する。アメリカの戦略の特徴は、海外でのアメリカの利益をもたらす外交政策に基づく前方防御である。近年の戦略構想は、迅速に展開し、多様な潜在的な敵に対していかなる環境でも戦うことができる万能な軍隊を求めている。近年のアメリカの戦略は西欧と北東アジアを主に想定し、ヨーロッパの大規模戦争においてＮＡＴＯ防御に加わり、かつ同時に世界規模で発生する小規模な紛争に対処できるだけの十分な柔軟性を備えた軍隊を要求している。[19]

つまり、世界中で発生する多様な紛争に空地協同の海兵隊諸兵連合部隊を迅速に派遣することを、海兵隊の任務としてウィルソンは定義したのである。諸兵連合部隊を世界中に迅速に展開するという任務の定義は、その後の海兵隊の将軍達にも海兵隊のアイデンティティとして度々使用されるようになった。２０１０年に第三十五代総司令官に就任したジェームス・Ｆ・エイモス（James F. Aimos）が海兵隊の任務として提示した『「即応性」における遠征軍』構想にも反映されている。[20] イラクやアフガニスタンでの地上戦から部隊を撤退させる時期に総司令官に就任したエイモスは、海兵隊の任務の再定義において、意図的かどうかはわからないが、１９７０年代にベトナムから部隊を撤退していた時期に総司令官に就任したウィルソンにより提示された「作戦的即応性」を採用した。

『任務と編制研究』報告書で提案されたＮＡＴＯ北側面と中東での上陸と中央正面での地上戦シナリオが、海兵隊にどの程度受け入れられたのかは明らかではない。ただし、ウィルソンはカリフォルニア州にある広大な演習場にて、諸兵連合部隊の訓練を開始する。また、中東に関しては詳細がわからないが、1970年代後半になると、海兵隊はＮＡＴＯ北側面での演習に海兵水陸両用旅団（Marine Amphibious Brigade［MAB］）規模で参加するようになった。ウィルソンは、結果如何では海兵隊の存続を左右しかねないＮＡＴＯ北側面での演習を下士官上がりの旅団長に委ねることにした。グレイである。

2　強いリーダーシップによる機動戦構想の部分的採用

（1）旅団長アルフレッド・Ｍ・グレイの登場

海兵隊の存在意義と任務を巡る議論に対してウィルソンが提示した回答は、ＮＡＴＯ正面の任務において上陸戦と地上での機械化戦争の両方を遂行するということだった。1975年、ＮＡＴＯの大西洋連合軍最高司令官がノルウェーとデンマークで実施される演習への海兵隊の参加を承認すると、海兵隊はより頻繁にかつより大きな部隊規模でＮＡＴＯ北側面での訓練に参加するようになる。ここでは、まず、70年代後半に海兵隊部隊がＮＡＴＯ北側面で実施した幾つかの代表的な演習の内容を明らかにし、その後、演習に参加した部隊が直面した幾つかの課題と、それらの課題と80年代後半に海兵隊が導入した機動戦構想の関係について考察する。

1970年代後半になると、海兵隊は旅団規模でＮＡＴＯ北側面での演習に参加するようになる。第一次世界大戦時にヨーロッパの塹壕戦に参戦して以降、主に太平洋の島嶼や朝鮮半島そしてベトナムで戦ってきた海兵隊は五十年以上の年月を経て再びヨーロッパの陸戦に目を向けるようになったのである。76年にNATO北側面で実施された多国間演習のチームワーク76（Teamwork 76）とボーンデッド・アイテム（Bonded Item）演習、78年に実施されたノーザン・ウェディング（Northern Wedding）演習とボールド・ガード78（Bold Guard 78）演習が、この時期の海兵隊の任務の変更を代表する演習である。ウィルソンは、MAGTFの一つである第4海兵水陸両用旅団（4Marine Amphibious Brigade［4MAB］）を、これらの演習に派遣した。この一連の演習において4MABの指揮官を務めたのが、後に第二十九代海兵隊総司令官となり、新しく発行したFMFMシリーズ・ドクトリンで機動戦構想を採用したグレイである。76年3月に准将に昇進したグレイは、上陸部隊訓練司令部（大西洋）［Landing Force Training Command, Atlantic］と4MABの指揮官に就任した。海兵隊の部隊を指揮することはグレイにとって人生そのものだった。迷彩服を着て、戦場や演習場で敵に勝利するために海兵隊を率いる、これこそ海兵隊将校のプロフェッションだと彼は考え、実行してきた。グレイは朝鮮戦争で小隊、中隊を指揮し、ベトナム戦争では無線大隊を指揮、75年の南ベトナムからアメリカ市民の救出作戦では連隊上陸団を指揮した。戦術と作戦術への強い情熱を持ち、時に強引で癇癪を起こすが、海兵隊員の面倒見が良い、生まれついての将帥が次に指揮する部隊はMAGTF、舞台はヨーロッパ、想定する敵はワルシャワ条約機構軍となった。

（2）いざ、NATO北側面へ――上陸戦と機甲戦

1970年代後半にNATO北側面で4MABが参加した演習は、どのような内容だったのだろうか。

76年、NATOのヨーロッパ連合軍（NATO Allied Command Europe［ACRE］）は、ノルウェーからトル

コにかけて演習を実施した。その演習全体の一部にあたるのが、チームワーク76演習とボーンデッド・アイテム演習である。9月に実施されたチームワーク76演習の目的はNATOのノルウェー防衛計画の有効性を確認することだった。演習には海兵隊の他にイギリス海兵隊やオランダ海兵隊など九か国の軍隊が参加した。当時、NATO加盟国の間ではノルウェーはソ連軍にとってNATO側の後方連絡線を遮断するための重要拠点であり、また核兵器を搭載した潜水艦の拠点となりうると認識されていた(21)。4MABを構成する主力地上戦闘部隊の第8連隊上陸団(Regimental Lauding Team-8〔RLT-8〕)と航空部隊はノルウェーの海岸で水陸両用上陸作戦とヘリボーンによる上陸訓練を実施した。

4MABは引き続き10月にボーンデッド・アイテム演習に参加した。ボーンデッド・アイテム演習の目的は、

① NATO北側面の防衛力を強化するために、NATO大西洋打撃艦隊が北欧に迅速に展開し、陸上にシーパワーを投射する能力を誇示し、向上させること

② ユトランド地上部隊を強化するために地上部隊の能力を訓練することだった。

ボーンデッド・アイテム演習には、4MAB司令部要員二百八十五人、連隊上陸団三千百九十人、総数六千五百九十六人の海兵隊員が参加した。海兵隊の訓練実施部隊の詳細は、4MAB司令部〔RLT-8〕、第20海兵航空群、第4軍役務支援群、第6装甲偵察大隊である。RLT−8は三個歩兵大隊と一個戦車大隊、一個水陸両用トラクター大隊、一個偵察大隊等から編成されていた。海兵隊部隊はデンマークで水陸両用強襲を実施し、その後ドイツ北部で陸上作戦を実施した(22)。

ボーンデッド・アイテム演習は、1978年に実施されたボールド・ガード78演習と同様に、70年代後半に海兵隊が直面した課題が顕著に表れた演習である。そのためボーンデッド・アイテム演習のシナリオ

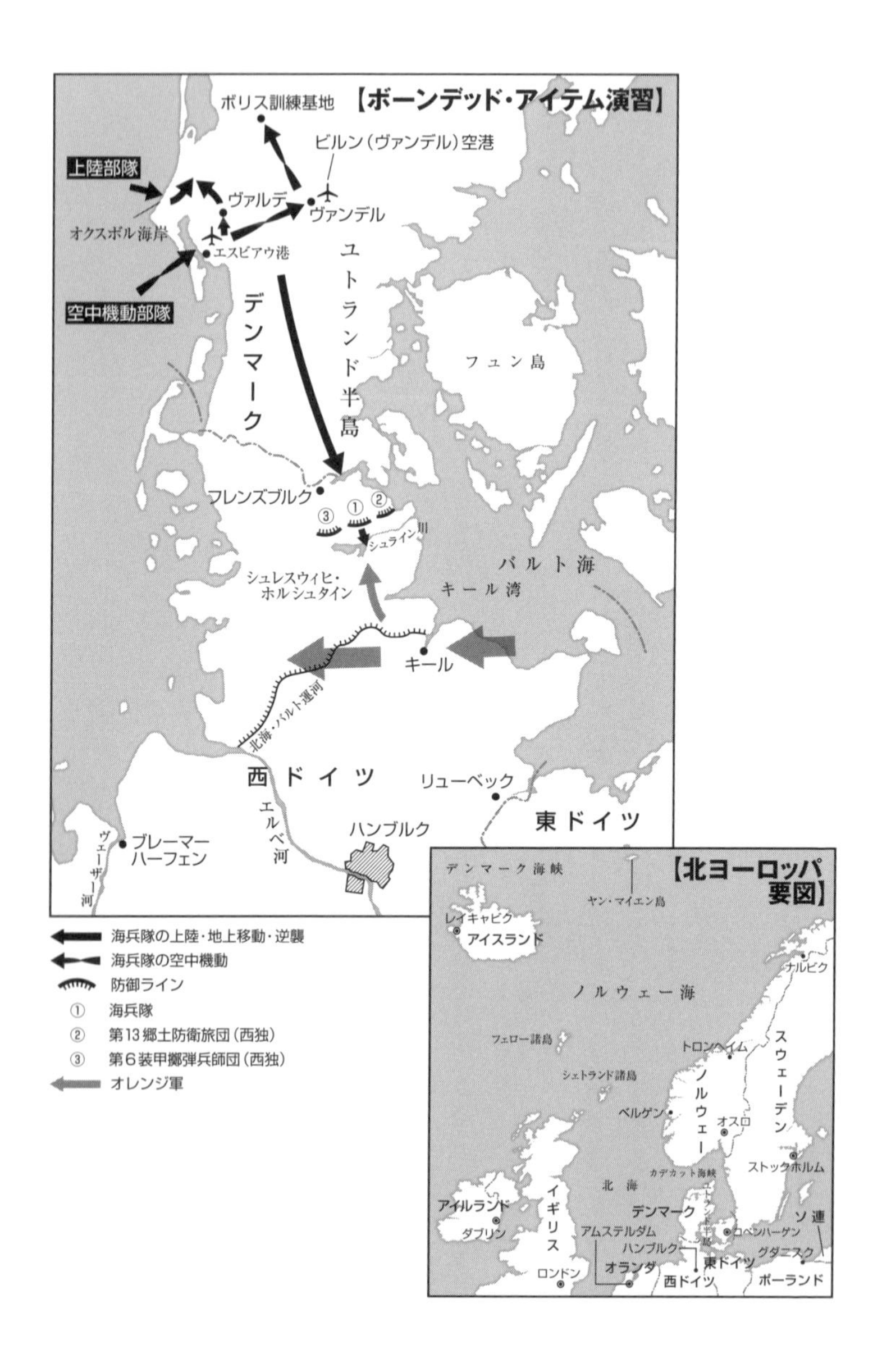
【ボーンデッド・アイテム演習】
ボリス訓練基地
ビルン（ヴァンデル）空港
上陸部隊
ヴァルデ
ヴァンデル
オクスボル海岸
エスビアウ港
空中機動部隊
ユトランド半島
デンマーク
フュン島
フレンズブルク
③ ① ②
シュライン川
バルト海
シュレスウィヒ・ホルシュタイン
キール湾
キール
北海・バルト運河
西ドイツ
リューベック
東ドイツ
エルベ河
ハンブルク
ヴェーザー河
ブレーマーハーフェン
海兵隊の上陸・地上移動・逆襲
海兵隊の空中機動
防御ライン
① 海兵隊
② 第13郷土防衛旅団（西独）
③ 第6装甲擲弾兵師団（西独）
オレンジ軍
【北ヨーロッパ要図】
デンマーク海峡
ヤン・マイエン島
レイキャビク
アイスランド
ナルビク
ノルウェー海
フェロー諸島
トロンヘイム
スウェーデン
シェトランド諸島
ノルウェー
ベルゲン
オスロ
ストックホルム
カテガット海峡
北海
ユトランド半島
アイルランド
イギリス
デンマーク
ソ連
ダブリン
アムステルダム
コペンハーゲン
ハンブルク
グダニスク
東ドイツ
ロンドン
オランダ
西ドイツ
ポーランド

についてある程度詳細に描写したい。それは、創作上の国家であるオレンジ国の軍隊がドイツとデンマークに侵攻したことに対して、海兵隊を含むNATO加盟国の軍隊がドイツとデンマークを防御するというものである。オレンジ国の侵攻はデンマークのバルト海沿岸への水陸両用強襲により開始され、その後、補給部隊がドイツ北部のシュレスウィヒ・ホルシュタイン地域を横断する。

海兵隊部隊の防御作戦は以下の三つの段階から構成されていた。第一段階では、海兵隊部隊は対抗部隊を排除し、かつ橋頭堡を確保するために、デンマークのオクスボルに水陸両用強襲を実施する。同時にヘリボーンでエスビアウにある港を奪取する。ヘリボーン襲撃部隊は内陸部に向けて前進し空港を確保し、その後、オレンジ部隊の補給と退路を断つために、ボリス訓練基地を攻撃、奪取する。第二段階では、海兵隊部隊は空路と鉄道、自動車輸送により、デンマークから北ドイツのシュレスウィヒ・ホルシュタイン地域へ移動する。第三段階では、海兵隊部隊はシュレスウィヒ・ホルシュタインの一区域を防御し、攻撃してきたオレンジ部隊の前進を停止する。その後、ヘリボーンと戦車と歩兵の協同でオレンジ部隊への逆襲を実施する。この第三段階はオレンジ部隊がシュレスウィヒ・ホルシュタイン地方の南部に退却することで終了する。[23]

海兵隊は1978年にも、イギリスやデンマーク、ドイツで水陸両用作戦による陸上への戦力投射演習と陸上作戦の演習を実施した。9月10日から17日にはノーザン・ウェディング演習、続く9月19日から22日にはボールド・ガード78演習が実施された。両演習共に4MABの下に部隊が編成された。ノーザン・ウェディング演習は以下の二つの段階から構成されていた。まず、海兵隊部隊は9月10日から12日にイギリスのシェトランド諸島に上陸し、その後9月15日から17日に、ボーンデッド・アイテム演習で上陸したオクスボルに再び上陸した。どちらの段階でも、対抗部隊が侵攻し、占領した地域を海兵隊部隊が水陸両

【ボールド・ガード演習】

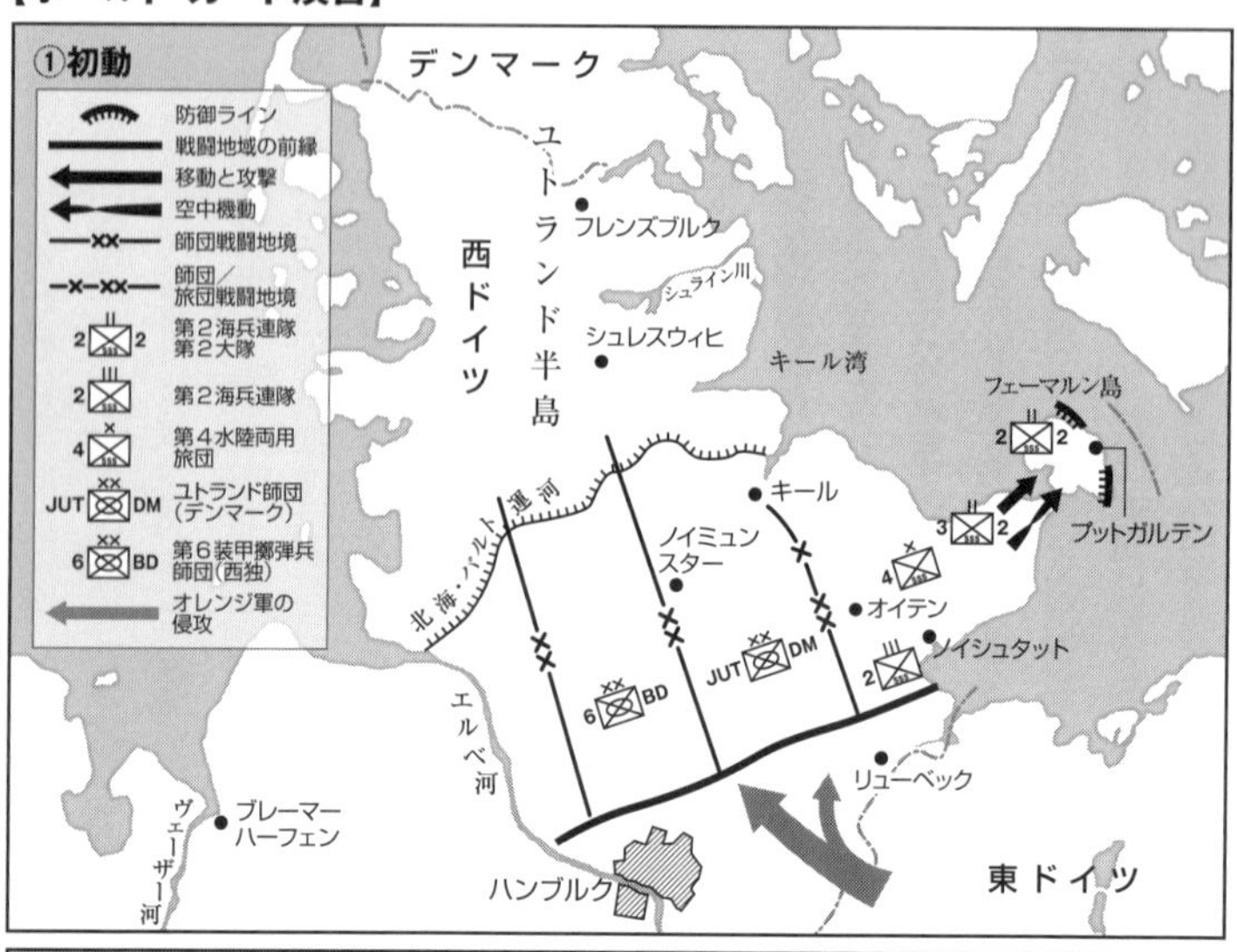

①初動
防御ライン
戦闘地域の前縁
移動と攻撃
空中機動
師団戦闘地境
師団／旅団戦闘地境
第2海兵連隊第2大隊
第2海兵連隊
第4水陸両用旅団
ユトランド師団（デンマーク）
第6装甲擲弾兵師団（西独）
オレンジ軍の侵攻
デンマーク
ユトランド半島
西ドイツ
フレンズブルク
シュライン川
シュレスウィヒ
キール湾
フェーマルン島
プットガルテン
キール
ノイミュンスター
オイテン
ノイシュタット
北海・バルト運河
エルベ河
リューベック
ブレーマーハーフェン
ヴェーザー河
ハンブルク
東ドイツ

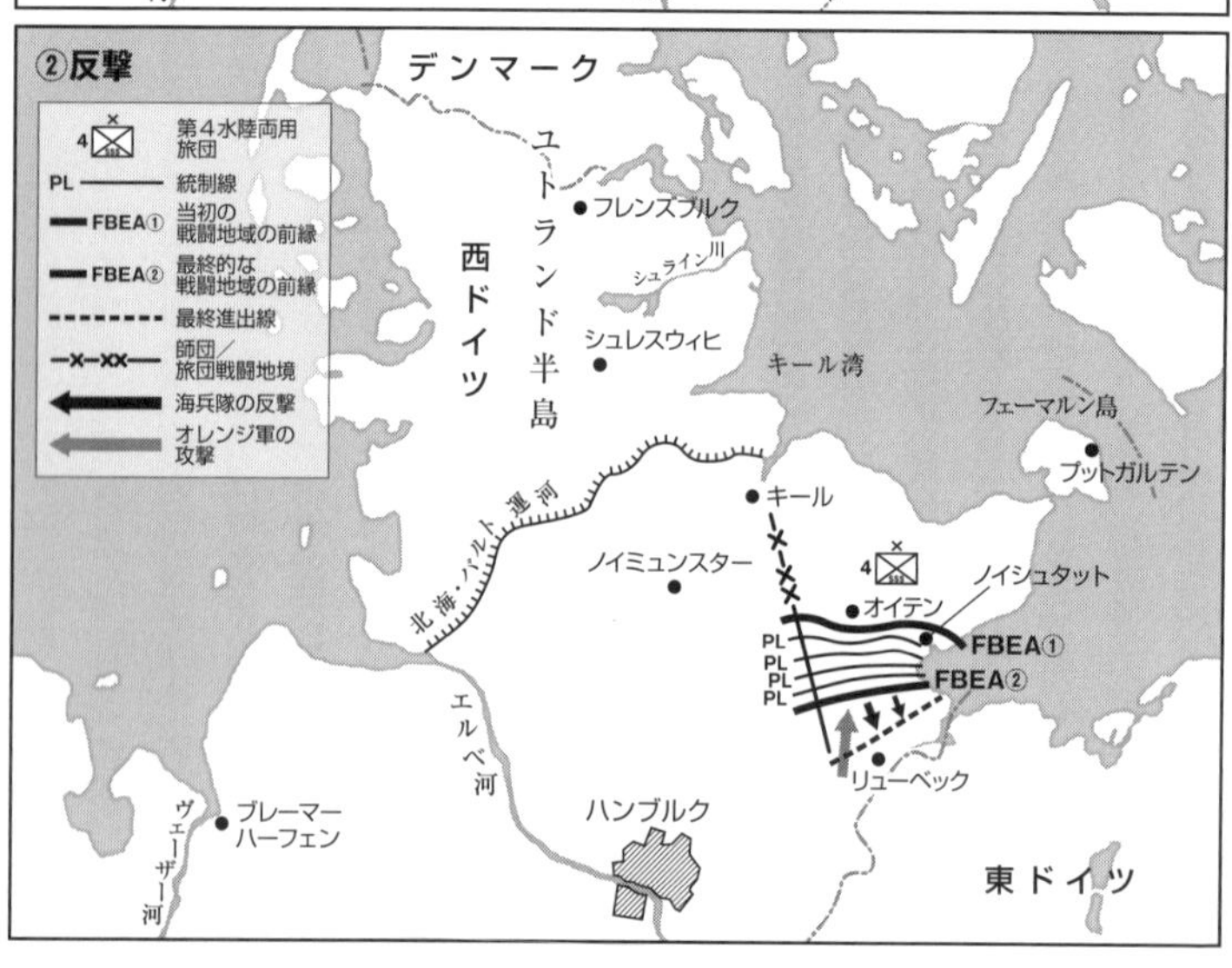

②反撃
第4水陸両用旅団
統制線
当初の戦闘地域の前縁
最終的な戦闘地域の前縁
最終進出線
師団／旅団戦闘地境
海兵隊の反撃
オレンジ軍の攻撃
デンマーク
ユトランド半島
西ドイツ
フレンズブルク
シュライン川
シュレスウィヒ
キール湾
フェーマルン島
プットガルテン
キール
ノイミュンスター
オイテン
ノイシュタット
FBEA①
FBEA②
北海・バルト運河
エルベ河
リューベック
ブレーマーハーフェン
ヴェーザー河
ハンブルク
東ドイツ

用強襲とヘリボーンで上陸し、敵部隊を撃破し、地域を制圧するというシナリオだった。

引き続き実施されたボールド・ガード78演習も、1970年代後半から80年代にかけて海兵隊が直面した課題を浮き彫りにした演習の一つであると考えられる。そのため、演習シナリオと演習参加部隊の詳細を明らかにしたい。ボールド・ガード78演習は北欧連合軍の管轄地域において実施された演習の中で最大規模の野戦演習だった。その内容は島嶼部を含むドイツ北部への敵の侵攻に対して敵を撃破し、シュレスウィヒ・ホルシュタイン地域の支配を奪取するというものである。演習は、国境付近で演習を実施していたオレンジ国の部隊が空と海から国境を越え、ドイツに侵入したという想定から開始された。

9月中旬までには、対抗部隊は西ドイツ国境付近に航空と海洋、地上部隊を展開し、9月14日、国境を越えた敵部隊は西ドイツに侵入する。敵部隊の西ドイツへの侵攻を受け、NATOは9月19日、ドイツ北部にドイツ陸軍第6装甲擲弾兵師団とデンマーク陸軍機械化歩兵師団であるユトランド師団、4MAB第2連隊上陸団（Regimental Landing Team-2［RLT-2］）による防御態勢を確立した。東西ドイツ国境から侵入し、北上を続ける敵部隊に対して、まずユトランド師団が遅滞作戦を実施した。9月20日、対抗部隊は第24連隊第2大隊への攻撃を開始した。さらにバルト海にあるフェーマルン島でも敵の攻撃が開始された。第2大隊が防勢作戦を行うと共に、第2海兵連隊第3大隊が敵に支配されているフェーマルン島に水陸両用襲撃とヘリボーン襲撃を実施し、島を奪取した。その後、RLT-2は新しい戦闘陣地の前縁を設定して防御作戦を戦った。最後にRLT-2は攻勢作戦に出る。第2連隊第2大隊が迅速に対抗部隊に浸透し、続いて第3大隊が攻勢作戦を行い、最終目標を奪取し、演習は終了した[24]。

ドイツでの地上戦と水陸両用作戦から構成されたボールド・ガード78演習に参加した海兵隊部隊と対抗部隊は各々、どのような編成だったのか。ここでは、主に地上戦と水陸両用強襲を実施した部隊の編成について述べる。海兵隊側は4MABの主力地上戦闘部隊としてRLT-2が参加した。RLT-2は第2連隊の第2大隊と第3大隊、第24連隊第2大隊、第2連隊の第2戦車大隊、第2強襲水陸両用グループ、第10連隊の第1大隊グループ、偵察大隊から編成されていた。[25] 第2海兵師団の戦車大隊と水陸トラクター大隊が全て参加するという当時の海兵隊にとっては非常に重装備だった。[26] 4MAB司令官はチームワーク76演習やボーンデッド・アイテム演習、ノーザン・ウェディング演習と同様にグレイがその任にあたった。RLT-2は後に海兵隊の機械化部隊の現場実験で主導的役割を果たすことになったジェラルド・H・タートレー（Gerald H. Turley）が指揮した。また、後に中央軍司令官になったジニーは第2連隊第3大隊の作戦幕僚として演習に参加していた。2003年のイラク自由作戦でI MEF司令官の任にあたり、2006年に第三十四代海兵隊総司令官に就任したコンウェイが、第2連隊第3大隊で中隊を率いていた。[27]

ボールド・ガード78演習は北欧における最大規模の演習であり、NATO全体では六万人以上の将兵が参加し、計一万五百人の海兵隊員が参加した。[28] 対抗部隊にはドイツ陸軍第7装甲師団が指定されていた。第7装甲師団はワルシャワ条約機構軍の第2親衛戦車師団であると想定されていた。対抗部隊の各旅団には機械化歩兵戦闘車百二十三両、主力戦車百六十四両、軽偵察戦車二十両、M109榴弾砲二十八門などが配備されていた。[29]

（3）不慣れな機甲戦への挑戦

前述したように、1970年代後半になると、海兵隊総司令部は、従来は部隊が配備されておらず、かつ参加をしてこなかったNATO北側面での多国間演習に旅団規模の部隊を派遣するようになる。チームワーク76演習では、海兵隊部隊は水陸両用強襲とヘリボーンでノルウェーの海岸に上陸し、ボーンデッド・アイテム演習では水陸両用強襲とヘリボーンでデンマークに上陸し、ドイツ北部に移動した後に陸上作戦を実行した。ノーザン・ウェディング演習では水陸両用強襲とヘリボーンで、イギリスとデンマークに上陸し、継続して実施されたボールド・ガード78演習においてドイツ北部で陸上作戦を戦った。

これら一連の演習には、海兵隊は今後、水陸両用作戦と機械化戦争の両方を行うという海兵隊の任務に関するウィルソンの強い意思が表明されていた。一連の演習のシナリオは、敵の侵攻に対して海兵隊部隊が水陸両用強襲とヘリボーンで陸上戦力を投射し、かつ陸上作戦で敵を撃破した後に地域の支配を確立するということで一貫していた。

海兵隊は上述した一連の演習と演習の準備において以下のような課題に直面した。一つ目は海兵隊に馴染みのない天候への対処である。寒冷地での水陸両用演習には多大な費用が必要だった[30]。二つ目はNATO諸国の軍隊と敵の作戦テンポの速さに適応すること、三つ目は機械化部隊の運用方法を確立する必要があったこと、最後に一連のNATO演習が多国間演習であったことである。二つ目と三つ目の課題が機動戦構想と関連していると考えられるため、ここではこの二つの点を中心に少し詳しく考察する。

1970年代の後半のNATO北側面での演習において、海兵隊は水陸両用作戦のみならず地上戦も戦った。4MABにとって、その地上戦が作戦テンポの速い機甲戦だったことが大きな課題だった。機甲戦の歴史を研究した葛原和三によれば、機甲戦とは「戦車を主体とした『機甲部隊によって行われる機動戦』[31]であり、機甲部隊とは「『機械化・装甲化』をともに完了した部隊」[32]である。70年代から80年代のヨーロッパで想定されていたNATOの敵や、演習において海兵隊が対峙した対抗部隊そして海兵隊と共に戦う同盟国の部隊は、歩兵を中心とした部隊ではなく機甲部隊だった。4MABは突如、歩兵が中心であったアジアの戦場から、機甲戦の経験を豊富に有する重装備の陸軍部隊同士が対峙しているヨーロッパの戦場へと送り込まれたのである。『海兵隊ガゼット』誌の78年7月号に掲載された論文の一つに「海兵隊、戦車の国へ行く、わずかな装甲化部隊、連隊の三分の二の部隊で。かすかな望みと共に」[33]という副題が付けられている。海兵隊将校の間で、機甲戦という舞台における海兵隊の任務遂行能力に懸念があったと考えられる。そのような懸念があったにもかかわらず、4MABとRLT-2にとって演習の失敗は決して許されるものではなかった。ジニーによれば、多くの外野の批評家達が、ドイツ装甲師団を相手に海兵隊が失敗することを手ぐすねを引いて待っており、そのため、4MABには「我々が（ドイツ装甲師団を相手に）部隊を編成し、戦うことができることを証明せよ」[34]という圧力をかけられていた。

海兵隊は20世紀に入ると、第一次世界大戦中にはヨーロッパ、その後は太平洋の島嶼と沖縄、朝鮮半島そしてベトナムなどで上陸作戦のみならず地上戦を戦った。だが、多くの場合、海兵隊部隊も対峙する敵の部隊も機甲師団ではなかった。確かに、1940年代初頭の太平洋の島嶼を巡る一連の戦いにおいて、海兵隊は戦車大隊や装甲化された兵員輸送車であるLVTを投入した。また、戦車は歩兵や突撃工兵と共に用いられた。ただし、太平洋の島嶼における海兵隊は、戦車を中心とし機械化歩兵が随伴するという諸兵連合部隊ではなく、むしろ、陣地防御を行う日本海軍陸戦隊と日本陸軍に対して、徒歩の歩兵が戦車の火力支援を受けながら陣地を焼き払うというものだった[35]。50年6月に朝鮮人民軍による砲撃と三十八度線の越境で朝鮮戦争が勃発すると、海兵隊も朝鮮半島に上陸した。海兵隊は、ここでも、戦車を主に兵による戦闘への火力支援、そしてLVTを主に仁川での上陸作戦や漢江渡河での兵員輸送に使用した[36]。ジョンソン大統領の下でアメリカ軍のベトナムの関与が深まると、海兵隊は70年代に再びアジアでのアメリカの戦争に投入された。75年に南北ベトナムの境界線に近いダナンに上陸した海兵隊は、79年に撤退するまで、アメリカ軍の北爆の拠点であったダナン空港と非武装地帯に近いケサンに建設された基地、そしてフエの防衛などに従事した。海兵隊部隊は主に基地を拠点にしながら、ヘリコプターまたは徒歩での偵察や掃討作戦を繰り返した[37]。

他方、ヨーロッパの陸軍、特にドイツ陸軍とソ連の赤軍は1930年代の戦間期に戦車を中心とし、他兵科を自動車化して戦車に追随させる装甲師団と自動車化歩兵師団を創出した。そして第二次世界大戦でそれらを実戦に投入した。戦間期のドイツ陸軍が装甲師団や自動車歩兵師団の運用ドクトリンをどの程度組織的に体系立てて開発していたのかという点は、現在のところ歴史家の間で議論の的となっている。軍事史家のコーラムやチティーノによって明らかになりつつある研究によれば、上層部は軍の機甲化に関心がなかったという従来のイメージとは異なり、ドイツ陸軍は20年代には既にハンス・フォン・ゼークト（Hans von Seeckt）の指揮の下に部隊の装甲化に関心を持っていた[38]。他方、ドイツ人の歴史家のフリーザーは、40年のフランス侵攻におけるドイツの機甲戦は一部の将校がドイツの伝統を新しい技術で再現したものであると主張する。フリーザーによれば、ドイツ陸軍は必ずしも機甲師団と自動車化歩兵師団の運用ドクトリンを組織的そして体系的に形成していたのではない。むしろ、ドイツは、短期決戦や作戦術、重点形成の原則、包囲戦と正面突破、縦深攻撃、委任戦術、陣頭指揮などの伝統を新しい技術で再現したのである。かつ、運用ドクトリンは、マンシュタインやグデーリアンのような一部の異端将校達が個人的に形成し、作戦立案に反映し、実戦で使用したのである[39]。運用ドクトリンが組織的に形成されたにしろ、もしくは一部の将校達により形成され立案に反映されたにしろ、40年のドイツ国防軍は、作戦レベルにおいて、敵後方に迅速に機動し、敵を機能不全に陥らせるという構想を機甲師団と自動車化歩兵師団から構成される装甲集団により実行した。

加えて、1970年代になると第四次中東戦争の教訓に後押しされ、陸軍で再び機甲化ドクトリンと装

備の改定が議論されるようになった。73年に勃発した第四次中東戦争の教訓として、
（1）イスラエル機甲部隊に対するエジプト軍歩兵の対戦車ミサイルとＲＰＧの威力
（2）戦車には歩兵の支援が必要であることなどが指摘されていた[40]。
陸軍参謀長がＴＲＡＤＯＣに第四次中東戦争の分析と教訓の抽出を命じたため、デュパイＴＲＡＤＯＣ司令官はイスラエル国防軍に将校を派遣し、戦争を分析した。その後、デュパイは陸軍参謀長に第四次中東戦争の教訓の一つとして近代戦における諸兵連合の必要性を報告した[41]。陸軍では、76年にＦＭ１００－５『作戦』が改定され、新たな機甲戦ドクトリンが発行されると共に新型戦車や新型歩兵戦闘車、新型攻撃ヘリ、新型輸送ヘリ、新型対空ミサイルの装備開発が進められていた。

歩兵中心の戦いと比較すると、機甲戦は迅速な作戦テンポを可能にする。その代表的な歴史上のケースである１９４０年のドイツ国防軍のフランス侵攻では、ドイツ国防軍クライスト装甲集団は作戦開始から約三日目に当たる5月13日にセダンでムーズ川を渡河し、その後も西に向かって突進し続けた。彼らは5月18日にはサンカンタンに、5月20日にはイギリス海峡に程近いアベヴィルに到着した。さらに、60年代にソ連が歩兵戦闘車（ＢＭＰシリーズ）を開発・採用したことにより、機械化歩兵は装甲車に乗ったまま戦闘が行うことが可能になった。それは作戦テンポの向上を可能にする。

海兵隊にとって、ボーンデッド・アイテム演習とボールド・ガード78演習の両方の地上戦演習で、作戦テンポの速さが課題だった。演習終了後の１９７8年11月2日、ＲＬＴ－2指揮官ターレー大佐はグレイ4ＭＡＢ司令官宛てに、ノーザン・ウェディング演習とボールド・ガード78演習に関する二つの報告書を提出した。『展開後報告第一巻：ノーザン・ウェディング演習とボールド・ガード78』（*Post Deployment Report Volume 1 Exercise Northern Wedding and Bold Guard-78*［PDR 1］）[42]と『展開後報告第二巻：ノーザン・

ウェディング演習とボールド・ガード78』(*Post Deployment Report Volume 2 Exercise Northern Wedding and Bold Guard -78*[PDR 2])[43]である。

報告書の主要目的は、

(1) RLT-2が実施した演習における出来事と意思決定そして教訓に関する年表の役割を果たすこと

(2) 将来における同様の演習のためのガイドを提供することだった。[44]

報告書にはRLT-2が実施した演習準備と編成、実際の演習そして教訓などが記載されている。各章では主に各段階においてRLT-2が直面した課題と抽出された教訓が記述される。報告書では後で考察する機械化部隊の運用方法の確立という課題への言及の頻繁さと比較すると少ないが、RLT-2にとって速い作戦テンポが課題であったと指摘されている。例えば、演習の事前訓練の総括においてNATOの機甲戦は「(海兵隊にとって)信じられない程に速い移動である」[45]と表現されている。ボーンデッド・アイテム演習とボールド・ガード78演習の両方において、戦闘でのテンポの速さに加えて、NATO演習のシナリオ上、デンマークからドイツ北部への移動時間が非常に限定されていたことも、大陸での機甲戦に不慣れな海兵隊の部隊にとって骨が折れる仕事だった。PDRの中でのボールド・ガード78演習に関する章では「演習前の計画立案において、RLTは予定されていたデンマークから(ドイツ北部へ)の移動時間が短時間であったため、戦闘地域の前縁への部隊の初期配置は非常に困難であろうと予想していた」[46]と報告されている。また、『海兵隊ガゼット』誌の1978年7月号に掲載された「ドイツのボーンデッド・アイテムⅢ」("Germany Bonded Item III")論文でも、ボーンデッド・アイテム演習においても短時間で部隊を移動させることが重要課題の一つであったと指摘され、短時間で部隊を移動させる具体的な方法が説明されている。[47]ボールド・ガード78演習においてRLT-2の指揮官だったターレーは後にボールド・ガード78演習について以下のように回想している。

ＲＬＴ－2とＭＡＧ－36のリーダーシップは、連続する作戦テンポと増加し続ける重圧に試されていた。八日間に渡り、ほぼひっきりなしに実施された作戦の後、（海兵隊部隊は）、七十二時間以内に八十マイルから百マイルの距離に、兵員と装備そして兵站支援を移動させ、再び集合させる。そして、重装備の装甲化部隊の脅威に対して防御するために部隊を戦術的に再配備させることが要求されていた。それは、最も手ごわい任務として（ＲＬＴ－2に）のしかかってきた。（4ＭＡＢ指揮官の）グレイ将軍が4ＭＡＢに求めた任務遂行の水準は、比類なく高いと我々全員が認識していた。なかには、グレイ将軍が作戦テンポを落とすことを期待した者もいた。だが、将軍は4ＭＡＢが全力をつくすことを要求し続けた。(48)

ＰＤＲでの報告や『海兵隊ガゼット』誌に掲載された論文そしてターレーの発言からは、当時の海兵隊が迅速な戦闘に不慣れであることや、短時間で部隊を動かすスキルに乏しかったこと、そして将校達が海兵隊部隊は十分な装備を兼ね備えていないという懸念を持っていたと考えられる。また、その問題に対する将校達の関心の高さが窺える。ＲＬＴ－2の隷下部隊である大隊指揮官達はこれらの問題を認識しながらも、速い作戦テンポでの戦闘と短時間での移動を成功せよという上級指揮官からの強い圧力の下、慣れない環境で試行錯誤をしながら任務を遂行していたと考えられる。そこには、2003年のイラク自由作戦で、まるで1940年のドイツ国防軍のように、猛烈なスピードでイラク南部からバグダッドまで駆け抜けた海兵隊の諸兵連合部隊とは全く異なる姿が浮かび上がってくる。

次に、海兵隊は機械化部隊の運用方法を確立するという課題に直面していたということに議論を移したい。ヨーロッパの機甲戦において、機動力が必要とされる防御作戦を実施することが求められていた４ＭＡＢ司令官のグレイとＲＬＴ－２指揮官のターレーにとって、演習の準備段階でＲＬＴ－２が直面していた最重要課題は、機械化部隊の運用方法の確立と習得だった。１９７７年６月20日に、第２連隊の司令部と第２大隊そして第３大隊が78年８月20日から11月１日に実施予定のＮＡＴＯ演習に主力として参加することが正式に決定する。４ＭＡＢとＲＬＴ－２の司令官と幕僚は演習の準備にとりかかった。演習を準備する初期段階で、４ＭＡＢはＲＬＴ－２に以下の訓練内容を命じた。第一は適切な地形の使用、第二は敵の戦術と技術、装備に備えること、第三が諸兵連合に関する哲学を確立することであり、具体的には我の統一性を保ちながら、歩兵と戦車、ＬＶＴ、航空、砲兵、工兵、対戦車兵器、煙幕を用いて敵の統一性を破壊することだった[49]。この４ＭＡＢから発せられた命令に対して、ターレーは77年10月25日に第２海兵師団長に提出した報告書において、ＲＬＴ－２が実施する事前訓練の目的を以下のように提示した。第一段階の目的は中隊レベルで機械化歩兵の作戦に備えること、第二段階の目的は対機械化作戦の訓練、第三段階の目的は大隊規模で機械化・諸兵連合の機甲戦の野戦演習を実施することであると[50]。78年２月10日に第２海兵師団長に提出した報告書で、ＲＬＴ－２と隷下部隊の訓練内容について、ターレーはより詳細に説明した。そこでも、両訓練における重要事項は機甲・機械化作戦だと指摘されている[51]。また、ノーザン・ウェディングとボールド・ガード78の両演習の準備においてＲＬＴ－２が直面した課題とは、作戦構想の準備と編成、ドクトリン、訓練プログラムの準備であった。そして、この四つの事項全てにおいて機甲・機械化戦の準備が課題だった[52]。

４ＭＡＢとＲＬＴ－２は１９７８年１月から４月にかけて一連の作戦立案会議を開催する。その会議には各部隊の指揮官と幕僚が参加した。3月11日と12日には、ターレーと幕僚たちがドイツで開催されたMAPEX会議に参加すると共に現地の偵察を実施する。PDR1では、MAPEXにおいても、海兵隊部隊の課題は機甲戦への対応であったと指摘されている。

この段階（MAPEXへの参加）では、我々の計画立案において、ノーザン・ウェディング演習のシナリオは、伝統的な水陸両用であるため、それは、多かれ少なかれ「肉と芋」（馴染みのある演習）であるとみなされていた。この段階において、（RLT－2が直面していた）真の課題とは、高度に洗練され、機動力のあるNATOの装甲化そして機械化環境において、RLTが効果的に作戦を実行できる機動計画を準備することである。[53]

4月から7月にかけて実施された野戦演習の多くも機甲戦・機械化作戦の訓練であり、ボールド・ガード78演習に参加する予定の部隊が訓練に参加した。RLT－2は4月から5月にかけて大隊規模の野戦演習を実施し、5月29日から6月2日と7月1日から15日に連隊規模での野戦訓練を二回実施した。例えば、4月17日から22日に実施された第2連隊第2大隊の野戦演習の目的は歩兵と装甲化・機械化部隊をチームとして運用することと、防御と遅滞作戦に将兵が慣れることだった。[54]また5月15日から20日に実施された第2戦車大隊の野戦演習では、戦車部隊に歩兵中隊が随伴し、戦車大隊司令部は初めて装甲化・機械化部隊チームの司令部として機能した。[55]訓練場所を巡って紆余曲折を経た後に、第一回目の連隊規模の野戦演習がキャンプ・レジューンにて実施された。その目的は「装甲化と機械化シナリオにおいて連隊を訓練すること、高度に装甲化された環境においてヘリボーン部隊を展開する」[56]ことだった。さらに、二回目の野戦演習でも機甲戦・機械化作戦の技術を強化することに非常に重点が置かれていた[57]。

地上戦における機械化部隊の運用方法を確立するということは具体的にはどのような問題を含んでいたのだろうか。戦車という新技術が戦場に登場しつつあった20世紀初頭、イギリス陸軍やドイツ陸軍、ロシア陸軍の将校達は、その新兵器の使用方法について議論を交わした。そこでは、未来の戦術は歩兵を中心とし、戦車を歩兵の支援として使用すべきであるという意見と、戦車を中心とした独立した師団を創設し、それを決勝点で使用すべきであるという意見の対立があった[58]。

イギリス陸軍やドイツ陸軍将校達の試行錯誤から五十年近く経過した1970年代後半、4MABでは、主に以下の四点が機械化部隊の運用方法の確立に関する課題だった[59]。第一はTOWなど対戦車兵器の使用方法の確立と習得である。第二は敵の機甲部隊の浸透作戦に対する遅滞行動の習得である。第三は機甲戦ドクトリンの作成である。最後が機甲戦に適した指揮統制の確立と習得である。70年代後半に形成された新しい作戦構想や戦術構想とより密接に関連していたのは、後者二つの課題であると考えられる。そのため、ここでは機甲戦ドクトリンの作成と指揮統制の問題について詳細に検討したい。

4MABの将校達は演習の準備において、そもそも海兵隊が機甲戦ドクトリンを保有していないことを非常に深刻に受け止めていた。特に、NATOの同盟国陸軍の機甲部隊による作戦テンポの迅速さと、機甲戦に対応する戦術と兵站に関する認識が海兵隊将校の間で共有化されていないことを問題視していた。報告書では、演習の事前準備に関する章の中の「共通ドクトリンと用語の標準化」と題された項目において以下のように指摘されていた。

最初に解決すべき問題の一つは、共通の用語とドクトリン、信号の基本原理とそれらがどのような内容であるかということについて熟考する必要があることだった。また、作戦におけるテクニックと手続きを明確にすることも不可欠だった。外的な状況がそれらの実行を困難にした。その外的な状況とは、我々が信じがたいほどに急速に機動し、かつ専門性の高いＮＡＴＯ諸国の機甲戦と、（海兵隊は）機甲戦での防御と遅滞という全く馴染みのない戦術環境で部隊を展開することが求められているということだった[60]。

ＲＬＴ－２で実施された計画立案会議においても「最も重要な発見は、ほぼ全ての課題、特に機甲戦の戦術と兵站という分野に関して将校間の共通認識が完全に欠如していることだった」[61]と指摘された。そのため、４ＭＡＢは機甲戦ドクトリンの欠如に対して幾つかの対策を実施した。４ＭＡＢとＲＬＴ－２の幕僚達が陸軍装甲センターで四日間に渡り開催された装甲化・機械化歩兵に関する特別セミナーに派遣された。彼らはそこでＮＡＴＯ地域における近年の陸軍ドクトリンを学び、ドイツ陸軍連絡将校からドイツ陸軍に関するブリーフィングを受けた。

４ＭＡＢやＲＬＴ－２で議論され、実行された機甲戦は、どの程度機動戦だったといえるのだろうか。１９８９年にＦＭＦＭ１『ウォーファイティング』で示された機動戦構想とは、敵の機能不全を引き起こすことを重視した用兵構想である。そのために作戦テンポの高速化や任務戦術と呼ばれる分権型の指揮、敵の決定的脆弱性に我の努力を集中させる。70年代後半に、４ＭＡＢで議論されていた機甲戦は、機動戦構想とは全く異なる構想だったのか、それともある程度類似性があるのだろうか。ＰＤＲでは海兵隊が採用すべき機甲戦の戦争様式が断片的に議論され、提言されている。重要なのは、ここで提言されている機甲戦構想とボイドやワィリーの提案した機動戦構想との間に共通点が観察できることである。例えば、

PDR1によれば、装甲車を降車した歩兵が敵の強点を決定することで、装甲化／機械化部隊は敵の強点を避け、機動することが可能になる。そして、装甲化／機械化部隊は「敵の強点を避け、敵の後方連絡線と支援部隊を崩壊させるため、敵後方深くまで移動する」[62]。報告書ではボールド・ガード78演習において、そのような戦術が大変効果的であったと論じられている。具体的には、RLT-2の戦車部隊が敵の防御地点の制圧を機械化歩兵に任せ敵の後方連絡線深くに移動し続けた結果、対抗部隊の大隊指揮所が機能しなくなったケースや「強点を避け、前進し続け、敵の砲兵や指揮所、輜重隊を破壊した」[63]ケースである。

このPDRで示された戦術には、ワィリーが提唱した敵防御の強点を避け、弱点に浸透していくという面とギャップ概念や、敵を崩壊させるというボイドの構想と類似していた。確かに、RLT-2で提案されていた機甲戦は、89年に出版されたFMFM1『ウォーファイティング』で示された機動戦構想のように体系化された構想とはいえない。しかしながら、ここには機動戦の萌芽がみられる。

4MABやRLT-2では、後にFMFM1『ウォーファイティング』で採用された分権型の指揮統帥の必要についても指摘されていた。指揮統帥の方法に関しても、PDR1では分権型の指揮の有効性と必要性が指摘されているだけで、FMFM1『ウォーファイティング』のように、分権型の指揮形態が体系的に示されているわけではない。しかしながら、演習とはいえ、機甲戦を経験した現場の部隊では、機甲戦における諸兵連合の必要性という観点から分権指揮の有効性について議論していた。ボールド・ガード78演習では、対抗部隊への遅滞作戦とその後の攻撃において、RLT-2の主力は二個機械化歩兵大隊と一個戦車大隊だった。各大隊において戦車部隊と機械化歩兵部隊は異なる割合で混在していた。戦車大隊には二個戦車小隊と一個機械化歩兵小隊が、機械化歩兵大隊には二個機械化歩兵小隊と一個戦車小隊が配備されていた。PDR1では、各大隊において戦場の様相次第で戦車部隊と機械化歩兵部隊の主導権を柔軟に変化させる必要があると指摘されている。そして、大隊という一つのチームとして統一的に戦闘を実行しながらも、戦車部隊と機械化歩兵部隊の主導権を柔軟に入れ替えるためには分権型の指揮形態が必要であると報告されている。「四つのチームが、総合的な大隊の支配の下に協同[64]」しながらも、「個々のチームの分権化された機動は、高速、長距離、装甲化／機械化の機動を遂行するに当たり、非常に有効で実用的な方法[65]」である。

つまり、4MABやRLT−2で議論されていた機甲戦は、後にドクトリンに採用された機動戦構想の萌芽であったといえよう。RLT−2の将兵達、特に指揮官のターレーをはじめ各大隊の指揮官と作戦参謀将校達が、ワィリーやボイドが提唱した軍事構想をどの程度学んだことがあったのかは定かではない。加えて、上述してきたようにPDRで展開された議論は体系だった機動戦構想とはいえない。ただし、PDRでは、海兵隊が後に採用した機動戦の戦争様式が断片的とはいえ議論され、提言されている。彼らが意識的もしくは無意識的であったにしろ、演習に参加した現場の部隊が導き出してきた教訓は、ワィリーやボイドが提示した軍事構想と共通点があり、かつ親和性があったのである。1970年代後半、グレイが指揮する4MABでは、機動戦構想が徐々に浸透し始めていた。

3　変化する演習、不変のドクトリン

(1) 海兵隊空地戦闘センターの創設

第1節では1970年代前半に海兵隊が置かれていた戦略環境を整理した。そして、外部から海兵隊の

存在意義に疑問が呈されていた中で、ウィルソンが「作戦的即応性」構想で海兵隊の任務を再定義し、機甲戦と水陸両用作戦をシンテーゼしたと論じた。第2節では70年代半ばに4MABが参加したNATO北側面の演習に機動戦の萌芽が観察できることを指摘した。本節では70年代後半から80年代前半にかけて、海兵隊において全軍的に実施された諸兵連合の演習と機動戦構想との関連を考察する。機動戦構想の萌芽は、グレイが指揮した4MABのような一部の部隊の演習にのみ観察できるのか、それとも全軍的に実施された演習でも観察できるのだろうか。

1975年に総司令官に就任したウィルソンは、諸兵連合部隊を世界中に迅速に展開することが海兵隊の任務であると定義した。諸兵連合部隊の演習を実施する場として選ばれたのがカリフォルニア州トウェンティナイン・パームズの海兵隊基地である。海兵隊は50年代の初頭にカリフォルニア州南部のトウェンティナイン・パームズに基地を建設し、主に砲兵部隊の基地として使用してきた。サンバーナディーノ山脈近くに位置するトウェンティナイン・パームズ基地は広大な砂漠の基地である。70年代半ばになると、トウェンティナイン・パームズ基地に新たに飛行場や戦車駐機場、維持施設が建設された[66]。これらの設備の建設と併せて、海兵隊はこの時期、海兵隊空地戦闘訓練と称される新たな訓練プログラムを作成した。そして、78年10月1日、トウェンティナイン・パームズの海兵隊基地は、海兵隊空地戦闘センター（Marine Corps Air Ground Combat Center［MCAGCC］）へと改編された。70年代後半から80年代の前半、MCAGCCでは諸兵連合部隊の演習（Combined arms exercise［CAX］）が毎年約十回実施された[67]。各演習には艦隊海兵軍の大隊や旅団規模の歩兵部隊が参加し、航空部隊や砲兵、LVT、戦車の支援を受けていた。79年にウィルソンからバーローに総司令官の職が引き継がれた後もトウェンティナイン・パームズでのCAXは継続された。

（2）諸兵連合演習——古いパラダイムで新規の演習を行う伝統主義者たち

MCAGCCで実施されたCAXにおいて、海兵隊はどのような課題に直面したのだろうか。ウィルソンとバーローが総司令官を務めた1975年7月から83年6月の間に空地戦闘センターにおいて実施された諸演習の全貌を描き出すことは難しい。そこでここでは、主に、MCAGCCに設置された戦術演習コントロールセンター（The Tactical Exercise Control Center［TECC］）の指揮年表に着目して、MCAGCCの演習で直面していた課題を考察してみたい。78年に『海兵隊ガゼット』誌に掲載された論文によれば、TECCの任務は「シュミレートされた戦闘状況において、革新的なアイデアを試すための環境を作り出す」(68)ことである。TECCはMCAGCCで演習を実施する艦隊海兵軍の部隊に火力調整と訓練計画の立案に関する評価と高度な専門的知識を付与する。そのため、演習を実施するBLTや海兵水陸両用隊（Marine Amphibious Unit［MAU］）、MAB部隊に、TECCが演習支援部隊を編成した。

TECCの役割は端的に言うと、演習について部隊に助言し、部隊の行動を分析することといえる。TECCの将校達は演習開始前に演習に参加する部隊を訪問し、演習に関する指示文書の草案の作成等を支援した。加えて部隊や審判に対して審判に関する講義や脅威に関するオリエンテーションを実施した。演習における部隊の行動に関する分析もTECCの任務として付与されていた。TECCは演習全体に関する要約を準備し、演習が終了すると報告書を発行し、艦隊海兵隊の主要な司令部と海兵隊開発・教育司令部（Marine Corps Development Education Command［MCDEC］）の連絡将校達に配布した。(69)79年1月、NATO北側面の演習で4MABの地上部隊の指揮官を務めたターレーが、TECCの戦術演習調整者に就任した。

MCAGCCにて実施された諸演習は海兵隊の歴史に新たな一頁を刻むものとなった。それは空地部隊が協同した諸兵連合演習だった。また従来、主に上陸作戦において用いてきたＬＶＴを地上戦闘で使用するという意味でも画期的な演習だった。さらにＭＡＵ規模の火力演習という点でも大きな変化だった。ただし、ウィルソン時代に実施されたＭＣＡＧＣＣでの演習は主に、従来の海兵隊の戦い方である火力支援の調整が主体だったといえよう。ＴＥＣＣの指揮年表からは、ウィルソン時代に実施された演習における主たる課題は火力調整であったことがうかがい知れる。

１９７８年７月31日から８月２日にかけてＭＡＵ規模のＣＡＸが実施された。水陸両用大隊と戦車大隊、歩兵部隊等から編成されたＢＬＴや航空部隊が演習に参加した。演習では水陸両用強襲車（Amphibious Assault Vehicle［AAV］）に乗車した歩兵部隊が戦車に随伴し、敵の防御地域ではＡＡＶから下車し、地域の確保と戦車とＡＡＶの防御を実施した。ＢＬＴには砲兵、ＯＶ-10ブロンコ観測機とＡＨ-１コブラ攻撃ヘリコプターによる航空支援による火力支援が提供されていた。ＴＥＣＣが発行した演習後報告書は、第一章「インテリジェンス」と第二章「支援火器の調整」、第三章「歩兵作戦」、第四章「航空作戦」、第五章「機甲戦」、第六章「通信」、第七章「電子戦」、第八章「兵站」から構成されている。報告書の第二章「支援火器の調整」と第四章「航空作戦」では主に火力支援について考察されている。

第三章「歩兵作戦」では、航空、自動車化偵察が十分に活用されていないこと、斥候部隊の火力支援計画の欠如、榴弾砲隊が装甲部隊と機械化部隊に火力支援を実施する際の課題等が指摘されている。機械化歩兵と戦車に関しては基本的な協同方法が論じられているにすぎない。例えば、ＡＡＶが歩兵の防御地帯にて戦車に追随する場合には、歩兵はＡＡＶから下車し、地域を確保し、かつＡＡＶと戦車を防護することである。戦車が敵のＢＭＰを撃破する際にはＡＡＶがＢＭＰの歩兵分隊や対戦車兵器を撃破することが示されている。また、戦車と機械化歩兵を一体的に運用する際の指揮の在り方が課題となっていることが指摘されている。ここでは、戦車と機械化歩兵の機動力の向上という課題については論じられていない。

第五章「機甲戦」でも火力調整と機甲部隊と機械化部隊の基本的な運用方法における課題が論じられている。手信号の有効性、諸兵種の火力が統合された計画の必要性、地上作戦でのＡＡＶの役割を説明したマニュアルが欠如していること、歩兵部隊とＡＡＶ部隊の情報共有の欠如などの課題が言及されている。[70] 注目すべき点は、ここでも機甲部隊や機械化部隊の特徴である大規模な機動力や速度によって生じる課題に関する分析はほとんど言及されていないことである。

ＴＥＣＣの戦術演習調整者だったターレーもＭＣＡＧＣＣにて初期に実施された演習の重点は火力調整だったと指摘する。ターレーは演習の特徴と目的について次のように回想する。

初期のＣＡＸは全支援火器の適切な使用に焦点を当てていた。航空機は地上部隊と兵站部隊を直接支援した。四日間から五日間に渡る野外演習には砲兵と工兵、偵察部隊も参加した。訓練の目的は航空、砲兵、戦車、艦砲射撃、歩兵部隊の車両と兵器の使用方法を教授することだった。[71]

ＭＣＡＧＣＣにて実施される演習が火力支援の調整に留まっていることはＴＥＣＣ以外の場所でも指摘されていた。『海兵隊ガゼット』誌の１９８１年４月号に掲載された論文では、76年直後に実施された演習の特徴は「火力支援調整が最も重視され、機動は支援火器の調整を侵害しない限りにおいて可能であれば組み込む」と表現された。[72] トーマス・Ｔ・グリデン（Thomas T. Glіden）も『海兵隊ガゼット』誌の同年10月号に発表した論文において、海兵隊はＭＣＡＧＣＣにてＣＡＸを実施しているが、機械化部隊の戦いというよりも支援火器の調整に集中してきたと述べている。[73] ウィルソン時代にMCAGCCで実施されたCAXは、主にTECCの指揮年表から読み解く限りでは、火力を重視するアメリカの戦争方法と称される戦い方が強く反映された演習であったといえる。

他方、1980年代前半になると、MCAGCCで実施された演習の主たる課題は、火力支援の調整から機動と火力の統制へと変化する。82年6月3日から7月13日にかけてMCAGCCで実施された演習の事後報告書には、78年の報告書では扱われていなかった「地上機動」の章が登場する。本報告書は第一章「航空作戦」、第二章「地上機動」、第三章「支援火器」、第四章「電子戦」、第五章「通信」から構成された。[74] 第二章「地上機動」の章では、戦闘力を使用する際にはスピードと柔軟性が最も重要であると言及されている。[75] 前述したターレーもトウェンティナイン・パームズでのCAXの焦点は火力支援の調整から機動へと変化したと指摘する。[76] ターレーは部隊の機動力が向上したことでスピードにいかに対処するかが課題になったと回想する。

機動戦演習を開始した当初は困難に直面した。その理由は自動車化した部隊が瞬時に数百ヤード移動するからである。戦場のスピードは増加し、安全性のリスクも増した。部隊が時速十マイルで移動すると四分で千ヤード前進できる。従って、火力支援の任務を与えられた航空機や砲兵等の支援火器は、幾つかの理由により火力支援のタイミングが遅れた。彼らは千ヤードの距離にある安全地帯に打ち込むこともあった。当初、我々は何度も危機一髪という事態に陥った。しかし、伝統的な攻撃隊形を高速で移動しながらの襲撃に変化させることはリスクが伴った。[77]

1982年8月21日から9月3日にかけて、MCAGCCでMABレベルの演習が実施された。機動と支援火器の統合という課題に部隊は直面した。事後報告書には「大隊は機動と支援火器の統合という要求を理解していたが、その実行が困難だった。大隊は火力支援がない状態で機動し、機動しない状態で火力支援を使用した」[78]と記されている。約一年後の83年7月9日から23日にかけてMCAGCCで実施されたCAXでも、主たる課題は火力と機動の調整だった。地上機動と支援火器、航空作戦、後方支援の各章から構成される報告書は、第一章の地上機動に最も多くのページを割いている。演習では、火力支援を欠いていたため戦車やLVTが敵に撃破されたこと。また戦車部隊に火力支援を要請したにもかかわらず火力支援が得られない状況で、機械化歩兵部隊は攻撃を開始し、敵に撃破された。報告書では、火力と機動の調整に失敗した原因は「中隊長や小隊長の多くが機動計画を支援するために、利用可能な全ての火力を調整し、集中させることができなかった」[79]ことにあると分析された。約一か月後にペンデルトンの第1海兵師団隷下の部隊が参加したCAXでも火力と機動の統制が取り組むべき主要な課題として浮き彫りになった。火力支援調整センターが近接航空支援要求の予想ができなかったため、指揮官達は機動計画を支援するために近接航空支援を利用しなかった。[80]これらの演習の事後報告書とターレーの回想からは、80年代前半のMCAGCCにおける演習では（1）地上部隊の機動力を向上させたこと、（2）それにより部隊の移動スピードが上昇し、火力支援の方法を模索していることが窺える。

ただし、ここで注目すべきは、この時期のMCAGCCでの演習で使用されていた「機動」とは、後に海兵隊のFMFM1『ウォーファイティング』ドクトリンで採用されることになる機動戦構想とは意味が異なることである。重要なので繰り返すが、海兵隊のFMFM1『ウォーファイティング』ドクトリンにおいて描写されている機動戦は、空間のみならず、心理的、技術的そして時間における我の利点を活用する戦争（Warfare）様式である。機動戦では作戦テンポを高速化し敵を麻痺させる。そのために、分権型の指揮形態である任務戦術が用いられる。各レベルの指揮官は上級指揮官から示された意図を達成するために、面とギャップ、努力の焦点などの概念を用いながら、自ら判断して部隊を指揮する。[81] 他方、『機甲戦の理論と歴史』の著者である葛原は、クラウゼヴィッツによる「機動」の説明を引用しながら、「機動」とは「我れが敵に対して有利な位置・態勢を占めるための運動」[82] であると定義する。１９８０年代前半のＭＣＡＧＣＣでの演習では後者の葛原の定義の意味で機動演習が実施されていた。

１９８０年２月に開催された機甲シンポジウムは、80年代前半にかけて海兵隊の中で伝統的な機動の理解と新しい機動戦の理解が混在していたことがよく反映されている。本シンポジウムは２月11日から15日にヴァージニア州クワンティコにあるMCDECにて開催された。シンポジウムでは、発表者達から演習に機動を導入するべきであるという声が上がった。当時、海兵隊員達の間では戦車とＬＶＴを諸兵連合の文脈で使いこなせていないという認識があったという。シンポジウムで講演したＭＣＡＧＣＣの担当者は、

① 各兵器の能力を最大化するために全アセットを統合すること
② 支援火器のための調整を統合すること
③ 機動という戦闘力を最大化するために機械化構想を活用することを主張した。[83]

では、機動を最大化するための機械化構想とは何か。機甲シンポジウムでは指揮参謀大学の学生の発表においてその機械化構想が示されたのである。彼らの提案とは次の通りである。

① 最大の結果を得るために攻撃志向になるべき
② 時間と空間において迅速に集中かつ分散できるようにすべき
③ 部隊の主要目標は敵の戦闘の結合の破壊であるべき

④　敵が我の戦闘の結合を破壊するのを妨害するために、任務型命令（mission-type orders）を採用すること

⑤　指揮官と部隊に機動力があること

⑥　定型化された作戦は避け、敵を常に我の兵器と脅威の下にさらすべきだということ[84]

ここで注目すべきは、指揮参謀大学の学生達が１９８０年の段階で、後に海兵隊ドクトリンに採用されることになる機動戦構想の内容を既に論じていたのに対して、ＭＣＡＧＣＣの代表者は「機動」を空間における部隊の移動という伝統的な意味で用いていることである。指揮参謀大学の学生達はＦＭＦＭ１『ウォーファイティング』ドクトリンで示された程には洗練されていないが、後に採用される機動戦構想の意味に近い構想で既に思考していたのである。一方、ＭＣＡＧＣＣは「機動」を伝統的な意味で使用していた。ダミアンによれば、70年代後半から80年代前半に、機動戦構想はＡＷＳの教育において既に使用されていた[85]。古い教育を受けた伝統派と新しい教育を受けた革新派の違いをここでも確認できる。

１９７０年代後半から80年代前半にかけてＭＣＡＧＣＣで実施されたＣＡＸでは、将校達が機動戦構想の導入を積極的に推進したとは必ずしもいえない。演習支援部隊の指揮年表からは、70年代後半の演習は主に火力の調整であったことが読み取ることができる。80年代前半になると、確かに、機動と火力の統制へと演習は変化する。しかしながら、ＭＣＡＧＣＣにて使用されていた「機動」とは、従来通りの「運動」を意味していた。他方、後に採用された機動戦構想とは、作戦テンポの高速化、分権型の指揮、敵の弱点に浸透することで、敵が崩壊されることを意味していた。つまり、戦略環境の変化を認識した指揮官達は、新たな任務を立ち上げ、そのための演習も全軍的に実施した。しかしながら、そのことは必ずしも機動戦構想の採用を推進しなかった。

1970年代後半のヨーロッパを重視するという戦略環境の変化は、確かに、海兵隊の任務を変化させた。アメリカの国防政策がヨーロッパ重視へとシフトすると、ウィルソンは海兵隊の任務を「作戦的即応性」——諸兵連合部隊を迅速に派遣すること——と再定義した。海兵隊はNATO北側面での演習に旅団規模で参加するようになった。加えて、トウェンティナイン・パームズの基地に、海兵隊空地戦闘センターを立ち上げ、CAXを実施する。グレイが指揮した4MABでは、機動戦の原型ともいえる機甲戦構想を試した。『海兵隊ガゼット』誌や海兵隊の教育機関でも、若手将校達も敵の機能を崩壊させる戦争様式である機動戦構想を議論した。他方、全軍的に実施されたCAXでは、部隊は古い構想で新しい演習を実施した。70年代から80年代半ばにかけてのCAXでは、当初は火力の調整、後に火力と機動の調整が主たる課題だった。

戦略環境の変化に応じて登場した新しい性質の演習では、グレイが指揮した部隊に代表されるような一部の部隊では機動戦構想が試された。他方で、全軍的な演習は古い構想で実施された。このことは何を意味しているのだろうか。それは、機動戦構想の採用には、戦略環境の変化よりもグレイのリーダーシップが大きな役割を果たしたということである。海兵隊では、新しい用兵の構想を開発するには将校達の知性と努力が必要だった。そして、開発された用兵の構想を採用するには、グレイが果たしたような強いリーダーシップが必要だったのである。戦略環境が変化したからといって、必ずしも用兵の構想が自動的に変革されるわけではない。任務が革新する一方で、用兵の構想の開発や採用は停滞していることもある。戦略環境の変化に応じて一新した任務を古い用兵の構想で実施することもあるのだ。海兵隊では、戦術と作戦術への情念や知性を備えた将校達の努力があって、ようやく用兵の構想が変革したのである。

当該期に創設された諸兵連合部隊と後に採用された機動戦構想が結びつくことで、2003年の海兵隊の〝電撃戦〟は可能になった。ただし、海兵隊において、１９７０年代後半から80年代前半には、グレイが指揮した４ＭＡＢのような、一部の部隊を除いて、無形要素である機動戦構想と有形要素である諸兵連合部隊は主に別々に発展した。それらが結合されたのは、87年にグレイが海兵隊総司令官に就任した後のことである。

註　記

（1）Terriff, "Innovate Or Die."

（2）Rosen, *Winning the Next War.*

（3）Damian, "The Road to FMFM 1."

（4）Ibid., p. 57, 58, 60, 64.

（5）福田毅『アメリカの国防政策――冷戦後の再編と戦略文化』（昭和堂、2011年）、p. 62, 63。

（6）ジョージ・C・ヘリング（秋谷昌平訳）『アメリカの最も長い戦争』下（講談社、１９８５年）、pp. 137-146。

（7）海兵隊が歴史上存在を疑問視されながら多様な任務を遂行することで組織を維持してきたことに関しては、野中『アメリカ海兵隊』pp. 3-28を参照。

（8）Millett, *Semper Fidelis*, p. 608.

（9）Martin Binkin and Jeffrey Record, *Where Does the Marine Corps Go From Here?*（Washington, D.C., The Brookings Institution 1976）, pp. 66-88、報告書ではアメリカの世論と政府は発展途上国への軍事介入を拒否することが指摘された。また、北東アジアで水陸両用戦が生起する可能性が言及されるが、それは「限定された水陸両用戦が有効かもしれない」と指摘されているに留まる、p. 37。

（10）Who's Who in Marine Corps History, United States Marine Corps History Division, http://www.mcu.usmc.mil/historydivision/Pages/Whos_Who.aspx#VWX0, Accessed July 20th 2016.

（11）From Chief of Staff to Major General Haynes, 16 July 1975, "Manpower and Force Structure Studies," USMC Headquarters,

RG127, National Archives at College Park, Maryland.

(12) Headquarters United States Marine Corps, 29 March 1976, "Mission and Force Structure Study I," 29 March 1976, USMC Headquarters, RG 127, National Archives at College Park, Maryland, p. IV.

(13) Terriff, "Innovate or die," p. 487.

(14) Gen Anthony C. Zinni, "Interview with Anthony C. Zinni Session IV," Interview by Dr. Fred Allison, United States Marine Corps History Division, March 27, 2007.

(15) Headquarters Marine Corps, 29 March 1976, "Mission and Force Structure Study Vol. II," USMC Headquarters, RG 127, National Archives at College Park, Maryland.

(16) Gen Anthony C. Zinni, "Interview with Anthony C. Zinni Session V," Interview by Dr. Fred Allison, United States Marine Corps History Division, April 2007.

(17) Richard D. Sr. Taber, "One reason why the Marines should be in NATO," *Marine Corps Gazette,* Vol. 61 Issue 12 (December 1977), pp. 34-37.

(18) Appendix 3 to Annex C Conflict Setting No. 3 USMC Commitment in Jutland, Denmark in "Mission and Force Structure Study Volume II", Appendix 4 to Annex C Conflict Setting No. 4 USMC Commitment in Jutland, Denmark in "Mission and Force Structure Study Volume II".

(19) Louis H Wilson, "CMC reports to Congress: 'We are ready. Sprit is high.,'" *Marine Corps Gazette,* Vol. 61, Issue 4 (April 1977), pp. 18-30, p. 19.

(20) *Expeditionary Force 21,* Department of Navy, Headquaters United States of Marine Corps, 2014.

(21) Laurence Martin, *NATO and the Defense of the West: An Analysis of America's First Line of Defense* (Holt, Rinehart, and Winston, 1985).

(22) "Bonded Item," in "Exercises: Bonded Item 1976" Folder, Historical Reference Branch, Marine Corps History Division, Quantico, VA.

(23) Ibid.

（24）"Post Deployment Report for Exercise Northern Wedding/Bold Guard 78, Volumes I and II,"Vol. I, pp. 1-1-1-33 in "Exercises Northern Wedding/Bold Guard: Post Deployment Report, Vol. I 2d Marines, 2d MARDIV Nov 1978" Folder, Exercises Northern Wedding/ Bold Guard 1978 Box 156, Archive Branch, Marine Corps History Division, Quantico, VA.

（25）Ibid, pp. 1-7, 3-4, 7-18-7-22.

（26）"Interview with Anthony C. Zinni Session V".

（27）Ibid.

（28）"Post Deployment Report for Exercise Northern Wedding/Bold Guard 78, Volumes I and II," Vol. I, pp. 3-1.

（29）Ibid., p. 1-24, 1-25, 7-9.

（30）General Louis H. Wilson, "Oral History Transcript General Louis H. Wilson, Jr., U.S. Marine Corps（Retired）" Section V., interviewed by Brigadier General Edwin H. Simons, USMC（Retired）, 19 June 1979, Sean Leach, "'Can-do' won't do in Norway," Marine Corps Gazette, Vol. 62, Issue 9（Sep 1987）.

（31）葛原和三著、戦略研究学会（編）、川村康之（監修）『機甲戦の理論と歴史』（芙蓉書房出版、2009年）, p. 29。

（32）同上., p. 29.

（33）Anonymous, "Germany Bonded Item III," *Marine Corps Gazette*, Vol. 62, Issue7（July 1978）, pp. 34-49.

（34）Gen Anthony C. Zinni, "Interview with Anthony C. Zinni Session V," Interview by Dr. Fred Allison, United States Marine Corps History Division, April, 2007.

（35）主に上陸作戦時の兵員輸送として使用されたＬＡＶは、上陸後の地上戦では後方から掩護射撃を行うにすぎなかったという。また、水際での戦闘が激しかったタラワの戦いにおいて、海兵隊の上陸グループは十数両のＭ４Ａ２シャーマン戦車を投入したが、無事上陸したのは三両にすぎなかった。スティーヴン・ザロガ（武田秀夫訳）『アムトラック米軍水陸両用強襲車両』（大日本絵画、２００２年）。数少ない上陸に成功した戦車は、火炎放射器でトーチカを焼き払う歩兵の火力支援に用いられた。Jeter A. Isely, and Philip A. Crowl, *The U.S. Marines and Amphibious War: its Theory, and its Practice in the Pacific*（Virginia: The Marine Corps Association, 1979）。続く硫黄島の戦いでは、戦車の履帯を改良した海兵隊は、タラワよりはるかに多い数の戦車の揚陸に成功した。ザロガ『アムトラック米軍水陸両用強襲車両』、p. 22, 23。ただし、ここでも、戦車と砲兵の火力支援と艦砲射撃の支援を受けながら、海兵隊の歩兵と工兵は、手榴弾や小火器、爆破材そして火炎放射器などで日本軍の防御地点を一つ一つ焼き払っていった。Millet, op. cit., p. 430、R・F・ニューカム（田中至訳）『硫黄島太平洋戦争死闘記』（光人社、１９９６年）。

（36）ジョン・トーランドの描写によれば、仁川上陸後の地上戦において、ソ連製の戦車や自走砲を使用する敵部隊に対して、海兵隊は主に迫撃砲や重機関銃による火力で敵を撃破した。また、長津湖方面で中共軍に包囲された第1海兵師団の部隊は、上空からの火力支援、砲兵そして数少ない戦車による火力支援を受けながら徒歩またはトラックで撤退した。ジョン・トーランド（千草正隆訳）『勝利なき戦い―朝鮮戦争１９５０―１９５３』上（光人社、１９９７年）、pp. 236-284、ジョン・トーランド（千草正隆訳）『勝利なき戦い朝鮮戦争１９５０―１９５３』下（光人社、１９９７年）、pp. 13-73。

（37）１９６７年2月に開始されたプレイリーⅡ作戦では、第3海兵連隊は非武装地帯に面しているクアンチ省で、北ベトナム軍の掃討作戦を実施した分隊から中隊規模でパトロールを実施した。海兵隊の部隊は、敵と遭遇すると、各基地の砲兵や近接航空支援を要請しながら小規模戦闘を戦った。西村「１９６７年前半におけるベトナム地上戦の一考察」。１９６７年と78年には、北ベトナム軍が激しい戦闘を繰り広げながら海兵隊ケサン基地を包囲した。海兵隊は、小部隊のパトロールと襲撃で敵を撃破し、高地やケサン基地に塹壕を築き、砲兵や爆撃機の火力攻撃を仕掛けてくる北ベトナム軍を撃破した。*The Marines in Vietnam 1954-1973: An Anthology and Annotated Bibliography* (Washington, D.C., History and Museum Division Headquarter, U.S. Marine Corps, 1974), pp. 72-75, 90-120、アーネスト・スペンサー（山崎重武訳）『ベトナム海兵戦記―アメリカ海兵隊の戦闘記録』（大日本絵画、１９９０年）、Major Gary L. Telfer, USMC and Lieutenant Colonel Lane Rogers, USMC and V. Keith Fleming, Jr., *U.S. Marines in Vietnam: Fighting the North Vietnamese 1967* (Washington, D.C.: History and Museum Division Headquarter, U.S. Marine Corps, 1984), pp. 31-47。

（38）Corum, *The Roots of Blitzkrieg*, Citino, *The Path to Blitzkrieg*.

（39）カール＝ハインツ・フリーザー（大木毅、安藤公一訳）『電撃戦という幻』上（中央公論新社、２０１２年）。

（40）アブラハム・アダン（滝川義人、神谷壽浩訳）『砂漠の戦車戦―第４次中東戦争』上（原書房、１９８７年）。

（41）Saul Bronfeld, "Fighting Outnumbered: The Impact of the Yom Kippur War on the US Army," *The Journal of Military History*,

71 (April 2007), pp. 465-498.

(42) "Post Deployment Report for Exercise Northern Wedding/Bold Guard 78, Volumes I and II," Vol. I.

(43) "Post Deployment Report for Exercise Northern Wedding/Bold Guard 78, Volumes I and II," Vol. II in Exercise Northern Wedding/Bold Guard: Post Deployment Report, Vol II 2d Marines, 2d Marine Division Nov 1978 Folder, Exercises Northern Wedding/ Bold Guard 1978 Box 156, Archive Branch, Marine Corps History Division, Quantico, VA.

(44) "Post Deployment Report for Exercise Northern Wedding/Bold Guard 78, Volumes I and II," Vol. I.

(45) Ibid., p. 3-6.

(46) Ibid., p. 7-30.

(47) Anonymous, "Germany Bonded Item III."

(48) Gerald H.Turley, *The Journey of a Warrior: The Twenty-Ninth Commandant of the US Marine Corps (1987-1991): General Alfred Mason Gray* (Indiana: iUniverse, 2012), p. 110, 111.

(49) "Post Deployment Report for Exercise Northern Wedding/Bold Guard 78, Volumes I and II," Vol. II, p. 1-14.

(50) Ibid., pp. 1-1-1-4.

(51) Ibid., p. 1-12.

(52) "Post Deployment Report for Exercise Northern Wedding/Bold Guard 78, Volumes I and II," Volume I, pp. 3-1-3-16.

(53) Ibid., p. 3-2, 3-3.

(54) Ibid., p. 3-26.

(55) Ibid., p. 3-26.

(56) Ibid., p. 3-9.

(57) Ibid., p. 3-10.

(58) Holmes, ed., *The Oxford Companion to Military History*, p. 78.

(59) ＰＤＲ１では、地上戦において歩兵を機械化するためには、従来上陸作戦で用いられてきたＬＶＴＰを地上戦での装甲兵員輸送車として使用する必要があったが、これは、技術的に改良すべき点はあるが、十分に使用可能であると論じられている、"Post Deployment Report for Exercise Northern wedding/Bold Guard 78, Volumes Iand Ⅱ," Vol.1, p. 7-38。

（60） Ibid., p. 3-6.

（61） Ibid., p. 3-6, 3-7.

（62） Ibid., p. 7-40, 7-41.

（63） Ibid., p. 7-40, 7-41.

（64） Ibid., p. 7-39.

（65） Ibid., p. 7-39.

（66） Verle E. Ludwig, *U.S. Marines at Twentynine Palms, California*（Washington D.C., History and Museum Division Headquarters, U.S. Marine Corps, 1989）.

（67） Anonymous, "Air-Ground Combat Center," *Marine Corps Gazette,* Vol.64, Issue12（Dec. 1980）, pp. 25-27, p. 25.

（68） Stanton, J.E., "Realistic combat training for the FMF," *Marine Corps Gazette,* Vol. 45, Issue 6（April 1978）, pp. 33-35, p. 33.

（69） Ibid.

（70） "Palm Tree Exercise 8-78, Post Exercise Report," Jan 11 1979, in "Command Chronology MCAGCC 1 July 1978 to 15 February 1979," Folder, MCAGCC 1979-1980 Box, Archive Branch, Marine Corps History Division, Quantico, VA.

（71） 著者によるジェラルド・H・ターレーへのメールでのインタビュー。

（72） Anoymous, "Training at Twentynine Palms," *Marine Corps Gazette,* Vol. 65, Issue 4（April 1981）, p. 26, 27.

（73） Thomas T. Glidden, "Establishing a permanent mechanized MAB," *Marine Corps Gazette,* Vol. 67, Issue7（July 1980）, pp. 43-47.

（74） "Post Exercise Report on Combined Arms Exercise 7-82（3/8）and 8-82（2/4）,（Report Control Symbol MC-3500. 11B）," October 1 1982, in "Command Chronology MCAGCC（3of3）Jan-Dec 1982" Folder, 29 Palms MCAGCC Box, Archive Branch, Marine Corps History Division, Quantico, VA.

（75） Ibid., p. 3.

（76） 著者によるジェラルド・H・ターレーへのメールでのインタビュー。

（77） 著者によるジェラルド・H・ターレーへのメールでのインタビュー。

（78） "Post Exercise Report on Combined Arms Exercise 10-82 (Report Control Symbol MCO 3500.11B)," Dec 7 1982, in "Command Chronology, MCAGCC (3of3), Jan-Dec 1982 Folder," 29 Palms MCAGCC 1981-1983 Box, Archive Branch, Marine Corps History Division, Quantico, VA.

（79） "Post Exercise Report on Combines Arms Exercise 8-83 (Report Control Symbol MCO 3500. 11B)," August 12 1983, "Command Chronology MCAGCC (1of3) July-Dec 1983," Folder, MCAGCC 1983-84 Box, Archive Branch, Marine Corps History Division, Quantico, VA, pp. 7.

（80） "Post Exercise Report on Combines Arms Exercise 9 & 10-83 (Report Control Symbol MCO 3500. 11B), October 18 1983, "Command Chronology MCAGCC (1of3) July- Dec 1983" Folder, MCAGCC 1983-84 Box, Archive Branch, Marine Corps History Division, Quantico, VA.

（81） "FMFM 1 Warfighting."

（82） 葛原和三『機甲戦の理論と歴史』、p. 21。

（83） Dixon B. Garner, "Armor Symposium 1980-an overview," *Marine Corps Gazette,* Vol. 64, Issue 7 (July 1980), pp. 26-31, p. 30.

（84） Ibid., p. 30, 31.

（85） Damian, "The Road to FMFM1," pp. 27-41, 73-94.

ヴァージニア州の海兵隊クワンティコ基地にある
兵隊大学。海兵隊大学は1989年にグレイによって
設された。

海兵隊大学食堂（左側）もあり、ローストビーフ
バーガーやサラダが提供されている。

アルフレッド・M・グレイ・海兵隊リサーチ・
ンター。軍事史の図書をはじめ、軍事・学術
ーナルや各種辞書、会議室等を備えた図書館
る。実戦・演習・教育・ドクトリン・編制・
に関する研究書が多数所蔵されている。

アルフレッド・M・グレイ・海兵隊リサーチ・センタ
一角にあるグレイの展示スペース。迷彩服はグレイが
士」であり続けようとしたこと、図書はグレイが知性
視していたことを表している。将校達に読書をするこ
求めたグレイは、海兵隊プロフェッショナル読書プロ
ムを始めた。

歴代の海兵隊総司令官の肖像画。グレイは海兵隊総司令官として初めて迷彩服で肖像画を描かせた。

イが企画した古戦場ツアーに参加する准将に選抜された海兵隊員達。メリーランド州にある南北戦争ンティータムの戦いの古戦場にて。グレイは彼らに、事前にアンティータムの戦いについて本を読み、場で北軍と南軍に分かれてロールプレイをすることを求めた。グレイは戦史を通して、軍事的判断力につけることを海兵隊の将校全員に要求した。将軍ももちろんその例外ではなかった。

第Ⅲ部　「頭脳力」の改革――機動戦構想の制度化

知的組織の要、星条旗が翻る海兵隊大学。

第5章　頭脳の誕生

１９７０年代半ばから後半にかけて、海兵隊では、ウィリーをはじめとする一部の将校達が、自らの戦場での経験と軍事史研究や理論研究から機動戦構想と称されるようになる新たな軍事構想を形成した。海兵隊にとって70年代後半は、欧州での機甲戦という従来とは異なる性質を持つ任務を創出した時代でもあった。かつてない任務において課題に直面し、新たなドクトリンを必要としていた海兵隊部隊に、機動戦構想は彼らが必要としていた構想を提供したのである。ヨーロッパでの機械化部隊の演習に４ＭＡＢの指揮官として参加したグレイは、81年、ノースカロライナ州のキャンプ・レジューンで第２海兵師団長に就任する。大尉達から、師団の訓練で機動戦構想を使用することを訴えられたグレイは、第２海兵師団の訓練に機動戦構想を採用した。

ただし、１９７０年代後半から80年代半ばにかけて、機動戦構想は一部のドクトリンや教育そして訓練で用いられていたにすぎなかった。必ずしも海兵隊全体の教育や訓練に普及し、組織的に使用されていたとはいえない。機動戦構想が海兵隊に全面的に導入されたのは、87年にグレイが総司令官に就任した後のことである。89年にＦＭＦＭ１『ウォーファイティング』、90年にＦＭＦＭ１-１『戦役遂行』、91年にＦＭＦＭ１-３『戦術』という一連のドクトリンが総司令部から発行された。これら一連のドクトリンにおいて海兵隊の主たる戦争様式として機動戦構想が正式に採用された。

機動戦構想の海兵隊への採用過程について考察したダミアンの研究は、若手将校達の議論と第２海兵師団への採用過程を明らかにした貴重な研究である[1]。しかしながら、機動戦構想をドクトリンとして採用したグレイが、どのように新しい構想を制度化しようとしたのかということは明らかになっていない。軍隊における軍事構想の価値とは新たな構想が形成され、ドクトリンとして採用されることだけではない。それが組織において制度化され、軍事作戦での立案や部隊指揮に貢献することである。それにもかかわらず、先行研究において、機動戦構想の制度化は見落とされてきた。

本章と続く第5章では、海兵隊の変革という幅広い文脈において機動戦構想の制度化について考察する。グレイはどのように機動戦構想の制度化を試みたのだろうか。グレイの下で主に教育改革を実行したライパーによれば、総司令官に就任したグレイは海兵隊のドクトリンと編制、訓練、教育、装備、リーダーシップの複合的な改革に取り組んだ[2]。本章ではグレイの特色ともいえる「頭脳力」の改革に着目してグレイの機動戦構想の採用と制度化について考察したい。四年間の総司令官の任期中にグレイが議会に提出した海兵隊に関する四部の年次報告書のうち、初年度の年次報告書において、彼は未来の海兵隊の戦い方を諸兵連合部隊による機動戦と定義した。そして海兵隊の強みとは装備ではなく、戦術と作戦術であると主張した。現在の海兵隊はグレイが要求する戦術と作戦術のレベルを満たしていないため、訓練と「頭脳力」を改良すると彼は宣言した[3]。年次報告書でのグレイの言葉を借りれば、実際に彼はヴァージニア州にあるクワンティコ海兵隊基地の組織改革に就任直後から着手した。初めに、前任者達に重視されてこなかったMCDECの改革に乗り出し、1987年にMCCDC、翌年に海兵隊調査・開発・取得司令部（Marine Corps Research, Development and Acquisition Command［MCRDAC］）を新設した。

本章では、MCDECの改革におけるグレイの具体的な企図と組織構造の変容を考察することで、機動戦構想が制度化された過程を明らかにする。MCCDCとMCRDACに関する考察に入る前に、第

1節でグレイの軍歴と信条、そしてこの時期に海兵隊が抱えていた問題を整理する。それらを示すことで彼が総司令官に就任した背景が明らかになる。続く第2節でMCCDCとMCRDACの設立におけるグレイの企図を解明する。

1 ウォーファイティングの組織をつくる

(1) グレイ、下士官から総司令官に就任――「戦士を求む」

1987年、第二十八代海兵隊総司令官のケリーが四年間の任期を終え退任した。海兵隊は総司令官の交代の時期を迎えた。次期総司令官の候補者の中には国防費の予算プロセスとワシントンDCの政治に詳しいトーマス・モーガン(Thomas Morgan)海兵隊副総司令官、計画部長と作戦部長、人事部長など総司令部での勤務経験が豊富なドゥエイン・グレイ(Dwayne Gray)、この時期の海兵隊の出世コースであった総司令部人事部において副部長を務めたアーネスト・チートマン(Earnest Cheatman)の名が挙がっていた。[4] どの候補者も前任者と同様に部隊と総司令部の両方で経験を積んでいた。政治家と幅広い人脈を築いていたケリーは、後任にモーガンを推したが、ジェームス・ウェッブ(James Webb)海軍長官はこの提案を拒否した。[5] ウェッブは元々海軍兵学校を卒業した海兵隊将校だった。ベトナム戦争でワィリーの中隊において、一個小隊を指揮したウェッブは、海兵隊を退役するとベストセラー作家かつ弁護士に転身し、84年に国防次官補、87年に海軍長官に就任した。彼は、次期総司令官は総司令部の専門家ではなく、部隊指揮の経験が豊富な戦士であるべきだと信じていたという。IMAF指揮官の経験があるチートマンをウェッブは支持した。ただし、身体的な問題を抱えていたチートマンの総司令官就任は難しかった[6]。海兵隊研究図書館の一角に掲げられている歴代海兵隊総司令官の肖像画を眺めると、そのほとんどが南部の貴族的な肖像画であることに気がつく。その中で迷彩服を着た赤ら顔の将軍の絵が目に留まる。この海兵隊員こそ、ケリーの後任として第二十九代海兵隊総司令官に選出されたグレイである。

グレイは20世紀の海兵隊総司令官達の中で異例な経歴の持ち主である。グレイ以前の海兵隊の総司令官は伝統的に南部もしくは中西部出身の白人男性が多かった。20世紀におけるグレイ以前の十九人の総司令官のうち十人が南部、五人が中西部の出身である。第二次世界大戦以降の時代に限定すると九人の総司令官のうち六人が南部の出身者となる[7]。ハンチントンが著書『軍人と国家』において指摘した19世紀のアメリカの陸軍と海軍の首脳部における南部の優勢は、ベトナム戦争後の時代における海兵隊総司令官の出身地にあてはまる[8]。教育という点でも、前任者たちとグレイの間には相違がみられる。20世紀のグレイの前任者達は海軍兵学校や陸軍士官学校、１８３８年に設立されたヴァージニア軍事学校や一般大学の卒業生である。前者の三校は伝統的にアメリカ軍将校の育成を担ってきた。他方、東部のニュージャージー出身のグレイの総司令官への就任は、下士官から総司令官に上りつめるという異例づくめだった。

未来の海兵隊総司令官は、１９２８年、アメリカ東部ニュージャージーのペンジルバニア鉄道の車掌の家に生まれた。グレイ家はスコットランドとアイルランド系の一族である。グレイが誕生した翌年にはウォール街で株価が急落し、アメリカ社会に失業者が溢れるようになる。大恐慌の影響は彼の家族にも及び、大恐慌で失業した母方の親族を含む大家族の中でグレイは成長したという[9]。高校を卒業しても、伝統的に海軍将校や海兵隊将校を育成してきた海軍兵学校や、アメリカのエスタブリッシュメントを輩出している、ハーバード大学をはじめとする東部の有名大学に進学することはなかった。スポーツ奨学金を受給しながら、地元ニュージャージーのラファイエット大学でフットボールの選手として活躍した。ただし、その大学生活も経済的な理由から学業半ばで終了した。大学を中退し故郷に戻ったグレイは、建設現場や夜間の電話会社のトラック清掃などの仕事に従事するようになる。そして、朝鮮戦争が勃発した1950年に、海兵隊の門をくぐり、サウスカロライナの新兵訓練所での訓練を経て海兵隊員になった。その後、通信学校を終了すると水陸両用偵察小隊に配属され、三等軍曹に昇進する。

現体制の正しさを教え、それを常識として受け入れるように若者を導く、アメリカのエスタブリッシュメント教育から自由だったグレイは、部隊を勝利に導くためには海兵隊の伝統的な前提までも変革した。大学の高等教育を修了したグレイの前任者の総司令官たちは、装備や編制などの有形要素の発展に集中した。その一方で、大学を卒業しなかったグレイが、後述するように軍の頭脳に当たる研究機関や教育の改革に着手したことは非常に興味深い。

総司令官就任以前のグレイの軍歴は、総司令部での幕僚経験ではなく、部隊の指揮官の経験がその多くを占めている。入隊直後に彼が配属された水陸両用偵察部隊は当時の海兵隊におけるエリート部隊の一つである。部隊は潜水艦から陸地に上陸し、偵察と戦闘の両方を実施することを任務としていた。1952年に少尉に昇進したグレイは朝鮮戦争に二度従軍した。一度目は砲兵前方観測員として歩兵の火力支援に従事し、二度目は歩兵部隊での勤務を志願した。第7連隊第1大隊に配属されたグレイは、まず小隊を指揮し、その二か月後には中隊長となった。アメリカに帰国後もグレイは再び海外での任務につく。56年に神奈川県横浜市にあった海軍の傍受基地である上瀬谷通信施設に配属されると、韓国のペクニョン島や山形県酒田市、ハワイなどで暗号の専門家として秘匿性の高い任務に従事することとなった。61年にアメリカに戻り、海兵隊総司令部情報課に配属されたが、その間もキューバやベトナムで情報収集任務についた。

65年3月に海兵隊の二個大隊がベトナムのダナンに上陸すると、同年10月にグレイもベトナムに向かった。グレイは海兵砲兵連隊である第3海兵師団第12連隊で通信将校と訓練将校、砲兵空中観測員を兼務し、その後、第3水陸両用部隊で無線大隊を指揮した。

1970年代にも海兵隊将校グレイの姿は海兵隊兵士と共に戦場や演習場にあった。71年にキャンプ・レジューンの第2海兵師団に配属されると、第2海兵連隊第1大隊を指揮し、BLTを率いて地中海での演習に参加した。74年、グレイは第・3海兵師団第4海兵連隊長兼ねてキャンプハンセン基地司令官に就任する。アメリカ軍は75年4月に、アメリカと南ベトナムの市民をサイゴンから救出するフリークエント・ウィンド作戦を実施する。第4連隊上陸団かつ33MAU司令官だったグレイは、市民の救出拠点である駐在武官事務所を最後に離陸する救出へリコプターに搭乗してサイゴンを離れた[10]。第4章で示したように、70年代半ば、国防サークルにおいて海兵隊の存在意義に疑問が投げかけられた。そのような状況の中、ウィルソン総司令官は部隊を機械化することで海兵隊の有用性を示そうとした。そのため、NATO北側面で実施した機械化部隊の演習を必ず成功させる必要があった。ウィルソンはこの任務をグレイに任せた。グレイが指揮官として就任した4MABは、78年、そのような重圧の中で、NATO北側面での演習に主力部隊として参加した。その後、81年にキャンプ・レジューンの第2海兵師団長に、84年に大西洋艦隊海兵隊と第2海兵水陸両用軍の指揮官に就任した。

グレイが最も重視したことは、海兵隊を率いて敵と戦い、その戦いにおいて勝利することだった。クワンティコ海兵隊基地にあるアルフレッド・M・グレイ海兵隊・リサーチ・センター（Alfred M. Gray Marine Corps Research Center）に掲げられた彼の言葉――「私についてくる戦士を求む」――に彼の信条がよく反映されている。海兵隊にとって最も重要な資源は装備でも編制でもなく海兵隊員であるとグレイは考えていた。戦場でもアメリカ国内の基地にある司令部でも、噛みタバコを吐き捨てながら、前進基地や指揮所を精力的に巡回した。総司令官となった後も指揮官は海兵隊員と共にあるという信条は揺るがなかった。少将になるまで独身を通し、家庭の制約がなかった彼は海兵隊部隊の指揮官であることに全精力を注ぐことができた。ベトナム戦争では通常将校の派遣期間は一年から二年間だったが、独身のグレイの派遣期間は三年以上に及び、その上、四回の派遣が終了するまで作戦地域に留まる役割を課せられた[11]。

グレイは敵に勝利することに常にこだわり続けた軍人である。後に中央軍司令官となったジニーによれば、1970年代前半に第2海兵師団での勤務においてグレイに初めて会った時に抱いた彼の印象は、戦術に関して、中尉もしくは大尉のような熱意と素晴らしい人格を備えた中佐だったという[12]。ジニーは「私が最も感銘を受けたことは、目の前にいる中佐（グレイ）が戦術やリーダーシップに関して、（中尉や大尉と）同じような熱意を抱いており、私が日頃中尉や大尉達から聞く内容がその中佐の口から発せられたことだった[13]」と説明する。ジニーは当時の海兵隊において、他の中堅将校達にはない部隊指揮に関する知識と熱意を備えたグレイに魅了された。グレイは敵と戦う海兵隊将兵に対しては面倒見がよい一方で、海兵隊の将校でありながら部隊を指揮することに興味が薄い部下には到底耐えられなかった。総司令官となったグレイの特別顧問を務めたターレーは、70年代初期に、第1海兵連隊第2大隊上陸団の指揮官として、地中海での演習に繰り出す直前のグレイについて以下のように回想している。このエピソードは当時の海兵隊が抱えていた軍隊指揮を巡る問題とそれに対するグレイの回答を端的に表していると考えられるため、ここでも描写したい。

（ＢＬＴの指揮官）グレイはその日の昼近くに、彼が設定した目的を説明するために一回目の指揮官会議を開き、隷下部隊の五個中隊の中隊長と大隊の幕僚を集めた。グレイは、「すべてをほどほどにしろ、ただし、数点に関しては非常に優れた」計画を提案するようにと部下達に課した。その後、彼は副大隊長室で各中隊長と個別に面談した。グレイは中隊長達全員に向かって「部隊を展開する準備はできているか」と尋ねた。その質問に対して四人のうち二人の中隊長が大隊での勤務がすでに二年間を過ぎ、消耗していると答えた。彼らは地中海の演習の前に大隊を離任することを希望した。（B中隊の中隊長）マギー（Magee）はグレイの驚愕の表情を覚えている。感情を爆発させたグレイは明らかにショックを受けていた。「お前は海兵隊部隊を指揮したくないとでもいうのか。そんな奴はしなくていい！ 俺の大隊にはここにいたい奴しか必要ない」とグレイは答えた。グレイの命令により、その二人の中隊長は週末までに大隊から異動していった。[14]

ベトナム戦争後の時期、海兵隊では、昇進を重視する将校達の大部分は歩兵部隊の指揮官への就任を希望しなかったという。[15] そのような状況の中、グレイは、部隊を指揮することこそ海兵隊将校の任務であるという彼の信条を若手将校達に身を以て示したのである。

小柄で赤ら顔の戦士は、問題を瞬時に把握し、適切な解決策を迅速に思いつく能力に優れていた。グレイの伝記を執筆したスコット・ライデック（Scott Laidig）はベトナム戦争に従軍中のグレイに関するエピソードの一つとして、次のような逸話を紹介している。それは、ベトナムの戦場にいたグレイ少佐が、ベトナムから遠く離れた沖縄で訓練中の海兵隊員の抱えていた無線トラブルまでも解決したという話である。[16] 加えてグレイは、行動する勇気とその行動に対する責任を取る勇気も備えていた。１９７０年代後半から80年代に若手将校達は指揮官としての責任の取り方もグレイから学んだ。次節で述べるように、83年にベイルートで海兵隊の兵舎が爆破された時、犠牲となったＭＡＵに大隊を派遣した第２海兵師団の指揮官として、グレイは辞表を提出した[17]。

熱意をもって部隊を指揮し続けた戦士の判断力と行動力は、経験のみならず、彼の知的努力に支えられていた。彼は軍事思想と軍事史にも強い関心を持っていた。第２章で言及した学究肌の空軍将校のボイドや海兵隊将校のワィリーはグレイの親しい友人であり、ボイドとグレイはどちらも孫子の兵法に非常に興味があったという[18]。読書を楽しんだ彼は海兵隊員達にも軍事史を学ぶように奨励した。第２海兵師団長として訓練に機動戦の導入を推進していた時には、師団の将兵に配布した資料でエルヴィン・ロンメルの『歩兵は攻撃する』やマンシュタインの『失われた勝利』、リデル・ハートの『戦略論』そして孫子の兵法などを読むように勧めた[19]。

海兵隊員の知的水準の向上は、グレイが果たした重要な功績の一つである。総司令官に就任後は、次章で言及するように全海兵隊員に向けて、海兵隊員が読むべき本のリストをプロフェッショナル読書リスト（Professional Reading List）と名付けられた形式で配布するプログラムを開始した。１９７０年代、80年代の海兵隊では、将校の間に読書の習慣は広まっておらず、本を読む将校は奇異な目で見られた。彼らは孤独な知的将校だった。むしろ、外に出て、ゴルフ、釣り、射撃などで余暇を過ごすことが一般的だった。本を読む知的な戦士は現在の海兵隊ではマティスをはじめとして必ずしも珍しくないが、グレイの時代には異端だった。この時期に若手、中堅将校だった者の中には、後に中央軍司令官となるマティスや、グレイと同様に三等軍曹から大将となったケリー元南方軍司令官がいる。

ジニーから２０１５年９月に第三十七代海兵隊総司令官に就任したネラーに至るまで、海兵隊の指揮官とは勝利のために部隊を率いる者である。部隊を指揮することに熱意を持って当たり、軍事的判断を下すために知的な鍛錬に精を出すという姿勢が維持されている。自ら決定し、その決定に責任を持つということも彼らに共通している。これらの特徴はベトナム戦争後の海兵隊では、とりわけグレイにその起源があるといえよう。

(2) レーガンの「強いアメリカ」の復活と弱い海兵隊――海兵隊の指揮能力への不信

1980年、ロナルド・レーガン(Ronald Regan)前カリフォルニア州知事が大統領選挙に勝利した。ベトナム戦争をきっかけに引き裂かれた社会、高いインフレと失業率、テヘランのアメリカ大使館人質救出作戦の失敗、デタントへの失望などで自信を失っていたアメリカ社会に、レーガンは「強いアメリカ」の復活を訴えた。大統領に就任したレーガンは、強硬な反共主義レトリック、大規模な軍拡、第三世界における反共主義勢力への支援、アメリカ社会の伝統的価値観の復活で、財政赤字と貿易赤字を抱えながらも、少なくともイメージ上は、アメリカのパワーを復活させる。そして、ソ連に対してアメリカの優位な立場を確立した後に、政権二期目にソ連との交渉に臨むようになった。強硬的な反共主義レトリックは、政権二期目になると控えられるようになったが、政権一期目には繰り返し示された。大統領就任後の記者会見や83年の一般教書演説や福音派教会の全国集会で、レーガンはソ連のアフガニスタンへの軍事介入の非道徳性を非難し、共産主義を邪悪な思想とみなし、ソ連を悪の帝国と表現したのである。加えて、国防費が増大され、戦略爆撃機B-1の開発と海軍戦艦六百隻の大海軍計画も実施された。レーガンは第三世界での反共主義勢力を支援する「レーガン・ドクトリン」も実行に移す。アメリカ社会でデタントへの期待が失望へ変わったきっかけの一つが、ソ連の第三世界での勢力拡大である。75年のカンボジア、南ベトナム、ラオスの共産化、アンゴラ内戦でのソ連の軍事支援、そして79年のソ連軍のアフガニスタン侵攻が最終的な引き金となり、ソ連がデタントを利用しながら第三世界で勢力を拡大していると、アメリカ社会で認識されるようになった。アフガニスタン、アンゴラ、エチオピア、中南米のコントラやエルサルバトルで、アメリカは共産主義政権と戦う反政府組織を支援し、ソ連の影響力後退を試みた。

景気の回復や国防費増大による軍備増強と共に、アメリカは軍事介入に関しても自信を取り戻すようになる。そのきっかけになったのが、１９８3年10月の中南米の小さな島国、グレナダへの軍事介入である。イギリスの植民地だったグレナダでは、50年に普通選挙が実施されるようになる。74年に独立すると、その五年後、モーリス・ビショップが、左翼クーデターを起こし、人民革命政府を樹立する。ビショップは、選挙を実施せず、イギリス式民主主義を批判し、憲法を停止し、議会を解散した。ビショップの下で、グレナダはキューバとソ連から軍事援助を受け、急速に社会主義化が進むようになる。従来、レーガン政権の対グレナダ政策は経済制裁に留まっていた。しかし、83年3月になると、レーガンは、ソ連とキューバによるグレナダの軍事拠点化がアメリカの安全保障にとって脅威となっていると発言するようになる。グレナダには空軍が常備されていない。そのようなグレナダにおけるキューバとソ連の空港建設は、アメリカの裏庭におけるソ連とキューバのパワー・プロジェクションであると。[20] 83年10月に、ビショップよりも過激な共産主義派がグレナダでクーデターを実行すると、10月25日、アメリカはグレナダに軍事介入を行った。グレナダのセント・ジョージ大学では八百人以上のアメリカ人学生が学んでいた。アメリカの介入目的は、当初はグレナダのアメリカ人の救出だったが、軍事作戦が進むにつれ、グレナダからのソ連・キューバの支配の排除、民主的な体制への確立へと移行した。[21] アメリカ軍と東カリブ諸国機構加盟国を中心とする六か国の合同軍がグレナダに介入する。グレナダ侵攻に海軍の顧問役として参加したシュワーツコフによれば、グレナダ侵攻の作戦計画は以下のようなものだった。

作戦は専門家のいう「クー・ド・メン」、つまり一撃必勝の奇襲である。海軍が船と飛行機で島を遮断し、海兵隊が島の東海岸に強行上陸——目標は島で現在機能している唯一の空港パールズ飛行場、及び駐屯兵のいるグレンヴィル町。同時にレンジャー部隊が空挺攻撃をかけ、島南端サリーンズ岬に建設中の大規模な飛行場と、アメリカ人医学生たちが抑留されているはずの医大のトルーブルー・キャンパスを押さえる。サリーンズ飛行場が確保されると直ちに第82空挺師団の2大隊が入り、レンジャー部隊と交替。一方特殊作戦部隊は、ヘリで島の西海岸にある首都セントジョージに降り、公邸に監禁された英国任命の総督サー・ポール・スクーンを救出、放送局及び市中心部にあるルパート基地、市を見下ろす丘の上のフレデリック基地、リッチモンドヒル刑務所を奪う。刑務所にはモリス・ビショップ首相ほか多勢の政府の高官が捕らえられているとのこと。さらにその日のうちに友軍部隊は両飛行場から展開し、島の残る部分を制圧する。[22]

25日の早朝、ヘリコプター空母グアムから、ヘリコプターに搭乗した海兵隊員が飛び立った。パールズ飛行場に着陸した海兵隊は、計画通りに、無抵抗で飛行場を占領し、グレンヴィルの町も無抵抗で占領した。一方で、島の南端や西側ではレンジャー部隊や特殊作戦部隊が苦戦していた。5時半にパラシュートで降下したレンジャー部隊は、サリーンズ飛行場で重武装したキューバの作業員の抵抗にあったが、サリーンズ飛行場の滑走路を確保し、学生の救出に向かった。西部のセントジョージ方面では、敵の猛烈な対空砲火のため、特殊作戦部隊がルパート基地に近づくことができなかった。

アメリカ軍は基地を空爆したが、それでも特殊作戦部隊はセントジョージを奪取できなかった。そこで、アメリカ軍は、計画にはなかったが、セントジョージの北方に位置するグランド・マルに海兵隊を急遽、上陸させた。作戦開始から二日目、第82空挺師団は砲兵隊と四個大隊を増援としてサリーンズ飛行場に送り込んでいた。しかし、敵に進撃を阻止されていたため、海岸近くのホテルにいる学生の救出に向かうことができなかった。そこで、アメリカ軍は陸路で救出に向かう当初の案を変更し、これも計画にはなかったが、ヘリ空母に搭載されていた海兵隊のヘリコプターで、レンジャー部隊をサリーンズ飛行場から大学のキャンパスに運び、帰路は学生達を運ぶことにした。学生はアメリカ軍に無事救出された。グランド・マルに上陸した海兵隊の部隊は、二日目にセントジョージに進撃し、三日目にセントジョージを包囲、四日目にセントジョージに入った。[23] 1983年11月3日に戦闘が終結する。12月15日にアメリカ軍がグレナダから撤退し、19日にグレナダで選挙が実施された。

グレナダへの軍事侵攻は、レーガン政権にとって軍事力の行使を再び正当化するきっかけとなった。[24]「ウィルソン主義を究極の目標とした」[25]レーガンは、民主主義の推進と共産主義との対峙に躊躇しなかったが、軍事介入には抑制的だった。アフガニスタン、ニカラグア、エチオピアなどで、直接的な軍事介入ではなく、反共産主義勢力への軍事援助を選択した。ベトナム戦争から撤退した後、陸軍では、サマーズが、1982年に出版した著書『戦略論』において、陸軍が戦闘に勝利したにもかかわらず、なぜ、アメリカは戦争に敗北したのかという問いを考察し、教訓を提示した。サマーズは、クラウゼヴィッツの戦争の定義を概念枠組みとしながら、この問いに取り組んだ。エドワード・C・メイヤー（Edward C. Meyer）陸軍参謀長に支持された『戦略論』は、陸軍内に広く配布され、上院・下院議員にも共有された。[26] ロック＝プランは、ベトナム戦争終結後から91年の湾岸戦争までの間、アメリカの軍事力行使には、陸軍が大きな影響を及ぼしたと指摘する。陸軍において議論されたベトナム戦争の教訓とエアランド・バトルが、アメリカの軍事力行使を規定したと[27]。

サマーズによれば、アメリカはベトナム戦争において、クラウゼヴィッツが戦争の三位一体の性質の一つとして指摘する、国民の意志の発動に失敗した。アメリカの国民は第二次世界大戦のドレスデン空襲と東京大空襲を容認する一方で、なぜ、ベトナム戦争の非人道性を非難したのだろうか。サマーズはアメリカの政策とそれを支えた学術研究がその違いを引き起こしたと指摘する。ジョンソンは、議会への宣戦布告の要請や予備役の動員を選択しなかった。1960年代初期のアメリカでは、政策立案者たちは宣戦布告がアメリカ国民の動員であることを忘れていた。彼らは、宣戦布告を回避することで、戦争のトラウマから逃れることができると考えていた。また、この時代、戦争研究の中心は、政治科学やシステム分析による制限戦争に関する研究だった。そこでは、戦場の破壊や恐怖については言及されていなかった。軍部は国民との良好な関係を維持するため、婉曲な表現を用いて、戦争の実情を隠した。そこに、突如、テレビを通して、戦場の現実が国民の茶の間に届けられたのである[28]。

ジョンソンとニクソンの時代、国民の戦争への反対は公然のものとなる。ジョンソンが北爆を開始した1965年、アメリカ国内で戦争に反対する声が上がり始め、66年と67年に戦争に反対する集会やデモが増加した。68年1月にテト攻勢が始まると、マスメディアはジョンソンやウェストモーランドを公然と批判するようになる。学者や民主党と共和党両党のリベラル派は、ドミノ理論の妥当性に疑問を呈し、ベトナム戦争以外の諸問題が後回しにされていると主張し、若者達は徴兵反対運動を展開した。60年代後半には、学生たちは請願やROTCの建物への行進などの反対運動を繰り広げるようになる。そして、70年にニクソンがカンボジアへの侵攻を実行すると、アメリカ全土の大学で抗議運動が繰り広げられ、州立ケント大学と州立ジャクソン大学では、州兵と警察が学生と激しく衝突した。アメリカ国民の間には、政府の言動と行動への不信――「信頼性のギャップ」――が生じた。「信頼性のギャップ」は、65年にジョンソンが十万もしくは十二万五千の増派を決定しておきながら、五万人分だけの増派を発表した時に始まった。ジョンソンは戦争を拡大する一方で、本格的な戦時体制に移行することが、中国とソ連、北ベトナム、アメリカ国民、そして彼の「偉大な社会」計画に影響を及ぼすのではないかと懸念したのである。(29)ジョンソンは、64年から65年にかけて、教育の機会の平等や結果の平等、低所得者への医療の提供を目指す一連の法律を成立させ、大統領令を発布していた。この「信頼性のギャップ」は、67年には、アメリカ国民の間に蔓延するようになる。(30)そして、68年1月のテト攻勢をきっかけに、ウェストモーランドが主張する消耗戦の有効性とジョンソンのアメリカの勝利への国民の信頼は著しく低下し、「信頼性のギャップ」が拡大した。70年にニクソンがカンボジアに侵攻すると、再び反戦運動が過熱する。ケント大学やジャクソン大学のデモでは、デモの参加者が州兵や警察と衝突し、六人が死亡した。翌年には、ワシントンＤＣで、その歴史において最悪の暴動といわれる程に大規模な抗議デモが開かれた。

ジョンソンやニクソンのベトナム政策を抑制するように求める声は連邦議会でも高まった。議会は予算面からニクソンのベトナム政策を抑制すると共に、１９７３年に大統領の戦争権限を制限する戦争権限法を成立させる。64年のトンキン湾決議で、議会は、大統領に、アメリカ軍への武力攻撃を撃退させ、侵略を防ぐために必要な全ての措置をとる権限を与えた。ただし、ジョンソンが軍事的関与を拡大し、ニクソンがカンボジアへ侵攻すると、議会は戦争権限法を立法し、軍隊投入に関して、議会と協議または報告することを大統領に求めた。大統領は軍隊投入前に可能な限り議会と協議しなくてはならない。もしくは、軍隊投入四十八時間以内に、下院議長及び上院臨時議長に、以下の三点を報告することが義務づけられた。軍隊の投入を必要とする状況、投入に際しての憲法上及び法律上の根拠、軍の作戦の規模及び期間の見通しである。加えて、戦争宣言又は特別制定法による授権がない状態での海外での軍事作戦では、議会が両院合同決議によって命じた場合には、大統領は部隊を撤退させなければならないと規定された[31]。

グレナダへの軍事介入は、アメリカ国民から支持されるかどうかという点において、レーガンにとっても、陸軍にとっても政治的な賭けだった。グレナダでアメリカ軍に救出された学生達がレーガンを訪問し、アメリカ軍の真の支持者になったと発言したように、アメリカ社会において軍と軍事介入に対するイメージが改善された[32]。グレナダへの軍事介入は、グレナダの主権の問題、統合作戦の不備や病院への誤爆について批判もなされたが、国民の支持という観点からは、政治的にも、軍事的にも成功だった。

加えて、レーガン政権で国防長官に就任したキャスパー・W・ワインバーガー（Casper W. Weinberger）は、グレナダ侵攻について、政治目的を最小限の犠牲者と短期間で達成した作戦であり、完全な成功だったと評価する[33]。１９８２年に発行したＦＭ１００－５『作戦』ドクトリンにおいて、陸軍は、戦争には政治的な目的が伴うという考え方を公式に導入した。戦争の戦略、作戦、戦術の階層区分を導入した陸軍は、軍事戦略を「軍事力あるいはある戦域の軍事力を利用することで、国家政策の諸目的を達成するために、国家の軍事力を利用する」[34]ことだと定義した。上述したサマーズは、ベトナム戦争におけるアメリカの国家安全保障の主要な関心事項は、ソ連と中国の封じ込めであり、その結果、アメリカの政治目的は曖昧だったと指摘する。とりわけ、アメリカが南ベトナムで国家建設を開始すると、政治目的と軍事目標の混乱が生じたと分析した[35]。陸軍の見解を共有したワインバーガーは、84年11月28日に実施した講演において、軍事力行使の六原則を発表する[36]。それは、後にワインバーガー・ドクトリンと呼ばれるようになる。この講演において、ワインバーガーは、アメリカが海外での戦いにおいて軍事力を行使する際には、明確に定義された政治的目的と軍事目標を定めるべきだと主張した。

レーガンが「強いアメリカ」の復活を推し進め、アメリカ社会が自信を取り戻す一方で、1980年代前半の海兵隊は、非常に深刻な問題を抱えたままであった。それは、海兵隊における軍事専門職業の低下である。伝統的に部隊指揮官と参謀から成る戦闘集団としてのイメージが強い海兵隊だが、少なくともベトナム戦争以降、海兵隊のミリタリー・プロフェッショナリズムは徐々に侵食されていく。ハンチントンが『軍人と国家』において示した定義によれば、軍事専門職業とは次のような特徴をもつ。それは、第一に「暴力の管理」である。「武力を使って戦いを成功させる」ことであり、そのために部隊を編成、装備、訓練し、作戦を計画して部隊を指揮することに優れていることである。将校達は部隊の編成と指揮の歴史的発展過程と動向に関する教育を受けている。第二に、彼らは社会に対して、軍事的安全保障を達成する責任を有する。最後に、自律的な社会単位である将校団を形成することである[37]。ベトナム戦争後の陸軍では、70年代前半にはミリタリー・プロフェッショナリズムを確立することの必要性が組織的に見直されるようになっており、この文脈で軍隊指揮の在り方が議論された。80年代には、第2章で言及したように作戦レベルと作戦術と称される部隊指揮に関する新しい概念が陸軍のドクトリンに導入された。陸軍将校は戦術的勝利を関連させて戦略目標を達成することが求められるようになったのである。

他方、同時期の海兵隊では中隊長としてベトナム戦争に従軍した世代の将校を中心に、ベトナム戦争終結後も、海兵隊の軍事専門職業に関する強い不満が残り続けた。とりわけ、ハンチントンが指摘した一つ目の特徴——部隊を指揮し、戦いに勝利すること——が課題であった。南ベトナム軍歩兵部隊の顧問、中隊長として二度ベトナム戦争に従軍したジニーは、ワィリーと同様の手厳しいまでの率直さで、当時の海兵隊高級将校達に失望させられたと回想する。ジニーによれば、彼らの多くは部隊を指揮する能力も低ければ、熱意もなかった。「大隊長や連隊長の多くは、作戦において、自分が何をしたいのかわかっていなかった。私はそのことに衝撃を受けた」[38]とジニーは言う。しかも「高級将校達の中で作戦や戦術に関心がある者はごく僅かだった。そのことに私は失望した」[39]のであり、「作戦や戦術から距離を置いたり、全く興味を示さなかったり、見せかけの興味しか抱いていない大佐や中佐達にしか出会わなかった。私は非常に悩んだ」[40]と当時の彼の心情を赤裸々に吐露している。また、当時の海兵隊が抱えていた問題を端的に表す興味深いエピソードを次のように紹介している。アーサー・ジャック・ポワロン（Arthur Jacque Poilon）准将の副官を務めていたジニーはある日、准将と共に海兵隊部隊の演習を見学していた。

准将は「君、兵站の不具合、個人的な問題もしくはリーダーシップの失敗で指揮官を免職された者はいたかね？」と私にお尋ねになった。私は「確かにおりました」と答えた。続いて准将は「君は今まで、戦術的に無能であるという理由で（指揮官を）免職になった者に出会うか、そのような者を知っておるかね」と尋ねられた。私が「いいえ、おりません」と答えると、准将は「それが問題なのだ」とおっしゃった。准将の指摘は私の心に刻まれた[41]。

後にグレイの下で海兵隊の教育改革を実行したライパーも、ジニーと比較すると随分慎み深くではあるが、彼の上官の大隊長は大隊規模の部隊指揮について自信がなかったと指摘している[42]。

海兵隊における軍事専門職業はなぜ浸食されていったのだろうか。幾つかの理由が考えられる。まず、海兵隊将校達が軍事的観点よりもむしろ文民の観点から思考する傾向になっていったことが挙げられる。ハンチントンによれば、第二次世界大戦後、軍事政策と軍事行政への議会の関与が増大し、また、軍における議会のカウンターパートは国防総省の補給担当部局から軍の首脳部へと変化した[43]。海兵隊の将校達も政策と行政に関する事案で議会へ働きかける機会が増えたと考えられる。加えて１９６０年代にマクナマラが国防総省に導入したシステム分析も将校達の指揮官としての思考様式を侵食したのかもしれない。将校達は文民としての思考様式を海兵隊総司令部に留めることなく、戦場にまで持ち込むようになった。将校達が文民の観点から思考する傾向にあったことは、80年代前半のレバノンへの海兵隊部隊の派遣においてとりわけ顕著に表れている。以下、詳細にみていこう。

レバノンでは１９７５年4月にキリスト教のファランジスト党とＰＬＯ（パレスチナ解放機構）支持者の間に発生した武力衝突をきっかけに内戦が勃発した。両者の対立は徐々に、現状維持を追求するキリスト教徒を中心としたレバノンフロントと変革派のムスリムを中心としたレバノン国民運動の間の衝突へと発展する。内戦は一旦沈静化するが、81年レバノンに介入したシリア軍がキリスト教徒の支配地域を攻撃し、ＰＬＯが無差別砲撃を開始すると緊張が再び高まった。ファランジスト党から軍事介入の要請を受けたイスラエルは、82年6月に大規模な機甲部隊でレバノンに侵攻した。イスラエル国防軍がＰＬＯ部隊とシリア軍部隊を撃破した後、イスラエル政府は6月11日に停戦に入ることを宣言した。7月に入ると、レバノン政府は全ての外部武力勢力がレバノンから撤退することを求める声明を出した。海兵隊はこのような状況の中、国連平和維持軍の一員としてレバノンに派遣された。海兵隊は82年8月から84年2月にかけて、一個ＭＡＵを交互にベイルートに展開した。レバノンでの海兵隊の任務は衝撃的な結末で幕を閉じることとなった。83年10月23日、爆薬を積んだトラックがベイルート国際空港内の24ＭＡＵのＢＬＴ本部ビルの中に突っ込んできた。トラックがビルのロビーに突っ込んだ直後に大爆発が起こり、ＢＬＴ本部ビルは瓦礫の山となった。二百二十人の海兵隊員が犠牲となった。

レバノンに派遣された海兵隊将校達は指揮官の観点よりもむしろ文民の観点から思考する傾向にあった

といえよう。例えば、レバノンにおける海兵隊の任務はプレザンスという曖昧な戦略目標の下で拡大した。レバノンの大統領は多国籍軍を駐留させることで、イスラエル国防軍の撤退を促し、他方でレバノン軍を再編成しようとした。上述したように、陸軍では１９８２年には既に戦略、作戦、戦術から成る戦争の階層区分がドクトリンに導入された。そこでは、戦争には国家政策上の目的が伴い、軍事戦略とはその目的を達成するために軍事力を利用することと説明された。そして諸会戦を関連させて戦略的ゴールを達成することも陸軍の任務であるとドクトリンにおいて規定された。つまり、戦争には政策上の目的があり、それを達成するために軍事戦略を設定し、その軍事戦略を達成するために諸会戦を適切に関連させることが陸軍将校達に求められたのである。かたや同時期の海兵隊では、上層部はプレザンスという曖昧な戦略目標を受け入れ、その曖昧な戦略目標の下で命令や受け入れ先のニーズに応じてＭＡＵ部隊は多様な任務を実行した。それらは不発弾の処理、市民への医療サービスの提供、レバノン軍の訓練、車両巡察、災害派遣、アメリカ大使館の警護そして対レバノン政府武装勢力との戦闘にまで多岐に及んだ。ＢＬＴ本部ビルの爆破後に国防省内に設置されたＢＬＴビル爆破に関する調査委員会、通称ロング委員会は指揮系統の各段階でプレゼンスの意味が異なって解釈されていたと指摘し、解釈を統一するようにと提言した。

加えて、現場の指揮官達は部隊の安全よりも政治や海兵隊上層部の要請に敏感に反応した。ＭＡＵ指揮官と現場の部隊は陸軍次官や下院議員や大使などのＶＩＰ訪問の対応に多忙であり、ＭＡＵ指揮官と副指揮官はアメリカ大使館の会議、多国籍軍軍事調整会議、レバノン大統領官邸での政治・軍事会議に頻繁に参加した。現場では戦術的な問題すら外交ルートを通して話し合おうとする海兵隊将校の姿勢がイスラエル国防軍の指揮官達を苛立たせた。[44] また前述のミレーは以下のように指摘する。ＭＡＵの指揮官は、軍事的に海兵隊の中立性を脅かすリスクがあるにもかかわらず、大統領特使の圧力により艦砲射撃を要請した。その一方で、ＭＡＵ指揮官は戦争とみえる事態は避けたいと上層部が望んでいると判断し、部隊の防御レベルを抑制したと[45]。ＢＬＴビル爆破の後に調査を実施した下院軍事委員会は、ＭＡＵの防御処置が不十分であったとＭＡＵ指揮官を批判した。脅威が増大している中で、上級部隊指揮官はＭＡＵの警備体制を見直さなかったし、ベイルートを訪問した高官達も警備体制の強化の必要性を認識していなかったと指摘された[46]。

ジニーによれば、兵舎が爆破され、海兵隊達が犠牲になったことに対して海兵隊の上層部の誰かが責任を取ることを、連邦議会の議員たちは求めていたという[47]。ただし、ＢＬＴビル爆破の約一週間後に上院軍事委員会で証言に立ったケリーは、海兵隊の警備の不備が原因ではないと主張した。爆弾を積んだトラックによる攻撃は特異な攻撃であり、その性質上、物理的に防ぎようがなかったと説明した[48]。このケリーの証言に対して、下院軍事委員会に設置された調査委員会は、上述したようにＭＡＵ指揮官と高官の責任に言及した。

１９８０年代半ばの海兵隊では、内部では中堅将校達を中心に部隊指揮官の能力や姿勢に疑問や不満が投げかけられ、レバノンでの事件をきっかけに外部でも海兵隊の佐官や将軍の作戦指揮、責任感、リーダーシップの能力への不信感が高まっていた。海兵隊の軍事専門職業を改善することを、ウェッブは戦士であるグレイに任せたのである。

2　なぜ頭脳は作られたのか

（1）海兵隊戦闘・開発司令部と海兵隊調査・開発・取得司令部の創設

海兵隊のジェネラルシップに内外から懐疑的な意見が寄せられる中、1987年、海兵隊部隊の指揮に取り組み続けた男が総司令官に就任した。グレイは総司令官に就任すると直ちに、クワンティコにある研究と開発、教育組織の改革に着手した。本節では、まず、グレイが実施したMCDECの改革の経過について概観する。その後、この改革に関するグレイの企図とそれを実現するために採用された方策を考察することで、機動戦構想の制度化について明らかにする。

MCDECが置かれていたクワンティコ基地は、アメリカの首都ワシントンDCから五十五キロメートル程南下したヴァージニア州の北部に位置する。周囲にはフレデリックスバーグやマナッサス、チャンセラーズヴィルなどの南北戦争の古戦場が点在している。メイン州からフロリダ州までアメリカの東海岸を南北に繋ぐ国道1号線とポトマック川に囲まれた自然豊かな静かな基地である。基地内のポトマック川の岸辺からは対岸のメリーランド州と行き交う船、群れを成して飛ぶ鳥を一望できる。ワシントンDCから南に向かう電車は、ユニオン駅を出発するとすぐにヴァージニア州に入り、建国以前に港町として建設されたアレキサンドリアを越え、ポトマック川に沿って南下し、クワンティコの駅に停車する。1919年にクワンティコの基地司令官に就任したジョン・A・レジューン（John A. Lejune）は、ワシントンDCからクワンティコへの冬季の電車通勤の寒さは非常に厳しいものだったと回想している。[49]

1910年代、海兵隊ではヨーロッパの戦場に送る部隊の編成と訓練、演習のための場所と海洋の前進基地の奪取という新しい任務を準備する場所を必要とした。17年5月にクワンティコに海兵隊の基地が新設され、7月に三百四十五人の新しく任官した将校達が指揮官教育を受けるために到着した。その後、初級指揮教育のみならず、主に大尉のための教育機関である水陸両用戦学校や指揮参謀大学も設置された。第二次世界大戦後のヘリコプターを使用した垂直包囲構想は、クワンティコに新設されたヘリコプター部隊で実験された。[50] グレイの総司令官就任時には、クワンティコ基地にはMCDECが置かれ、少なくとも名目上はドクトリンや戦術、技術、装備の開発と将兵達の教育に当たっていた。

グレイが実施したクワンティコ改革の第一弾はMCDECを廃止し、MCCDCとMCRDACを設立したことである。MCCDCの前身に当たるMCDECは1987年夏にグレイに命じられ、フランク・E・ピーターソン（Frank E. Petersen）MCDEC司令官の下でMCDECの組織に関する研究を実施した。MCDECは、8月から9月にかけてグレイと総司令部に組織構想について数回報告した。グレイは9月18日にMCDECが提出した組織構想を了承し、MCDECに対して11月10日までに再編成計画を構想するように命じた。11月4日、MCDECが提出した再編成計画はグレイによって承認され、海兵隊の二百二十二年目の設立記念日に当たる11月10日、MCDECはMCCDCへと生まれ変わった。

グレイは『海兵隊ガゼット』1987年12月号の誌上において、特別報告「海兵隊戦闘・開発司令部の設立」[51]（"Establishment of the Marine Corps Combat Development Command"）を発表し、全海兵隊員に向けてMCCDCの設立を発表した。特別報告では、MCCDCの任務とMCCDCの組織編制と各組織の任務が説明された。MCCDCは海兵隊の各教育機関と以下の五つのセンターから構成される研究機関を隷下部隊に持つこととされた。五つのセンターとは、MAGTFウォーファイティング・センターと訓練教育センター、情報センター、兵器演習と評価センターそして情報技術センターである。MAGTFウォーファイティング・センターはMCDEC隷下のドクトリン・センターを前身としていた。訓練機能が追加されたMCDEC隷下の教育センターは訓練教育センターに生まれ変わった。MCDECの下で装備技術に関する情報収集等を担っていたと考えられる開発センターは分解され、一部はMCCDCの情報センターとして独立し、残りは後述するように別の組織へと生まれ変わった。

さらに彼は海兵隊の装備調達の仕組みの変革にも着手した。グレイは1987年秋に新司令部設立のための部署を作った。その後、総司令部にて装備調達に携わっていた三百人ほどの将兵と、文民を当時海兵隊員の間でキャリアの降下点と称されていたクワンティコにあるMCDECの開発センターの将兵とを統合し、87年11月18日にMCRDACを新設した[52]。開発センターの任務について詳細はわからないが、装備の技術上の課題を解決するための支援や装備調達のための主に技術上の情報収集と分析を実行していた部署だったようである。この改革でグレイが企図したことは何だったのか。以下、この改革の思想的背景を探ってみよう。

(2) グレイの企図①——戦争(Warfare)に基づく要求システムの構築

前節ではMCCDCとMCRDC創設の経過を概観した。グレイは従来海兵隊において必ずしも重視されてこなかったMCDECの改革に着手した。彼は既存の装備の研究開発組織であり、当時海兵隊員の間でキャリアの降下点と称されていたMCDECの開発センターを分解し、わざわざ、総司令部の装備調達部署と統合し、新たにMCRDCを設立した。MCDEC改革でのグレイのゴールは何だったのだろうか。そして、そのゴールを達成するために組織をどのように変革したのだろうか。

組織構造の変化は、各部署の人員不足や予算不足、各部署の任務が重複していたという行政上問題を解決するために、各部署が統廃合されたのだろうか。

もしくは、海兵隊の機動戦を実行する能力を向上させるために頭脳力を高めるという年次報告書でのグレイの主張は単なるレトリックであり、実際は戦略環境の変化が彼の決定に決定的な影響を及ぼしたのだろうか。政治科学者のポーゼンやローゼンによれば、戦略環境の変化を認識した文民もしくは軍人が軍の改革を推進することで、軍隊のドクトリンは変化する。[53] 1980年代半ば、米ソ関係はレーガン政権一期目の対立関係から緊張緩和へと大きく変容していた。レーガンは政権一期目には軍事力の大幅増強と第三世界での失地回復を目指しており、米ソ軍縮交渉にも消極的だった。他方で、85年に始まったレーガン政権二期目には、ミハイル・ゴルバチョフ（Mikhail Gorbachev）がソ連共産党書記長に就任し、米ソ関係は改善されていった。同年11月に米ソ首脳会談が開催される。戦略兵器削減に関して両者は合意には至らなかったが、それは六年ぶりの首脳会談だった。翌年10月にも両者は会談し、そこでも合意には至らなかったとはいえ、両者から次々と軍縮が提案された。そして87年12月、米ソは中距離核戦力（ＩＮＦ）全廃条約に調印した。87年に総司令官に就任したグレイは、米ソ関係が対立から緊張緩和へと変化しつつあることを認識し、新しい戦略環境に海兵隊を適用させるために二つの司令部を新設したのだろうか。

または、１９８６年に制定されたゴールドウォーター・ニコルズ法において、海軍省内の装備調達に関する決定は海軍長官の権限であると定められたことが、グレイの決意に決定的な影響を及ぼしたのだろうか。

それとも、年次報告書での彼の発言は単なるレトリックではなく、ＭＣＣＤＣそしてＭＣＲＤＡＣ設立におけるグレイの目的は機動戦を戦うための組織作りにあったのだろうか。仮にそうだとすると、彼は、それを実現するためにどのように具体的に組織を変革したのだろうか。ＭＣＤＥＣ改革におけるゴールとそれを達成するための方策とは何であったのか。

グレイのＭＣＤＥＣ改革の一つ目のゴールは、海兵隊において、政策もしくは行政の観点からではなく、戦争（Warfare）の観点からドクトリンと編制、装備、訓練、教育を整備する制度を構築しようとしたということが挙げられよう。近代以降、国王と議会、大統領などの文民に軍の装備や編制を整備するための軍事予算を認可させることは、作戦立案と実行に併せて、軍隊の重要課題の一つとなった。部隊の運用や指揮に特化していたという印象があるドイツ陸軍でも軍隊の編制とそれに伴う軍事予算を巡って軍隊と議会は意見が対立した[54]。ドイツ陸軍では、議会との予算案の交渉を担当していたのは主に陸軍省であり、ルーデンドルフなど一部の例外的な将校は別にして、モルトケやシュリーフェンといった参謀総長は作戦の研究と立案機関である参謀本部を議会との予算交渉から分離し、軍令組織としての独立性を確保した。そして陸軍の中の三つの主要機関である陸軍省と参謀本部、軍事内局のうち陸軍省の影響は時代と共に低下した[55]。それにより、議会との予算交渉において、陸軍省は独自の見解というよりも参謀本部の見解を代表していたのではないかと考えられる。つまり、軍の編制や装備のための予算成立を巡る意見の対立は、戦争（Warfare）の観点から思考する軍隊と政治の観点から思考する議会との間にあったのではないか。

他方アメリカでは、歴史的に、端的に言えば、政策と行政の観点と戦争（Warfare）の観点の対立は文民と軍人の間に留まらなかった。むしろ、軍の内部でこの二つの思考が対立してきた。アメリカの陸軍参謀部の設立の特徴をドイツ参謀本部と比較しながら考察した金によれば、陸軍では議会との予算折衝に当たる陸軍省内の各部局が議会と結束し、作戦立案と実行を担っていた野戦軍部隊と対立していた。前者は「一定の資源の制約のもとでの調達と配分」[56]という観点から思考、行動し、後者は「敵軍の能力と意図によって転変する流動的な状況への機動的かつ迅速な対応」[57]という観点から思考、行動していた。また、ハンチントンによれば、軍事力の規模や軍事戦略、組織、人事に関して大統領と議会の意見が対立する際、陸軍将校達は自らの利益を最大化する方に従うという伝統があった[58]。つまり、陸軍では歴史的に陸軍内において政策・行政的思考と戦争（Warfare）思考が対立していたといえよう。

金によれば、この対立は陸軍において20世紀初頭に参謀部が設立された後も継続した。陸軍長官ルートは20世紀初めに、陸軍内での軍制と軍令における指揮の一元化と平時の戦争準備を求めて、野戦軍指揮官の職を廃止した。加えて、参謀本部をアメリカ陸軍に設置する。ただし、金によれば、アメリカ陸軍参謀部は参謀本部が陸軍省から独立したドイツとは異なり、陸軍省内の内部組織として設立されていたため、作戦の研究と立案よりも行政的な業務に深く関わるようになったという。そして、野戦軍部隊から選抜される参謀将校達は部隊の思考を代表し、陸軍省内の行政スタッフと対立するようになった[59]。つまり参謀部が設立されたことにより、それまで陸軍省内の部局と野戦軍部隊の間で繰り広げられてきた官僚政治モデルと用兵の思考の対立は、陸軍省内の行政部局と参謀部と野戦軍部隊の間で繰り広げられるようになったといえよう。

金が指摘したこの対立構造は海兵隊にも共通した特徴なのか、それとも軍種毎に状況は異なるのか、この対立は参謀部設立後の陸軍の歴史においてどのように変化してきているのか、そして戦時と平時で状況は異なるのか。また金が陸軍内に存在すると指摘した軍令思想と軍制思想は具体的にどのように意見が対立してきたのだろうか。この対立は軍事力の構築においてのみ生じてきたのか、それとも作戦立案と実行の両方においても観察できるのか。これらの問いは、国防総省が発表する現在進行形の事案に関する公開文書や報道情報からアメリカ軍に関する国防総省の見解を分析することだけでは十分に明らかにできない。

それらは今後、ケース毎に軍事力の構築過程や作戦立案と実行過程を各軍の歴史的な資料や将校達によって書かれた論文や日記等を基に、アメリカのシンクタンクの研究等を参考にしながら、実証的に明らかにする研究を積み重ねることで初めて解明されるだろう。

ただし、海兵隊においても行政と戦争の観点が対立してきたことが少なくとも指摘されている。例えば、ジニーによれば、海兵隊もまた組織内に軍の運用という観点から軍事力の構築を思考するタイプと、政治的な観点から思考するタイプの二種類のリーダーシップが存在してきた。そしてそれらの間には常に対立があった[60]。確かに例えば、グレイ総司令官の三代前の前任者であるウィルソン総司令官のオーラルヒストリーからは、彼は後者のタイプであったといえよう。彼は総司令官時代を話す際、海軍と海兵隊の予算を巡る対立や議員への働きかけ、将校の人事について多くの時間を割いており、そこには将来戦の特徴や海兵隊は作戦や戦術レベルにおいて将来戦をどのように戦うべきなのかということに関して深い洞察を提示しているとはいい難い。

１９７０年代半ばから80年代にかけて、一部の海兵隊将校や外部の研究者が海兵隊では部隊のニーズが反映されていないと指摘していた。ドクトリンと訓練、編制、装備等の発展において艦隊海兵隊の及ぼす影響力が小さいことは、冷戦の終結よりずっと以前の76年には既に問題視されていた。同年11月１日に発行されたＭＣＤＥＣの構造と任務、機能に関して研究した『海兵隊開発教育司令部の任務と機能、組織』(*A Studies of the Mission, Functions, and Organization of the Marine Corps Development and Education Command*) と題された報告書において、執筆者のＲ・Ｃ・ワイズ (R.C. Wise) 大佐は以下のように述べる。ドクトリンと戦術、技術、装備の生産者がＭＣＤＥＣであるとすると、艦隊海兵隊はＭＣＤＥＣの唯一の顧客である。それにもかかわらず、ＭＣＤＥＣに連絡官機能を要求している三十一の組織のうち、艦隊海兵隊の部隊や司令部が一つも含まれていないことは驚くべきことである。MCDEC司令官から各艦隊海兵隊に派遣される連絡官の地位を確立すべきとワイズは提言した。[61] グレイがクワンティコ改革に乗り出す五年前の84年には、『海兵隊ガゼット』誌に掲載された論文「変化しつつある海兵隊」("Our Changing Corps")においてC・J・グレゴリー（C. J. Gregor）少佐が以下のように指摘した。現在の海兵隊では、戦争に勝利するために必要とされるドクトリンや戦術、編制、リーダーシップの変化を認識するべく組織が制度上は存在するが、実際にはその制度が機能していないと。彼によれば、その役割を果たすべき海兵隊開発教育司令部には総司令部に及ぼす影響力が欠如している。さらに総司令部の主たる関心は日常業務の履行であるためそれらの変化を認識していない。[62] 海兵隊の外部からも批判された。同年、戦略研究家のエドワード・ルットワーク（Edward Lutwak）が著書『ペンタゴン』でアメリカの軍事力構築における部隊の運用思想の欠如を批判した。彼は、アメリカでは国防総省の文民と軍人、議会の三者全てが、戦略と作戦、戦術の視点を欠いたまま兵器の正確な値段や仕様について論じていると指摘した。彼によれば「軍の機構内では、各軍の間と続いて軍と議会との間に戦われる予算獲得が全てであって、戦略やその他の無形要素に関しては、まじめな検討をするにはその内容があまりにも漠然としているし、要領を得ないとみなされているのである」。[63] その結果アメリカ軍では、高価で高性能であるにもかかわらず必ずしも実戦で部隊が有効に使用できない兵器が配備されることがあり、また、戦略的に価値のないことに部隊の将兵が尽力することになっていると辛辣に批判した。

グレイもまた総司令官に就任する以前から、総司令部の幕僚達により、部隊が必要とする訓練プログラムや装備の配備が遅れていると感じていた。ウィルソンやグレイの下で機械化部隊の実験に携わっていたターレーは、グレイが直面した総司令部の行政手続きとして、以下のような総司令部内での文書の作成の流れを例に挙げている。当時海兵隊総司令部では、調査を実施した少佐もしくは中佐が草案を作成し、大佐に提出する。草案を受け取った大佐は総司令部の政策に関する詳細な知識をその草案に加筆し、草案を執筆した少佐もしくは中佐に戻す。彼らは大佐の全てのコメントを草案に盛り込んだ後に、部署の長である大佐に提出する。再度大佐により確認された草案は、将軍に提出され、その後各部署に回される。そこで、どの部署からも変更の提案がない場合はようやく総司令部から文書が発行される。他方、変更の提案がある場合には、最初に草案を作成した少佐もしくは中佐に戻され、再び上述した過程が繰り返される。[64]この決まりきった総司令部内の手続きにより、必要とされる訓練や装備が部隊に迅速に届いていないとグレイはみなしていた。彼は海兵隊にとって最も重要なことは、海兵隊の戦闘部隊を国防予算の削減から守り維持することではなく、部隊が戦闘に勝利するための能力を向上させることだと強く確信していた。そのため、部隊の必要性よりも総司令部の事情が優先されることは、彼にとって看過できることではなかったといえよう。

総司令官に就任したグレイは艦隊海兵隊のニーズを反映させるための制度作りを本格的に着手していく。部隊のニーズが迅速に反映される仕組みを構築するために以下の三つの方策をグレイは採用した。第一に海兵隊の基本的な戦闘組織であるＭＡＧＴＦの代表者としてＭＣＣＤＣを定義することである。第二に総司令部ではなく、部隊を代表するＭＣＣＤＣがＭＡＧＴＦのニーズを取り入れながら任務の必要を決定し、ドクトリンや訓練、教育、編制、装備における変更を決定することとした。ＭＣＣＤＣがそれらの整備において主導的な役割を果たすのである。最後にＭＣＣＤＣが決定したニーズを実行する組織を立ち上げた。

グレイが総司令官に就任した後の１９８７年の夏から秋にかけて実施された研究において、新設する

ＭＣＣＤＣの基本的な組織構造と役割が提案された。まず、８月に実施されたＭＣＤＥＣの組織に関する研究において、基本的な組織構造が提案された。そこではＭＣＤＥＣにはネットワーク・センターと戦闘開発センター、情報センターの三つの部署を設置すべきであると提案された。そして戦闘開発センターの下に、情報センターと訓練・訓練支援・教育センター、ウォーファイティング・センター、兵棋演習センターを設置することが提案された。[65] この提案を承認したグレイは11月にＭＣＣＤＣを創設した。同時にグレイはＭＣＣＤＣ移行チームを立ち上げ、ＭＣＣＤＣの任務や各組織の役割と組織構造の詳細について議論するように命じた。87年秋にＭＣＣＤＣの各組織の役割と組織構造について議論を重ねた移行チームは、ＭＣＣＤＣ司令官の役割と任務を次のように定義した。

ＭＣＣＤＣ司令官とは艦隊海兵隊の代表者であり、ＭＡＧＴＦの作戦能力の向上に関する主要な責任を有する。その責任を果たすためにＭＣＣＤＣ司令官は任務の必要を識別し、ドクトリンと訓練、編制、装備の変化に関する要求を確立する。[66] ドクトリンと編制、訓練に関してはＭＣＣＤＣ、装備に関しては後述するようにＭＣＲＤＡＣが特定された要求を実行する。１９８６年に制定されたゴールドウォーター・ニコルズ法は装備の調達に関して要求の特定と調達を異なる組織が実行することを海兵隊に求めた。そこで海兵隊はＭＣＣＤＣが決定した要求に基づき調達を実行するための組織としてＭＣＲＤＡＣを立ち上げた。移行委員会はＭＣＣＤＣが要求を決定するための仕組みと艦隊海兵隊の関与を確立する仕組みについても議論した。そこでは変化の必要性を識別するために、ＭＣＣＤＣは作戦構想を作成し、任部領域分析（Mission Area Analysis）を実施し、中期的な目標を決定し、「ＭＡＧＴＦマスター計画」（MAGTF Master Plan）を作成することが提案された。さらにその各段階の研究や目標の決定において、艦隊海兵隊からＭＣＣＤＣへと意見をインプットする案が作成された。[67]

ＭＡＧＴＦの代表者であるＭＣＣＤＣに、要求の特定とドクトリンと編制、訓練に関してはその要求を実行する権限を与えた一方で、それまで装備調達を主導してきたと考えられる総司令部の機能と役割を制限することを試みた。彼は総司令部の幾つかの部署をＭＣＣＤＣとＭＣＲＤＡＣへ移転させることを決定した。総司令部からＭＣＣＤＣとＭＣＲＤＡＣへの機能の移転に関する意図は、海兵隊の装備調達システムの改革に関する総司令官の宣言文の草案に示されている。グレイは装備調達システムを改革する論拠の一つ目に、現状のシステムでは作戦部隊のニーズに十分に対応できていないことを挙げている。加えて国防総省が目指している合理化に対応できていないこと、新しい技術の採用に時間がかかりすぎることを指摘している。グレイは艦隊海兵隊のニーズに答えるために、現状のシステムの欠陥を特定し、新しい要求を定義する過程において、艦隊海兵隊部隊の関与を強めることを希望すると宣言した。そして新しい技術を活用に要する時間を短縮するために、調査と開発、取得プロセスに関与する組織の数を最小限にすること、とりわけ予算の策定に関して総司令部の幕僚が従来果たしてきた役割を見直すと宣言した[68]。

このグレイの方針に基づき、１９８７年9月から88年5月にかけて海兵隊では総司令部とＭＣＤＥＣの全面的な組織再編が行われた。9月17日と18日、21日にＭＣＣＤＣとＭＣＲＤＡＣの再編と移転に関する会議が開かれた。その会議においてＭＣＤＥＣをＭＣＣＤＣへと再編することとＭＣＲＤＡＣの設立提案を承認した彼は、以下のように組織を再編する方針を示した。ＭＣＤＥＣの開発センターと総司令部の施設兵站部の取得課をＭＣＲＤＡＣへ、総司令部の調査と開発、研究（Research, Development and Studies［RD&S］）部署の研究部と訓練部と開発センターの計画課をＭＣＣＤＣへと移すようにと。そして、それらの機能を移転した後の総司令部の機能について分析するためのグループを選出するようにと指示した[69]。10月には、開発センター、ＲＤ＆Ｓの取得課の大部分のスタッフ、調達課とその他総司令部で調達に関与している組織を、新設したばかりのＭＣＲＤＡＣで統合することを指示した。[70]

海兵隊ではＭＣＣＤＣとＭＣＲＤＡＣそして総司令部の各組織の役割について議論された。その議論において、ＭＣＣＤＣの役割は要求（の特定）と戦争（Warfare）ドクトリン、研究、教育と訓練、整備、兵棋演習、ＭＣＲＤＡＣの役割は調査と開発、取得、システム工学であると論じられた。そして総司令部に関しては従来の研究機能や装備調達に関する機能は削除され、海兵隊の政策や統合と海兵隊計画、資源や基地の管理、幕僚による総司令官への助言、通信保全に役割が限定された。[71] さらに、ＭＣＣＤＣ司令官と艦隊海兵隊そして総司令部内の部署間と外部の省庁との対話、ＭＣＣＤＣ司令官とＭＣＲＤＡＣ司令官が策定した計画へのコメントと提言が総司令部の役割に加えられた。[72] 10月22日に実施された海軍次官補（調査・工学・システム）への報告において、総司令部からＭＣＣＤＣとＭＣＲＤＡＣへと移転させる機能と部署が説明された。調査と開発、研究部の研究部署はＭＣＣＤＣへ移転し、残りをＭＣＲＤＡＣに移転させ、施設・兵站部の取得、契約部署はＭＣＲＤＡＣに移転、訓練部署はＭＣＣＤＣとＭＣＲＤＡＣへ分割して移すことが報告された。[73] ＭＣＣＤＣが要求を特定し、装備取得に関してはＭＣＲＤＡＣがその決定に基づき実行する。総司令部は政策と資源と基地の管理へと役割が限定され、その役割別で組織が再編されたのである。

戦うことに関心の薄い将校から構成される軍隊をいかに戦う組織へと変革できるのか。この難題にも挑戦し続けてきたグレイは、ＦＭＦＭ１『ウォーファイティング』ドクトリンにて戦争（Warfare）こそが海兵隊員の思想と行動の出発点であること、そして海兵隊が採用する戦争（Warfare）の形態は機動戦であることを示した。加えて、上述してきたように機動戦構想の実行者である艦隊海兵隊のニーズに基づいてＭＣＣＤＣがドクトリンや装備、編制の変更を決定する仕組みを作った。それにより、グレイは戦争（Warfare）とりわけ機動戦構想の観点から海兵隊のニーズが決定される仕組みを構築しようとしたのである。

（3）グレイの企図②——構想に基づく要求システムの構築

グレイがＭＣＤＥＣ改革において目指した二つ目のゴールは、装備という物理的な要素ではなく、構想という無形物を基盤としてドクトリンや編制、装備、訓練、教育を整備する制度を構築することであった。構想なき装備開発は予算の効率的な使用を阻害するし、不適切な装備開発をもたらすことになる[74]。既に述べてきたように、ＭＣＤＥＣ改革においてグレイが想定した一つ目のゴールは、政策や行政ではなく戦争（Warfare）の観点から軍事力を整備するシステムの確立だった。非常に興味深いことに、兵器や新しい技術ではなく、作戦もしくは戦術構想を基盤にして、作戦や戦術レベルでの戦いである戦争（Warfare）を準備すべきであると彼は考えたのである。言い換えると、部隊をどのように運用するかというアイデアを出発点としてドクトリンや編制、装備、訓練、教育を整備しようとしたのである。

１９７６年にＭＣＤＥＣの構造と任務、機能に関する研究を実施したワイズは、76年の段階で既に海兵隊における構想の欠如を解決すべき問題として指摘していた。ＭＣＤＥＣに属する開発センターにおいて装備ばかりが過度に優先され、組織化やドクトリン、戦術、技術、計画そして研究といった開発センターの他の機能が失われている状況について、海兵隊員達が懸念を抱いていることをワイズは発見した。（ＭＣＤＥＣに属する）開発センターで現在任務に就くもしくは過去に任務に就いた聞き取り対象者のうち、約半数の対象者が「開発センターは過度に技術志向である」と指摘した。各々の例において表明された上述の意見はこちらの要望に応じて表明されたものではない。本調査は以下のことを明らかにした。それは、装備が開発センターの他の機能に優先するという一般的な意見は、他の機能の損失、場合によっては排除ということである。軽視されている機能として挙げられていたものは、組織化とドクトリン、戦術、技術、計画そして研究である。装備による支配は開発センターの他の機能と比較すると、その本質上、論理的に予測できるのかもしれない。装備は有形物であり、ドクトリンは無形である。兵器は殺戮するが研究はしない。聞き取り対象者は装備の重要性について誹謗したわけではない。むしろ、彼らは、他の分野に関して彼らが認識している重要性の相対的な欠如について非難したのである。聞き取り対象は開発センターに属する計画及び研究部署と組織化、ドクトリン、戦術及び技術部署について言及した。これらの部署は第二級の地位に甘んじるには重要すぎる。二つの部署の重要性に関して意見の相違はないが、それらが開発センターに属していることがその二つの機能が追放されることを可能にし、促進している。そのようなことになるべきではない[75]。

ワイズはこの問題を解決するために次のような方策を報告書において提案した。ワイズの提案は非常に単純であるが、当時の海兵隊にとっては画期的な提案だったといえよう。それは、装備を担当する部署ではなく、当時第二級の地位に置かれていた計画及び研究部署が海兵隊の装備と組織編制、ドクトリン、戦術、技術、教育及び訓練の要求を主導するシステムへと転換させることである。彼が提案した装備とドクトリン、戦術、技術、教育及び訓練の開発の流れは以下の通りである。まず、総司令官が計画及び研究部署に海兵隊が置かれた環境と概算時間、任務に関する方向性を示す。その後、計画及び研究部署が装備と艦隊海兵隊の編制、ドクトリン、戦術の要求を決定し、訓練と教育の必要性を示唆する。そして総司令官が計画及び研究部署の要求を承認した後にそれらは艦隊海兵隊に送られ、テストと評価、精錬された後に開発もしくは発行される[76]。ワイズの報告書が発行された十数年後に、実際にＭＣＤＥＣの改革を推進した将校達がどの程度その報告書を参考にしたのかについてはわからない。ただし、１９８０年代後半に改革者達が実際に作成した装備とドクトリン、教育、訓練、編制の開発制度の青写真は、76年の報告書において既に示されていたのである。

ワイズが海兵隊における装備の過度な重視への懸念を示し、計画及び研究が海兵隊の要求決定を主導するような仕組みを提案した十年後の１９８６年、装備に対する過度な重視を問題視するペーパーが再び作成された。執筆者はＰ・コリン大佐（Colonel P. Collins）である。コリンは構想ペーパーの文頭において以下のように指摘した。80年代を通して装備の近代化に注力した結果、新しい装備がＭＡＧＴＦに導入されつつある。しかしながら、新しい装備のための訓練・編制の調整やドクトリンが開発されていないことに部隊が懸念を表明していると。海兵隊の戦闘開発能力について分析したコリンは、海兵隊において装備ばかりが先行し、訓練と編制、ドクトリンの開発が遅れるという問題を生じさせている二つの要因を発見した。一つ目は海兵隊が構想そのものを創出していないことである。二つ目は訓練と編制そしてドクトリンを開発するための過程を海兵隊が制度化していないことであるとコリンは論じている[77]。彼によれば、海兵隊では、装備と訓練、編制、ドクトリンの開発担当者が現在の海兵隊の欠陥と要求を特定するために用いる将来の戦場に関する構想が定義されていない。また、装備の開発過程は制度化され、多くの人員も割かれている一方で、訓練と編制、ドクトリンの開発過程は制度化されていない。

将来戦構想の定義の欠如と訓練や編制、ドクトリンの開発の制度の欠如を危惧したコリンは、この二つの問題を解決するためには、新たな構想とそれを実行するための制度の構築が必要だと主張した。以下の三つのことを彼は提案した。

① 構想開発過程と要求特定過程を強化し、この二つを結合すること
② 訓練やドクトリン、編制の各々の開発過程を作り、承認すること
③ 新装備と調和した訓練とドクトリン、編制を開発するために、各々の近代化は結合すること

そして、これらの三つの提案を実現するためには、将来の構想の研究と装備、訓練、編制の開発準備を一元的に実施する組織を新設すべきであると意見した。コリンの考えでは、海兵隊は既存の開発センター研究部局に構想と研究そして分析、訓練、編制開発を担うべく組織を追加し、戦闘開発課を新設すべきであるという。戦闘開発部局は構想・研究・分析部門、訓練開発部門、編制開発部門、要求・統合部門から構成され、開発センターの司令官の指揮下に置くべきと提案された[78]。

前述してきたように、1970年代から80年代にかけて将校たちはMCDECが抱えている問題点を考察し、改善点を提案していた。代表的な研究である76年のワイズによる研究における提案の一つは、装備ではなく研究を担当する部署が要求を決定すべきということだった。86年に実施されたコリンの研究では、構想開発と装備、訓練、編制、ドクトリンの開発過程を一体化するために、将来構想の研究と装備、訓練、編制の開発準備を一元化して実施する組織を新設することが提案された。ボイドやワィリーがグレイの総司令官就任以前に機動戦構想を形成していたように、ワイズやコリンはグレイが総司令官に就任する以前から後のMCCDCの構想を描いていた。彼らは海兵隊の頭脳となる組織の思想上の生みの親だったのである。彼らの提案は、87年にグレイが総司令官に就任すると急速に具体化されていくこととなる。

次に、彼が構築を試みた制度を概観しよう。

グレイはまず、装備取得の要求を特定する権限を、従来の技術部門と取得部門を集約して立ち上げた

MCRDACではなく、構想開発機能を備えたMCCDCに与えた。MCCDCがニーズを特定し、MCRDACは購入と取得を実行するのである。1987年9月17日、18日、21日に開催された会議においてグレイはMCCDCとMCRDACの編制に関して、以下の方針を提示した。総司令部の調査・開発・研究課の研究部門とMCDECの開発センターの計画課をMCCDCに移管し、開発センターと施設兵站部の取得課をMCRDACに移管すると。[79] 同年10月16日、MCRDACの編制等について検討してきた作業グループから報告書が提出された。[80] 10月、グレイは開発センターの大部分と従来の調査・開発・研究部局の研究以外の部門、取得・調達部局を統合してMCRDACを新設していることを正式に表明した。[81] 開発センターは従来主に装備の計画と研究を行ってきた部署である。MCRDACは装備に関する調査と取得・調達部署が統合されて創設されたといえよう。10月22日に実施された海軍次官補へのブリーフィングでは調査・開発・研究部局の研究部門と開発センターの計画部門はMCCDCへ移管すると説明された。[82]

さらに、グレイは新設するMCCDC内に、構想の研究とドクトリンや訓練、編制、装備に関する変化の特定を一元的に実行する部署を創設することを強力に推進した。1987年8月に発表された MCDEC組織研究において、MCCDC内にウォーファイティング・センターと名付けられた新たな組織を創設することが提案された。そこでは、同センターの任務は、作戦構想と研究、要求そしてドクトリンに責任を持つこと、海兵隊のウォーファイティングに関する小冊子とドクトリンを発行することという概略のみが示された。[83] 87年9月17日、18日、21日に開催された会議において、グレイは同センターが海兵隊の中、長期的な計画を立案し、思考するために中心的役割を担うことを宣言した。そして、現在、開発センター内のドクトリン・センターと総司令部内の調査・開発・研究部局に与えられているドクトリンと構想に関する研究と分析機能を、新設する同センターに付与するという方針を示した。このグレイの発言は、従来は装備の開発に焦点が当てられている一方で、機能不全であると指摘されてきた構想研究やドクトリン作成の機能を海兵隊の計画立案の中心とするという大転換を意味した。

その後、１９８７年12月11日にはウォーファイティング・センターの任務や組織について検討した報告書がウォーファイティング・センター作業グループからＭＣＣＤＣ移行チームに提出された。報告書では任務や組織構造の詳細が詰められている。ウォーファイティング・センターの任務は「構想と計画、ドクトリンの開発と評価そして発行」[84]すること、「構想を基盤とした要求システム（Concept Based Requirement System）に基づきドクトリンと訓練、ＭＡＧＴＦ編成、装備に関する変化の必要性を特定し、評価」[85]すること、「統合と諸兵連合ドクトリンの発展において、他軍種や統合、特定、同盟国の司令部との協調に参加する」[86]ことであるとグレイの名前で示された。加えて、グレイはウォーファイティング・センターに構想と計画、ドクトリンの開発や評価を支えるための歴史研究の任務を与えた[87]。第６章で論じるようにグレイは戦史を非常に重視していた。同センターは構想と計画を研究し、ドクトリンや訓練、編制、装備に関する必要と要求を特定する。そしてドクトリンと編制に関しては同センターが開発する。訓練の開発は訓練教育センター、装備の開発はＭＣＲＤＡＣが実施することをグレイは求めたのである。そのためには同センターに創造的な執筆者を配属させ、とりわけ文民の研究を直ちに導入するようにとグレイは指示した。また、同センターが決定したニーズに基づき装備の開発と調達を実行するＭＣＲＤＡＣの実施状況を確認する任務も付与すると宣言した。

ウォーファイティング・センターの編成も提示された。ウォーファイティング作業グループが作成した報告書では、構想や計画部局を備えたウォーファイティング開発部、地上ドクトリンや航空ドクトリン部局等を有するドクトリン開発部、そしてMAGTF提案・要求部から構成することが提案された。[88] 各部署は一部名称を変更しながら順次立ち上がり、1988年の段階では同センターは、構想・計画部署と提案・要求部門、ドクトリン部門、研究・分析部門、特殊作戦・低列度紛争部門、支援部門、MAGTF戦争プレゼンテーションチームから編成されていた。軍事史研究は研究・分析部門が担当することとなり、V・K・フレミング（V. K. Fleming）博士が歴史課長に就任した。[89] グレイはMCCDC内の同センターに研究と思考、決定の知的機能を集約し、そこが海兵隊の知能中枢、すなわち頭脳となることを描いていたのである。

加えて、改革者たちは、ウォーファイティング・センターがドクトリンと訓練、編制、装備に関する変更の要求を特定する際に、有形の要素ではなく構想という無形の要素から特定する仕組みを構築し、制度化することを試みた。既に述べたように構想研究を担うMCCDC、とりわけMCCDC内に構想研究と要求特定を担当する同センターを新設し、構想から要求を特定するとして、どのような過程を経て要求を特定することが適切なのだろうか。彼らが構築を試みたその制度は「構想を基盤とした要求システム」という名前で産み落とされた。「構想を基盤とした要求システム」の研究が、海兵隊において、いつ、どのように開始され、どのように研究が積み上げられたのかについて、詳細はまだ明らかになっていない。ただし、前述したコリンによれば1986年1月の段階では、総司令部のジニー大佐と開発センターの計画部局のウィルソン中佐の間で「構想」と「要求」の制度化が既に開始されていた。[90] 研究の結果、「構想を基盤とした要求システム」とは以下のような定義と仕組みとして考案されたと考えられる。「構想を基盤とした要求システム」とは「作戦構想の開発と分析を通して海兵隊の将来のウォーファイティング要求を決定する過程」である。[91] そして次のような流れで、ドクトリンや訓練、編制そして装備に関する要求を特定する仕組みとして考案されたといえよう。

まず、海兵隊総司令官が「海兵隊戦役計画」（Marine Corps Campaign Plan）と名付けられた計画にて海兵隊の将来の方向性を示す。ここでは海兵隊の将来像に対する指揮官の意図が示される。次に「海兵隊長期的計画」（Marine Corps Long Range Plan［MCLRP］）において、今後二十年から三十年間の目指すべき作戦的構想が示される。この指揮官の意図や作戦的構想が「構想を基盤とした要求システム」の基盤となる。作戦的構想はあくまで将来の戦場での戦いに関するアイデアである。そのため、次の段階ではその作戦的構想を実行する部隊の現在の能力に関する調査の「任務領域分析」が実施される。任務領域分析を実施することで、将来の作戦構想を実行するために、現在のドクトリンや訓練、編制、装備の各分野における不十分な点を明らかにする。理想と現状の乖離を明確にするのである。そして、明らかになった各分野の欠陥を基盤として、ウォーファイティング・センターが「海兵中期作戦計画」（Marine Midrange Operational Plan［MMROP］）の目標を設定する。続いてMMROPの目標を達成するために、「MAGTFマスター計画」（MAGTF Master Plan）と名付けられた計画を作成する。MAGTFマスター計画にはドクトリンや訓練、編制、装備プログラムが含まれる。最後に、ドクトリンと訓練、編制そして装備の各分野における要求を文書化する[92]。このような過程を経て、同センターはドクトリンや訓練、編制、装備における要求を決定する。グレイは「海兵隊戦役計画」を執筆するため、MAGTFウォーファイティング・センターにワイリーを呼び寄せた。

ウォーファイティング・センターが一元的に構想からドクトリンと訓練、編制、装備における要求を特定することは、機動戦構想にとって、次のことを意味した。それは、グレイが抱いていた幾つかの構想のうちでもとりわけ重視していた機動戦構想は、制度上、ドクトリンのみならず、訓練や編制、装備にまで影響を及ぼすことが可能となったことである。グレイと彼の改革者たちは、戦争（Warfare）の実行者である部隊のニーズを踏まえた研究組織が、構想に基づきドクトリンと訓練、編制、装備に関する変更の要求を一元的に特定する制度を作り上げた。構想から要求を特定することで、現在の技術や装備そして編制といった物理的要素に戦い方が制限されることを防ぐことができる。機動戦と称される新しい構想を導入しようとした改革者たちは常に批判にさらされた。その中でも最も強力な批判の一つが機動戦構想は海兵隊の既存の編制と装備には適合しないということだった。[93] グレイは既存の編制や開発中の技術から戦争様式を整備する様式から、まず構想を形成し、そこから編制や技術を開発していく様式へと変化させた。それは現状に制限される様式から未来志向の様式への変化を意味した。構想に基づく要求システムを導入することで、機動戦構想のような構想から物理的な要素を整備するという発展的な開発が、制度上、可能になった。加えて、理論上はドクトリンと訓練、編制、装備が同じ構想に基づいて体系的に発展することが可能になった。

グレイによるＭＣＣＤＣとＭＣＲＤＡＣの創設は、海兵隊を戦う組織へと変革するために、戦争（Warfare）を未来志向で発展的に準備する制度を構築する試みだった。それは行政的思考から戦争（Warfare）的思考へ、物理的な要素から構想を出発点とする軍事力整備への大転換だった。

次章では、このＭＣＣＤＣにおいて将来戦構想を創出し、ＭＡＧＴＦでは機動戦構想に基づき部隊を指揮、もしくは作戦を立案する能力を備えた将校を、グレイがどのように育成したのかを検討する。

註記

（1） Damian, "The Road to FMFM 1."

（2） 著者によるポール・フォン・ライパーへのインタビュー、２０１５年3月20日にヴァージニア州クワンティコの海兵隊大学にて実施。
（3） Alfred M. Gray, “Annual Report of the Marine Corps to Congress,” *Marine Corps Gazette,* Vol. 72, Issue 4（April 1988）, pp. 24-27.
（4） Turley, *The Journey of a Warrior,* pp. 256-260.
（5） Millett, *Semper Fidelis,* p. 625, 631.
（6） Ibid., p. 631.
（7） Who’s Who in the Marine Corps History, United States Marine Corps History Division, https://www.usmcu.edu/historydivision/whos-who、２０１７年8月18日アクセス。
（8） サミュエル・ハンチントン（市川良一訳）『軍人と国家』上（原書房、２００８年）、pp. 205-208。
（9） Turley, *The Journey of a Warrior,* p. 30.
（10） Ibid., p. 84.
（11） Ibid., p. 58
（12） Gen Anthony C. Zinni, “Interview with Anthony C. Zinni Session IV,” Interview by Dr. Fred Allison, United States Marine Corps History Division, March 27, 2007.
（13） Ibid.
（14） Turley, *The Journey of a Warrior,* p. 65.
（15） Ibid., p. 61.
（16） Scott Laidig, *Al Gray, Marine:The Early Years, 1950-1967.* Volume1（Virginia:Potomac Institute Press, 2012）, p. 265.
（17） Gen Anthony Zinni, “Interview with Anthony C. Zinni Session VI,” Interview by Dr. Fred Allison, United States Marine Corps History Division, June 25, 2007.
（18） Lt. Gen Paul K. Van Riper, USMC（Ret）, “Interview 2 of 3,” Interview by Lt. Col. Sean P. Callahan, United States Marine Corps History Division, February 20, 2014.

（19）"Maneuver Warfare"、アルフレッド・M・グレイから提供された資料。
（20）木村卓司「アメリカのグレナダ介入と中米情勢」『海外事情』32巻、7・8号、p. 93-111。
（21）同上、p. 99、「グレナダ侵攻、長期駐留なら米政権窮地――国内でも批判続々、撤退のタイミング焦点。」日本経済新聞、1983年10月28日、2019年6月17日にアクセス。
（22）シュワーツコフ『シュワーツコフ回想録―』、p. 262。
（23）同上、pp. 263-274。
（24）Lock-Pullan, *US Intervention Policy and Army Innovation*, pp. 114-116.
（25）キッシンジャー『外交』下、p. 456。
（26）Lock-Pullan, *US Intervention Policy and Army Innovation*, p. 119.
（27）Ibid., pp. 109-132.
（28）Summers, *On Strategy*, pp. 11-20, 33-41.
（29）ハルバースタム『ベスト&ブライテスト』下、pp. 213-234。
（30）ヘリング『アメリカの最も長い戦争』下、p. 46。
（31）浜谷英博『米国戦争権限法の研究―日米安全保障体制への影響』（成文堂、1990年）、pp. 8-18。
（32）Lock-Pullan, *US Intervention Policy and Army Innovation*, p. 115, 広田秀樹「ワインバーガーの国際政治戦略―その構想と展開―レーガン政権のバックボーン・リーダーの戦略構想・戦略展開の視点からの1980年代アメリカ世界戦略の分析」、『長岡大学　研究論叢』第10号、2012年7月、p. 23。
（33）キャスパー・W・ワインバーガー（角間隆監訳）『平和への闘い』（ぎょうせい、1995年）、pp. 118-126。
（34）FM 100-5, *Operations* (Washington, D.C.: Headquarters Department of the Army, 1982), p. 2-3.
（35）Summers, *On Strategy*, pp. 93-107、キッシンジャーも、ベトナム戦争において、南ベトナムでの民主主義の確立というアメリカの政治目的と軍事目標の設定と調整を、アメリカの政治・軍事指導者達が十分に行わなかったと指摘する。アメリカの手段は、政治目的の達成には不十分だったし、政治目的はアメリカの政治指導者達にとって許容可能な手段では達成不可能なものだった、キッシンジャー『外交』下、p. 301, 302。

（36）ワインバーガーが言及した軍事力行使についての六つの原則とは、①アメリカは、アメリカや同盟国の国益に死活的ではない場合、部隊を海外の戦闘に投入すべきではない。②戦闘部隊の投入を決定したら、断固として投入せねばならない。目的達成に必要な部隊や資源を投入するつもりがない場合、投入は一切すべきではない。③海外の戦闘に部隊を投入する場合は、政治・軍事の目的を明確にしておくべきである。その目的を軍がどのように達成できるのかを把握し、そのために必要な部隊を派遣しなければならない。④紛争中に変化する目的に応じて、投入する部隊の規模・編制・配置を調整しなければならない。⑤軍を海外の戦闘に投入する場合、国民と連邦議会の支持を得られるという相当の保証がなければならない。⑥戦闘への軍の投入は最後の手段でなければならない、宮脇岑生『現代アメリカの外交と政軍関係—大統領と連邦議会の戦争権限の理論と現実』（流通経済大学出版会、２００４年）、p. 255, 256。

（37）サミュエル・ハンチントン（市川良一訳）『軍人と国家』上（原書房、２００８年）、pp. 12-19。

（38）"Interview with Anthony C. Zinni Session IV."

（39）Ibid.

（40）Ibid.

（41）Ibid.

（42）Lt. Gen Paul K. Van Riper, USMC（Ret), "Interview 1 of 3," interview by Lt. Col. Sean P. Callahan, United States Marine Corps History Division, February 20, 2014.

（43）サミュエル・ハンチントン（市川良一訳）『軍人と国家』下（原書房、２００８年）、pp. 128-152。

（44）アメリカ海兵隊司令部（ベニス・M・フランク）（高井三郎訳）『国連平和維持軍—アメリカ海兵隊レバノンへ』（大日本絵画、１９９１年）、pp. 69, 77, 78。

（45）Millett, *Semper Fidelis*, p. 628.

（46）アメリカ海兵隊司令部『国連平和維持軍』、pp.165, 166。

（47）"Interview with Anthony C. Zinni Session VI."

（48）アメリカ海兵隊司令部『国連平和維持軍』、p.225, 226。

（49）John A. Lejeune, *The Reminiscences of a Marine*（Virginia:Marive Corps Association, 2003).

(50) Charles A. Fleming, Robin L. Austin, Charles A. Braley III, *Quantico: Crossroads of the Marine Corps* (Washington, D.C.: History and Museum Division Headquarters, U.S. Marine Corps Washington, D.C.), p.24, 26, 85.

(51) Alfred M. Gray, "Establishment of the Marine Corps Combat Development Command," *Marine Corps Gazette,* Vol.71, Issue 12 (December 1987), pp. 7-9.

(52) Robert J. Winglass, "The Corps' Newest Command, MCRDAC, Activated," *Marine Corps Gazette,* Vol. 72, Issue 1 (January 1988), pp. 10-12.

(53) Posen, *The Sources of Military Doctrine*, Rosen, *Winning the Next War.*

(54) ヴァルター・ゲルリッツ（守屋純訳）『ドイツ参謀本部興亡史』上（学習研究社、２０００年）、pp. 119, 120, 168。

(55) 同上、p. 94, 95。

(56) 金龍瑞「アメリカにおける参謀部創設の意義─現代的文民統制の形成」『年報行政研究』１９７９巻、14号、（１９７９年３月）、p. 259。

(57) 同上、p. 259。

(58) ハンチントンによれば、軍事戦略に関して行政部と立法部が対立した際にも、将校達の支持は分かれていた。ハンチントン『軍人と国家』上、pp. 176-179。

(59) 金「アメリカにおける参謀部創設の意義」、p. 276, 278。

(60) Gen Anthony C. Zinni, "Interview with Anthony C. Zinni Session VII," Interview by Dr. Fred Allison, United States Marine Corps History Division, August 3, 2007.

(61) Colonel R. C. Wise, USMC, "A Study of the Mission, Functions and Organization of the Marine Corps Development and Education Command," 1 November 1976, in "A Study of the Mission, Functions, and Organization of The Marine Corps Development and Education Command Nov 1976" Folder, Studies& Reports Box 52, Archive Branch, Marine Corps History Division, Quantico, VA.

(62) Gregor, C. J., "Our Changing Corps," *Marine Corps Gazette,* Vol. 68 Issue 8 (August 1984).

(63) エドワード・ルットワーク（江畑謙介訳）『ペンタゴン』（光文社、１９８５年）。

（64） Turley, *The Journey of a Warrior,* p. 130, 290, 291.

（65） Report "MCDEC Organizational Study," August 1987 in "Studies And Reports Reorganization MCDEC Organizational Study August 1987, W/Ch 1 Aug 1987" Folder, Studies & Report Box 53, Archive Branch, Marine Corps History Division, Quantico, VA.

（66） From Coordinator, Warfighting Center Working Group To Head, Marine Corps Combat Development Command Transition Team "Enclosure（5）To Warfighting Center（WPC）Working Group Report, Glossary of Terms," in "Studies and Reports Reorganization Reorganization: Working Group Report Dec 1987" Folder, Studies& Report Box 54, Archive Branch, Marine Corps History Division, Quantico, VA.

（67） Ibid.

（68） "ALMAR 232/87: Restructuring the Marine Corps Organization for Combat Systems Acquisition," in "Studies and Records Reorganization Reorganization: Establishment of Marine Corps Research, Development and Acquisition Command Nov 1987" Folder, Studies & Report Box 53, Archive Branch, Marine Corps History Division, Quantico, VA.

（69） "Meetings on CMC Reorganization/Relocation Initiatives of 17,18, and 21 September 1987," in "Studies and Reports Reorganization CMC Reorganization/Relocation Initiatives of 17,18, and 21 September 1987（2nd Draft）Oct 1987" Folder, Studies & Report Box 53, Archive Branch, Marine Corps History Division, Quantico, VA.

（70） ALMAR 232/87: "Restructuring the Marine Corps Organization for Combat Systems Acquisition."

（71） "Memorandum for the Commandant of the Marine Corps: Activation of MCRDAC," 16 October 1987 in "Studies and Records Reorganization Reorganization-Stand Up Of MCRDAC Jun-Dec 1987" Folder, Studies & Report Box 53, Archive Branch, Marine Corps History Division, Quantico, VA.

（72） "MCCDC Stand-up," 4 November 1987, "Studies and Records Reorganization Reorganization-Stand Up Of MCRDAC Jun-Dec 1987" Folder, Studies & Report Box 53, Archive Branch, Marine Corps History Division, Quantico, VA.

（73） "U.S. Marine Corps Organization for Combat Systems Research, Development & Acquisition, Briefing Presented to ASN（RE&S）, " 22 Oct 1987, "Studies and Reports Reorganization Reorganization: Organization For Combat Systems Research Development and Acquisition: Brief Oct 1987" Folder, Studies & Report Box 53, Archive Branch, Marine Corps History Division, Quantico, VA.

（74） 著者によるアルフレッド・M・グレイへのインタビュー、2017年7月10日にヴァージニア州クワンティコの海兵隊図書館で実施。

（75） Wise, "A Study of the Mission, Functions and Organization of the Marine Corps Development and Education Command."

（76） Wise, Ibid.

（77） Colonel P. Collins USMC, "Concept Paper 2-86 Combat Development Capability For the US Marine Corps," 31 Jan 1986 in "Studies and Reports Reorganization Concept Paper 2-86: Combat Development Capability of the US Marine Corps by Col. P. Collins Jan 1986" Folder, Studies& Reports 52 Box, Archive Branch, Marine Corps History Division, Quantico, VA.

（78） Ibid.

（79） "Meetings on CMC Reorganization/Relocation Initiatives of 17,18, and 21 September 1987".

（80） Memorandum for the Commandant of the Marine Corps, "Activation of MCRDAC," 16 Oct 1987, in "Studies and Reports Reorganization Reorganization-Stand Up of MCRDAC Jun-Dec 1987," Studies& Reports 53 Box, Archive Branch, Marine Corps History Division, Quantico, VA.

（81） ALMAR "Restructuring the Marine Corps Organization for Combat System Acquisition," in "Studies and Reports Reorganization Reorganization: Organization for Combat Systems Research, Development and Acquisition: Brief Oct 1987" Folder, Studies and Report Box 53, Archive Branch, Marine Corps History Division, Quantico, VA.

（82） "U.S. Marine Corps Organization for Combat Systems Research, Development & Acquisition," Briefing Presented to ASN (RE&S), 22 Oct 1987, in "Studies and Reports Reorganization Reorganization: Organization for Combat Systems Research, Development and Acquisition: Brief Oct 1987" Folder, Studies and Report Box 53, Archive Branch, Marine Corps History Division, Quantico, VA.

（83） "MCDEC Organizational Study August 1987 (W/CHANGE 1)," in "Studies and Reports Reorganization MCDEC Organizational Study August 1987, W/Ch 1 Aug 1987" Folder, Studies & Report Box 53, Archive Branch, Marine Corps History Division,

Quantico, VA.

（84） From Coordinator, Warfighting Center Working Group To Head, Marine Corps Combat Development Command Transition Team, "Warfighting Center（WFC）Working Group Report," 11 Dec 1987 in "Studies and Reports Reorganization Reorganization: Working Group Report Dec 1987" Folder, Studies and Report Box 54, Archive Branch, Marine Corps History Division, Quantico, VA.

（85） Ibid.

（86） Ibid.

（87） Ibid.

（88） Ibid.

（89） Command Chronology, "Command Chronology MCCDC, Warfighting Center 1988" Folder, MC Combat Dev Com 448 Box, Archive Branch, Marine Corps History Division, Quantico, VA.

（90） Collins USMC, "Concept Paper 2-86 Combat Development Capability For the US Marine Corps."

（91） "MCDEC Reorganization," in "Studies and Reports Reorganization MCDEC Reorganization-Status Brief, ACMC Committee Oct 1987" Folder, Marine Corps Archive MC Studies and Report Box 53, MAGTF Warfighting Center, "Marine Corps Campaign Plan（MCCP）," Turley/Gray Marine Corps Campaign Plan（MCCP）9 Folder, Gerald R. Turley/Alfred M. Gray Research Collection Box 14, "Marine Corps Long Range Plan（MLRP）," Turley/Gray Marine Corps Long Range Plan（MLRP）4 Folder, Box, Archive Branch, Marine Corps History Division, Quantico, VA.

（92） "Warfighting Center（WFC）Working Group Report." from Coordinator, Warfighting Working Group to Head, Marine Corps Combat Development Command Transition Team" 11 Dec. 1987, in "Studies and Reports Reorganization Reorganization: Working Group Report Dec 1987" Folder, Studies and Report Box 54, Archive Branch, Marine Corps History Division, Quantico, VA.

（93） Damian, "The Road to FMFM 1."

第６章　創造的な将校団の育成

１９８７年に第二十九代海兵隊総司令官に任じられたグレイは、総司令官就任直後から海兵隊の「頭脳力」の改革に着手した。グレイの「頭脳力」の改革とは、ＭＣＣＤＣの創設、ドクトリンの改定、そして教育・訓練改革から成り立っていた。グレイは、ＭＣＣＤＣを創設することで、戦争（Warfare）の構想に基づいて、ドクトリンや訓練、編制、装備を整備する制度を構築しようとした。戦争（Warfare）構想の研究と、それに基づくドクトリンや訓練、編制、装備における要求の特定を一元的に実施する機関として、ＭＣＣＤＣにウォーファイティング・センターが設置された。研究と思考、決定機能を集約させた海兵隊の「頭脳」の創設をグレイは試みたのである。いわば、ＭＣＣＤＣは海兵隊の「頭蓋骨」として創設された。

ただし、軍の頭脳を機能させるためには、制度に加えて、頭蓋骨でアイデアを作り出し、論理的に思考することができる人間の育成が必要となる。また海兵隊の部隊を指揮し、作戦を立案する神経の役割を果たす将校のための教育も不可欠である。そのために、グレイはドクトリンにて、指揮官や参謀達に共通の思考枠組みを提供した。実際、ＦＭＦＭ１『ウォーファイティング』ドクトリンではウォーファイティングに関する彼の哲学を、またＦＭＦＭ１―１『戦役遂行』で戦争哲学の作戦レベルへの適用、ＦＭＦＭ１―３『戦術』で戦術レベルへの適用の考え方を示した。さらに、頭脳と神経として機能する将校達を育成するために、将校教育の改革に取り組んだ。

本章では、グレイが実施した教育改革をみる。グレイは、どのように海兵隊の頭脳として将来の戦争（Warfare）に関する構想を創出し、神経として機能する将校を育成しようとしたのだろうか？

21世紀初頭の海兵隊の作戦には機動戦構想が反映されている。２００３年のイラク自由作戦において、ＩＭＥＦの主力地上部隊の第1海兵師団は、高速でイラクを北上した。ナシリヤの戦闘では、ナトンスキが後方の指揮所ではなく、前線から第2海兵遠征旅団を指揮した。そして最も重要なことに、04年、イラクのファルージャでの戦闘において、コンウェイＩＭＥＦ司令官やマティス第1海兵師団長は、政治の要請が目まぐるしく変化する中で、その変化に応じて海兵隊の主たる努力を、自らの決断に基づき設定し直した。[1] 機動戦ドクトリンでは、指揮官は、状況の変化に応じて、自ら指揮官の意図を決定し、部隊に示すことが求められている。機動戦構想をドクトリンに正式に採用すると、海兵隊では、諸軍事概念を思考枠組みとして自ら意思決定を行うことが、将校の重要な任務となった。戦場において、ただ単にマニュアルや規則に従うのではない。上級指揮官の意図を達成するために、何が敵の弱点であり、どのようにその弱点に我の努力を集中させるべきか。これらを、自ら決断することが指揮官に求められるようになったのである。

軍事作戦とその準備に関して、独立した思考や意思決定ができる将校を育成するために、どのような教育プログラムが作成され、実行されたのだろうか。従来、陸軍の教育とは、硬直性がその特徴として指摘されてきた。１９２０年代、30年代における陸軍の将校教育とドイツ軍のそれを比較・検討したイエルク・ムート（Jorg Muth）は、陸軍の将校教育は、決まりきった手続きを忠実に実行する能力の育成を重視していたと論じている。カンザス州フォート・レブンワースに設立された指揮幕僚大学校の授業では、大尉や少佐達が「教科書資料、形式手段、教範類の暗記」[2]や「あるお決まりの起案スタイル」[3]の暗記が求められ、創造性は抑圧されていたのである。図上演習においては、学校が決めた正解ではなく、独創的な作戦で敵の司令部を占領した大尉には厳しい指導と評価が与えられた[4]。他方、ドイツの陸軍大学校の教育では、将校達の決断力や創造性が重視されていたとムートは指摘する。教官の解答も学生の解答も、批判・検討され、演習では上級部隊との連絡が途絶えた中で、当初の命令に従うか、新たな命令を出すかを問われることもあったという[5]。

海兵隊の指揮参謀大学の教育は陸戦と上陸作戦の両方の文脈で発展してきた。海兵隊の将校教育は１９２０年代に開始される。当初、そのカリキュラムは陸軍の教育を参考にしながら作成された。30年代前半になると、上陸作戦のカリキュラムが作成され、80年代前半に至るまで、水陸両用作戦は重視され続けた。他方、60年代になると経営学や対反乱作戦もカリキュラムに登場する[6]。海兵隊の指揮参謀大学の教育の歴史を概観したドナルド・F・ビットナー（Donald F. Bittner）によると、30年代半ばに、将校教育において水陸両用作戦を重視するようになった海兵隊は、陸軍が海兵隊の教育に及ぼす影響力を低下させようと試みた。確かに、想定される戦場は「陸上」から「艦から岸」へと変化した。しかしながら、30年代に海兵隊の教育機関の教官達が作成した水陸両用作戦ドクトリンは、第一次世界大戦の時代の陸戦の特徴――準備砲撃、横隊による前進、前線突破、戦果の拡張――を新しい場所に適用したにすぎなかった。同年代以降の海兵隊の将校教育にも陸軍の消耗戦思想が影響を及ぼし続けたと考えられる。

将校達の意思決定に重きを置いた教育は、ベトナム戦争終結後の海兵隊では、１９７０年代半ばにワイリーを中心に部分的に開始された。主に大尉を対象とした教育機関である水陸両用戦学校で教官をしていた彼は、面とギャップなどの軍事概念を基に独立して思考し、意思決定を行うように、大尉達を指導した。彼の限定的な挑戦は、グレイ総司令官の時代に組織的な教育へと発展する。グレイは89年に海兵隊大学を設立し、少佐や中佐を対象にした教育機関である指揮参謀大学のカリキュラムを改定し、先進戦争学校と海兵戦争大学（Marine Corps War College）と名付けられた教育機関を創設した。グレイが総司令官を務めたのは87年から91年に限定されているが、彼の海兵隊将校の教育改革はそれ以降の海兵隊将校教育の起源となったのである。

本章ではまず海兵隊大学の設立を概観することで、グレイの教育構想を明らかにする。続いて、指揮参謀大学におけるカリキュラム改定と先進戦争学校の新設において、改革者達がどのようにグレイの教育構想を実現しようとしたのかについて考察する。この時期にグレイが新設した高等教育機関には海兵隊戦争大学もある。ただし、海兵隊戦争大学は主に戦略レベルの教育を行っていると推測できる。そのため、作戦レベルと戦術レベルに焦点を当てている本書では、あえて海兵隊戦争大学は扱わない。ここでは、指揮参謀大学と先進戦争大学を主たる考察対象とする。

1　海兵隊大学の誕生

（1）グレイの教育構想――「マリーンのウォーファイティング能力を向上させよ」

グレイにとって海兵隊の軍事専門教育とは海兵隊員のウォーファイティング（Warfighting）、すなわち戦争の準備と遂行する能力を向上させることを意味した。特に将校の軍事的判断力の育成が重要だと考えていた。[7] 主に、火力による物理的破壊を累積させて勝利する消耗戦では、指揮官と参謀は以下のような能力を備えていることが求められていたといえよう。それは上級部隊から与えられた目標を撃破するために、決められた手順に沿って火力を運用することである。そこでは決められた手順を暗記し、修得することが重要であろう。他方、機動戦では意思決定の形態が大きく変化したため、将校に求められる能力も変化した。新しく採用された意思決定の形態は中央集権型ではなく任務戦術と名付けられた分権型の指揮形態である。そこでは、上級指揮官は自らの意図のみを示し、その意図を達成する方法については隷下部隊の指揮官が自ら決定する。指揮官は上級指揮官の意図を達成するために、自らの意図を決定し、それを部隊に示し、実行することが求められる。単に決められた手順や命令に従うだけではなく、自ら決定し、意図を示すことが指揮官の能力として非常に重要になったのである。そして、戦いの歴史と軍事思想を学ぶことがそれらの能力を向上させる助けになるとグレイは確信していた。「戦争の歴史からかい離した戦争研究は度々、非常に誤解を招きやすいものになる。だから、海兵隊員は真の戦争を学ぶ。技術の素人が考案する空想上の戦争では駄目だ[8]」と強く主張した。

（2）海兵隊大学での軍事専門教育の提供

海兵隊員に軍事専門教育を提供するには、一流の教育機関となる海兵隊大学を創設する必要があるとグレイは考えた。1989年、指揮幕僚大学や水陸両用戦学校、基本術科学校など既存の教育機関を統合し、大学本部機能を備えた海兵隊大学が新設された。戦史教育を提供する一流の教育機関とするためには、海兵隊大学に対して次のような方策を取る必要があると彼は示した。

第一に、海兵隊大学の教官に軍事史の博士号を持つ文民の研究者を迎え入れることである[9]。真の戦争を海兵隊員に教えるには、海兵隊員の教官は日々の雑務で多忙すぎる。戦争の研究とそれを教えることに日々集中している文民の研究者を必要としたのである[10]。1990年1月に軍事史家のブラッドレー・メイヤー

(Bradley Meyer) 博士が海兵隊大学の教員となった。その二年後には十一人の文民研究者が指揮参謀大学の教員に加わり、学生の指導やカリキュラム開発、自らの専門分野を利用した講義を開始した[11]。

第二は図書館の設置である。海兵隊大学の教育と研究を支え、また世界中に展開する海兵隊員が図書や資料にアクセスできるようにするために図書館が必要であるとグレイは訴えた。海兵隊大学に図書館を備えるべきであるという彼の構想は、とりわけアラバマ州モントゴメリーにある空軍の図書館や空軍戦争大学(Air War College)を参考にしながら実現された[12]。１９９２年、約七万五千冊の図書やアーカイブ、大会議室を備えたリサーチ・センターが設立された。

第三に海兵隊大学が大学院レベルの教育を提供することをグレイは求めた[13]。指揮参謀大学と先進戦争学校で修士号を授与できるようにカリキュラムを整えるべきであると。グレイの退役後の１９９４年に海兵隊大学は軍事学修士(Master of Military Studies)プログラムを制度化し、その翌年、指揮参謀大学の卒業生に初めて軍事学修士が授与された[14]。そして99年、アメリカ南部学位認証機関から、学位の取得要求を満たした指揮参謀大学の卒業生に海兵隊大学が軍事学修士を授与することが認証された[15]。また、学位取得要求を満たした先進戦争学校の卒業生には作戦学修士(Master of Operational Studies)を授与することが認証された[16]。

最後に、全海兵隊員がプロフェッショナルな知識を修得することをグレイは重視した。とりわけ機動戦構想を組織のドクトリンとする場合、全海兵隊員が機動戦構想を少なくとも知っていること、そして、指揮官はそれに精通し、使いこなす能力を修得していることが必要となる。指揮官は共通の概念枠組みで思考し、各々が判断を下し、自らの意図を示さなくてはならない。全海兵隊員がプロフェッショナル教育を受講できるようにグレイは遠隔教育プログラムを新設した。そのうちの一つである指揮参謀大学の遠隔プログラムでは１９９３年1月1日に学生の募集が開始された[17]。

グレイは、ウォーファイティング——戦争（Warfare）の準備と実行——に関する技術や知識そして判断力を修得するために、教育機関での教育と併せて、キャリアを通して個人で学習することを海兵隊員達に求めた。彼によれば、会戦や戦役の歴史を学ぶことで、海兵隊員は真の戦争を学ぶことが可能になる。このため、全ての海兵隊員が会戦や戦役の歴史を学ぶための海兵隊プロフェッショナル読書プログラム（Marine Corps Professional Reading Program）を立ち上げた。海兵隊プロフェッショナル読書プログラムとは海兵隊員が読むべき図書を提示し、読書を促すプログラムである。ライパーとワィリーは各図書の書評を作成しながら、推薦図書の選定を進めた[18]。その結果、伍長から将軍まで階級別の推薦図書リストが完成した。例えば、少佐や中佐には、グレイが指示した軍事思想と軍事史、軍人の自伝や伝記から理想的には年に六冊、最低でも三冊の図書を読むことを求めた。推薦図書はジョミニ、クラウゼヴィッツ、マハンそしてフラーによる軍事思想の古典や、ジョン・キーガン（John Keegan）やトラバースによる軍事史著作、マンシュタインの自伝やフラーやジョージ・S・パットン（George S. Patton）の伝記などである[19]。会戦における手続きではなく、会戦や戦役において何が起こったのか、どのような決定がなされたのか、そして何が勝敗を決めたのか。軍人としての判断力に必要なこれらの問いを海兵隊員が学ぶためには、戦争について描かれている図書を読む必要があった。

2　指揮参謀大学における教育改革

（1）指揮参謀大学の歴史

海兵隊将校達に対する指揮・参謀要務に関する教育は1920年に佐官課程（The Field Officers' course）にて開始された。海兵隊将校達は、ジョージア州フォート・ベニングにある陸軍の歩兵学校とカンザス州フォート・レブンワースの指揮幕僚学校を参考にして作成されたカリキュラムに沿って、一年間、指揮・参謀要務を学んだ。設立当初の教育内容には陸軍の影響が色濃く表れていたという。ただし、30年代になると徐々に海兵隊の特色となる上陸作戦がカリキュラムに導入されていく。30年代前半、指揮参謀大学の教官はガリポリ上陸作戦の研究や直近の海兵隊の演習で得られた教訓を基に上陸作戦に関する教育を策定した。41年から43年にかけて、戦場においてより多くの将校が必要になったため、一年間の指揮・参謀要務に関する教育は一時中止されることになった。代わりに43年、指揮参謀コースと題された指揮・参謀要務を三か月で学ぶ短期間のコースが開始された。

第二次世界大戦が終了すると、水陸両用戦学校高級課程（Amphibious Warfare School, Senior Course）と名付けられた教育機関で、佐官級の将校に対する八か月間に渡る指揮・幕僚業務の教育コースが再開された。その後、水陸両用戦学校は高級学校（The Senior School）へ名前が改称された。1950年代に入ると、ヘリコプター襲撃と核兵器の使用が水陸両用作戦の授業に取り込まれ、航空と核兵器に関する教育時間が大幅に増加された。そして、64年に高級学校は指揮参謀大学へと改名された。[20]

１９６０年代、アナポリスの海軍士官学校や一般大学と将校候補学校、ＮＲＯＴＣを修了した若者は将校に任官し、クワンティコにある基本術科学校に入校した。その後、ベトナムの戦場を経験した後に水陸両用戦学校で学ぶ。ベトナムの戦場で中隊を指揮した後に少佐または中佐として再びクワンティコに戻り、指揮参謀大学に入校する。中にはライパーのように、海兵隊の指揮参謀大学には入校せずに、海軍戦争大学（Naval War College）の指揮過程で学ぶ者もいた。ワィリーや後に中央軍司令官になったジニーは上述したモデルの将校である。88年の指揮参謀大学では、百二十三人の海兵隊の将校、十一人の陸軍将校、九人の海軍将校、二人の空軍将校、外国からの留学生が二十四人、合計百七十人の将校達が学んでいた。[21] 同年に在籍していた学生には後にイラク自由作戦で第２海兵遠征旅団を指揮することになったナトンスキがいた。

（２）「軍事的判断力を育成するカリキュラムを作成せよ」

海兵隊の教育改革を強力に推進したグレイは、指揮幕僚大学のカリキュラムも大幅に改定することを求めた。グレイはＭＣＣＤＣを創造するに当たり、急進的な施策を強力に推し進めたが、指揮幕僚大学のカリキュラム改定も例外ではなかった。彼が重視していたことは将校達に軍事的判断力を修得させることだった。知識を与えるだけの教育には彼は満足しなかったのである。海兵隊員は戦場において単に知識を有しているだけでは十分ではなく、知識を用いて軍事的判断を自ら下し、実行することが求められる。このグレイの教育に関する考えには、指揮官は諸軍事概念を思考枠組みとしながら自ら決定すべきであるというワィリーの機動戦構想が反映されているといえよう。１９８８年10月にＭＣＣＤＣ司令官に向けてグレイは以下のように自らの教育理念を示した。

職業的軍事教育に関する私の意図は知識（の付与）よりもむしろ軍事的判断を教えることである。判断力を発達させるためには、当然ながら知識は重要である。しかしながら、（海兵隊の教育においては）記憶のための材料として知識を扱うのではなく、軍事的な判断を教授する文脈において知識を教えるべきである。私は以下のような海兵隊下士官と将校を求めている。それは戦争に関して、また戦争においてどのように思考すべきかを知っている者である。さらに交戦や会戦、戦役を概念化する方法とその概念を実行する方法を修得している将兵である。実行やケーススタディ、歴史的そして現在（の戦争）、現実そして仮想上（の戦争）、兵棋演習、図上演習、砂盤演習、自由統裁、部隊対部隊の「三日間戦争」などを通して（軍事的判断）を教えることに焦点を当てるべきである。基本術科学校から指揮参謀大学へと教育が進むにつれて、教育の題材はより複雑な内容にすべきである。ただし、（教育の）本質は不変でなければならない。その本質とは、敵よりもよく考え、よく戦うことで戦闘に勝利することを将校と下士官に教えることである。[22]

指揮参謀大学の教育を改革するにあたり、グレイは沖縄の第3海兵師団で第4連隊長、その後第3海兵師団の副参謀長をしていたライパーをクワンティコに呼び寄せた。ライパーは渋々ながらも1988年の夏に指揮参謀大学の学校長に着任することになった。任務戦術の指揮形態をこよなく愛していたグレイは、総司令官の意図のみをライパーに伝え、改革の実行方法に関してはライパーに一任した。機動戦構想と軍事史を核にした教育を提供することが、グレイがライパーに示した指揮官の意図であったという。ライパーによれば、グレイの指示した機動戦構想と軍事史を核にしたカリキュラムの策定において二つの反対意見が寄せられた。一つは教育への機動戦構想の導入そのものに対する反対意見であり、二つ目は改革の方法論に関するものである。ワィリーをはじめとする将校達から、指揮参謀大学の授業を一時停止し、カリキュラムの改定に着手すべきだという意見が寄せられた。ただし、ライパーの意見は違った。第一次世界大戦中にドイツ軍が戦いながらもドクトリンを改定できたように、88年の指揮参謀大学も教育を学生達に提供しながら、新しいカリキュラムを策定できるはずであると彼は考えたのである。そのため、88年—89年度の指揮参謀大学の教育を学生達に提供しながら、同時に89年—90年度のための新しいカリキュラムを作成するように教官たちに要求した。[23] 以下、新、旧の各カリキュラムを概観し、そのあとに新しいカリキュラムの特徴について論じる。

(3) 新・旧カリキュラム

1989年、指揮参謀大学に大きな転機がやってきた。カリキュラムが一新したのである。まず、ライパーが改革する直前の指揮参謀大学の教育内容を概観する。88年—89年度の海兵隊将校を対象にした教育は、大別して以下の三つの分野に分かれていた。それらは指揮(Command)、上陸部隊作戦(Landing Force Operations)、会戦研究と戦略(Battle Studies and Strategy)である。この分類は64年に実施された指揮参謀大学の教育改革で導入され、88年—89年度のカリキュラムまで継続して採用された。[24] 表1で示すように、三つの分野の中では上陸作戦に最も多くの教育時間が配分され、会戦研究と戦略の教育時間が最も少なかった。この三つの主要な分野の他に、国外からの留学生のための特別教育とゲスト講義、学術研究と事前準備時間/教官助言時間の分野が学術的科目に設定されていた。

以下、指揮、上陸部隊作戦、会戦研究と戦略の各分野における学習内容を整理すると次の通りになる。

グレイによる教育改革以前と以降のカリキュラムの相違を明確にするには、以上の三つの分野の教育内容を提示することが重要であると考えられるため、この三つの教育内容を示す。国外からの留学生のための特別教育とゲスト講義、学術研究と事前準備時間／教官助言時間は省略する。

〈1　指揮〉

この分野の学習は多岐に渡る主題から構成されていた。学習内容は必ずしも作戦指揮に限定されない。海兵隊と海軍の能力や任務、戦闘以外の雑務、海兵隊の装備調達過程や海兵隊予備役の動員や昇進制度などの軍政、アメリカ外交と軍事などの国防政策等から構成されていた。海兵隊と海軍の能力や任務に関しては、戦闘支援と輸送能力、艦隊海兵隊航空部、艦砲射撃、機械化諸兵連合部隊、海洋事前集積部隊、核兵器と生物・化学戦、インテリジェンス、工兵などを学ぶ。戦闘以外の雑務は軍法や広報、ストレス管理、カウンセリング、セクシャルハラスメント、家庭の問題などが学習対象となっていた。

〈2　上陸部隊作戦〉

この分野では、主に会戦の指揮と参謀要務のやり方、ソ連の軍事の現状について教える。指揮と参謀要務に関しては海兵隊のマニュアルを参照しながら、方法を学ぶこととなっていた。指揮と参謀要務の教育内容は以下に示す通りである。それは、戦争の原則、水陸両用作戦における戦術航空指揮統制・兵站・戦闘支援・対機械化作戦・前進海軍基地の防御・艦砲射撃、防勢作戦でのMAGTFの利用、攻勢作戦でのMAGTFの利用、防御における火力支援、攻撃における火力支援、ノルウェーでのMABの展開、海兵水陸両用軍（Marine Amphibious Force［MAF］）の利用等における指揮や参謀要務の方法等である。ソ連の軍事に関しては、沿岸ドクトリンと計画立案、攻撃と防御戦術、ソ連の自動車化歩兵師団の編制と装備、戦術飛行隊と諸兵連合の攻勢における役割、無線電子戦などが紹介されていた。

表1　海兵隊指揮参謀大学の学術科目（1988—89年）

	学習分野	時間（時）
1	指揮（Command）	311.5
2	上陸部隊作戦（Landing Force Operations）	543.0
3	会戦研究と戦略（Battle Studies and Strategy）	130.0
4	留学生のための特別教育 （Special Instruction for International Officer Students）	298.5
5	ゲスト講義	50.5
6	学術研究と事前準備時間／教官助言時間	199.5

Program of Instruction（POI）から著者が作成[25]

〈3　会戦研究と戦略〉

この科目の内容は軍事行政と作戦指揮の学習に大別できる。軍事行政に関する教育内容は、海兵隊総司令部と国防総省の要求・編成部署の組織と機能、予算に関する政策や手続き、議会と海兵隊の関係、海軍研究・開発・調達が水陸両用作戦と海兵隊に及ぼす影響、アメリカ間防衛委員会の任務と役割、海兵隊開発センターの役割等の概説である。作戦指揮については近年の軍事作戦・統合作戦での指揮と参謀要務の修得、軍事史を学生は学ぶ。軍事史の教育内容は主に文献読解セミナーと学生グループによる戦役分析の発表、各国の軍事史に関するセミナーだった。文献読解セミナーに関する授業は二つ用意されており、一つはピーター・パレット（Peter Paret）編『戦略思想の系譜』（*Makers of Modern Strategy*）、もう片方はトム・クランシー（Tom Clancy）の著作『レッド・ストーム作戦発動』（*Red Storm Rising*）を読むこととなっていた。各国の軍事史に関する授業では、アメリカやイギリス、ドイツ、フランス、ロシアの軍事が学習対象となっていた。

続いて、指揮参謀大学の改革後の新しいカリキュラムの内容をみてみよう。新しく策定された1989年—90年度のカリキュラムでは前期に戦争の理論と本性（Theory and Nature of War）、戦略思想（Strategic Thought）、作戦術（Operational Art）を学習し、後期にＭＡＧＴＦ作戦（MAGTF Operations）を学ぶこととなった。その他、統合プロフェッショナル軍事教育（Joint Professional Military Education）も新設された。89年–90年度のカリキュラムでは従来のような学習区分に番号を付けることは廃止されたと考えられる。そのため、本書でも各学習区分に番号を指定していない。各分野における学習内容を整理すると以下の通りになる。

〈戦争の理論と本性〉

本コースは戦争の理論と本性に関する理解、戦争と国力の他の要素の適用との関係に関する理解など指揮幕僚大学で提供する教育の哲学的基礎を学生に提供することを目的とする。このコースの学習内容は戦争の理論と本性、戦争の進化の歴史、機動戦構想に大別できる。戦争の理論と本性に関しては、戦略と作戦、戦術から成る戦争の階層区分やジョミニ、クラウゼヴィッツ、マハン、セルゲイ・ゲオールギエヴィチ・ゴルシコフ（Sergei Georgievich Gorshkov）、ジュリアン・スタフォード・コーベット（Julian Stafford Corbett）の理論とエアパワー理論等について概説する。また、16世紀から20世紀にかけての戦争の進化を紹介している。『戦略思想の系譜』やフラーの著作『制限戦争指導論』、クレフェルトの*Command in War*（『戦争における指揮』未邦訳）、クラウゼヴィッツの著作『戦争論』、ジョージ・Ｅ・ティボー（George E. Thibault）の*The Art and Practice of Military Strategy*（『軍事戦略の術と実行』未邦訳）、ティモシー・ルプファー（Timothy Lupfer）の*Dynamics of Doctrine*（『ドクトリンの力学』未邦訳）、リンドの論文“4 th Generation”（「第四世代」未邦訳）などの研究書や学術論文が参考文献として挙げられている。ＦＭＦＭ１『ウォーファイティング』ドクトリンの執筆者であるシュミットによる機動戦構想に関するプレゼンテーションやボイドの紛争のパターンについて学ぶ授業も提供されていた。南北戦争で戦場となったフレデリックスバーグとチャンセラーズヴィルへの参謀旅行も行われた。

〈**戦略思想**〉

戦略思想の分野では学生たちの戦略的に思考する能力を開発すること、彼らが以下のようなことを理解することを目指す。それは国家安全保障と戦争の本性・国際政治の関係、戦略環境における軍事力の役割、軍事戦略と戦役計画のつながり、現在のアメリカの国家軍事戦略、海洋戦力の役割などである。ここでは国家戦略と軍事戦略そして両者の関係を教えることになっていた。南北戦争と第一次世界大戦、第二次世界大戦、ベトナム戦争が扱われている。

〈**作戦術**〉

作戦術の学習分野における目標は、戦争の作戦レベルと作戦術、戦略と作戦術の相互作用を学生が理解すること、作戦的計画と実行に関するドクトリンとシステム・機関・指揮関係に学生が精通することである。作戦術構想そのものを学ぶ授業や作戦レベルにおけるＭＡＧＴＦ作戦、戦役計画、南北戦争と第一次世界大戦・第二次世界大戦の軍事史の授業からコースが構成されていた。参考文献は主に学術図書と論文だった。

〈**ＭＡＧＴＦ作戦**〉

ＭＡＧＴＦの戦闘と防勢作戦におけるＭＡＧＴＦの攻勢、攻撃作戦におけるＭＡＧＴＦの攻勢、水陸両用戦、低列度紛争、海兵遠征隊（特殊能力）〈Marine Expeditionary Unit（Special Operations Capable）[MEU]［SOC]〉に関する各授業から本コースは構成されている。参考資料は海兵隊のマニュアルである。学生はこれらの授業を通して以下のことを学ぶ。それは、戦略的資源としてのＭＡＧＴＦと作戦、戦術レベルでのＭＡＧＴＦの利用、統合部隊の一部としてのＭＡＧＴＦの作戦に適した指揮、同指揮官の意

表2　海兵隊指揮参謀大学の学術科目（1989―90年）

学習分野	期間
戦争の理論と本性（Theory and Nature of War）	8月23日から9月15日
戦略思想（Strategic Thought）	9月18日から10月24日
作戦術（Operational Art）	11月6日から12月14日
MAGTFの作戦（MAGTF Operations）	1月2日から5月25日
統合プロフェッショナル軍事教育（Joint Professional Military Education）	期間不明

1989年―90年度の各学習分野のシラバスから著者が作成[26]

図と運用構想の表現、各隷下部隊の能力の総合を超える戦闘力を生み出すようなＭＡＧＴＦの能力、作戦戦域へのＭＡＧＴＦの展開と運用に付随する問題と考察、挑戦などである。

〈統合プロフェッショナル軍事教育〉

統合部隊と作戦術、組織と指揮の関係、統合指揮と統制・通信・インテリジェンス、国防計画体系の各授業から構成される。統合部隊と作戦術の授業では、アメリカ空・海・地上・特殊作戦部隊の特徴と作戦レベルの統合作戦でのそれらの調整を扱う。組織と指揮の関係の授業では統合作戦と諸兵連合の計画立案と実行をそれぞれ学ぶ。統合指揮と統制・通信・インテリジェンスに関する授業は戦略から戦術レベル、とりわけ作戦レベルの指揮・統制・通信が主たる学習内容である。国防計画体系の授業は、防御におけるＭＡＧＴＦと攻勢におけるＭＡＧＴＦ、水陸両用作戦、低列度紛争演習から構成されている。

（4）学習区分の一新

１９８０年代後半に実施された指揮参謀大学のカリキュラム改定は、これまでの教育内容の変容よりもずっと大胆な変化をもたらした。グレイと彼の改革者たちが指揮参謀大学で実施した教育改革は、各授業の授業内容の改定といった小規模な変化に留まらなかった。そこでは指揮参謀大学において二十年以上使用され続けてきた学習の区分や分類そのものが再検討されることとなったのである。指揮参謀大学では70年代には指揮と上陸作戦、会戦研究と戦略の学習区分が採用されている。70年代初頭以降に実施されたカリキュラムの改定では、その三区分の各分野内の改定もしくは三区分に別の分野が加わるといった改定に留まった。例えば、70年代初頭に指揮分野においてマネージメントの授業時間が増加し、82年―83年度のカリキュラムでは、マネージメントの授業時間は約半分に減少する。代わりに上陸作戦分野に選択教育が登場する。[27] 他方、88年のライパーと部下たちによるカリキュラムの見直しでは、指揮と上陸作戦、会戦研究と戦略に代わる新たな区分が追求されたのである。その結果、少なくとも70年代初頭以降から採用されてきた指揮と上陸作戦、会戦研究と戦略のカテゴライズが89年―90年度のシラバスでは消滅することとなった。89年―90年度のシラバスでは、表2で示すように、戦争の理論と本性、戦略思想、作戦術、MAGTF作戦、統合プロフェッショナル軍事教育といった従来とは全く異なる学習区分が採用されたのである。

カリキュラムの変化は、当然のことながらカテゴライズの変化だけに留まらない。学習区分の見直しに伴って、学習内容や教授方法に関しても次に示すような大胆な変化が観察できる。89年―90年度の指揮参謀大学のカリキュラムにはいくつかの点において軍事教育に関するグレイの構想を反映しているといえよう。第一に、新しいカリキュラムは、それまで指揮参謀大学の教育において重視されてきた戦争の原則(Principles of War)に重点を置いていない点である。戦争の原則は第一次世界大戦と第二次世界大戦の間に陸軍の教育に浸透した。[28] 海兵隊の指揮参謀大学の88年―89年度の旧カリキュラムでも戦争の原則が重視されており、上陸部隊作戦の分野では戦争の原則を最初に学ぶこととなっていた。戦争の原則と目標の原則、攻勢の原則、集中の原則、兵力の節用の原則、機動の原則、指揮の統一の原則、保全の原則、奇襲の原則が教授されたといえよう。88年–89年度の教育は、定型の戦い方を導きだしたといえよう。

が教授された。戦争の原則は決まりきった定型の戦い方を導きだしたといえよう。88年–89年度の教育は、定型の戦いを計画し、実行するための手段を暗記することを学生に求めた。そこでは創造性も想像力も必要とされなかったのである。旧カリキュラムでは、授業で学生達に配布されるプリントに学生達がメモすべき項目まで決まっていた。まず、戦争の原則に関する授業では、戦争の原則の内容と孫子やナポレオン、クラウゼヴィッツ、ジョミニ、フラー等の項目毎にメモをとる形式のプリントを配布することが教授計画において決まっていた。[29] 機動防御の授業でも陣地防御や機動防御を実施するための条件や具体的な方法が決められていた。[30] どのような状況で陣地防御もしくは機動防御を選択するかといった決定を自ら下すことは学生には問われていなかった。ＰＯＩや教授計画で決められた定型の戦い方を暗記することが少佐や中佐に求められていたのである。これらのことは１９２０年代、30年代の陸軍でもみられる。陸軍とドイツ陸軍のコマンド・カルチャーの比較研究をしたムートによれば、20年代、30年代の陸軍の指揮幕僚大学校の教育は学生達に学校が定めた正解の暗記を求めるものであったという。それは学生達が独自に思考し、意思決定をする能力を育成する内容ではなかったとムートは指摘する。学生達は「教科書資料、形式手段、教範類の暗記」[31] が求められ、「規則に則った作業手順や行動基準」[32] を叩きこまれた。

他方、改定後の１９８９年–90年度の指揮幕僚大学のシラバスでは、ライパーと彼の部下達は戦争の原則に代わって、戦争の本性と理論を重視するようになった。戦争の理論と本性と名付けられた学習分野が新設され、それは指揮参謀大学のカリキュラム全体に対して哲学的基盤を提供することとされた。指揮参謀大学に入学した将校達は学期の始めに戦争の本性について学ぶこととなったのである。戦争の理論と本性分野に開設された「戦争の理論」の授業では、前述した軍事史家のビットナーが戦争の本性について講義すると共にシュミットがＦＭＦＭ１『ウォーファイティング』について説明した。[33] ＦＭＦＭ１『ウォーファイティング』において戦争の本性とは以下のように説明されている。戦争とは軍事力による暴力の適用や脅しによって、我の意思を敵に強要する現象であると。戦争の実行は摩擦で困難になり、また不確実性を伴う。また常に変化し続ける無秩序な現象である。戦争の中心にあるのは人間である。戦争は無形要素の士気と物理的な力の相互作用である[34]。

1989年−90年度の新しいカリキュラムは、横隊や縦隊そして秩序だった機動などの戦術は時代と共に進化したのに対して、上述した要素は不変であり、それが戦争の本性であると将校に示した。戦争の本性と戦争の進化を提示することは将校達にとって何を意味したのだろうか。それらの導入は、従来のように戦争の原則と定型の戦い方を盲目的に信じ、暗記することから将校達を解放した。戦争の本性と進化を導入したことで、何が不変で何が変わりゆく要素であるのかを将校達が自ら疑問を抱き、考えることを助けた。そして、作戦とは変化するものであり、将校達が進化する技術や社会制度を利用しながら創造するものであるという理解を将校達に促すことになった。これまで絶対的であった定型の戦術は、そもそも、現在の海兵隊に適した戦い方であるのかという疑問を彼ら自身によって呈することが可能になったのである。思考の自由の導入はPOIが廃止され、その代わりにシラバスが導入されたことにも表れている。思考の自由の導入は海兵隊教育における創造性の基盤になったと考えられる。単に外部の知見を組織に導入したところで創造性は生まれない。たとえ創造性を備えた文民の研究者を雇用したところで、官僚主義的で権威主義的な組織では彼らの創造性は「窒息[35]」してしまうだろう。思考の自由が確保された教育や研究環境において創造性が発展する可能性がでてくる。

（5）戦争のレベル別カリキュラムへ

1989年―90年度の新しいカリキュラムで観察できる二つ目の変化は、戦争のレベルに応じてカリキュラムが構成されていたことである。第3章で示したように89年に発行されたＦＭＦＭ１『ウォーファイティング』ドクトリンにおいて、戦略と作戦、戦術レベルから成る戦争の階層区分が導入された。ＦＭＦＭ１『ウォーファイティング』が出版される一年前の88年―89年度の指揮参謀大学の教育において、戦争の階層区分は既に部分的には採用されていた。ただし、89年―90年度のカリキュラムでは戦争の階層区分に基づいて学習区分が組まれるほどに、指揮参謀大学の教育の基盤になったのである。新しく採用された学習分野では戦略思想と作戦術そして主に戦術レベルに焦点を当てたＭＡＧＴＦ作戦の区分が導入された。ビットナーによれば、新しいカリキュラムは政策と戦略そして作戦レベルを関連させたものを作成したという[36]。上述してきた新カリキュラムの一つ目の特徴である創造性や想像力の重視は、階層によってその程度が異なっていたといえよう。創造性や想像力は戦略レベルや作戦レベルにおいて非常に重視されていた。戦術レベルに関しては少なくとも89年―90年度の教育では作戦レベル程には重視されていなかった。とはいえ、88年―89年度の教育内容と89年―90年度のそれを比較すると、改定後の教育では単に記憶することから自ら思考することが求められるようになったといえよう。

作戦レベル以上では、将校達は自ら考えることが殊の外求められている。ＦＭＦＭ１―１『戦役遂行』によれば、戦役では、指揮官は時間と空間が拡大した領域において、誰と、どこで、いつ戦いそして戦わないかを決定する。幾つかの会戦や機動を連続させ、関連づけることで戦略的目標を達成することが指揮官には求められる。これは戦術レベルの部隊指揮の任務よりも複雑であり、抽象的な思考が必要とされる。さらに不確実性がより大きな状況で決断を下さなければならない。例えば、後にファルージャの戦いで明らかになったように、戦役が達成すべき戦略目標の決定にはより多くの要素が絡んでくる。このため、戦略目標は変化しやすい。より抽象的な思考が必要とされる作戦術の分野では、主に学術図書と論文の読込みが学生に課せられていた。

授業では、アメリカ遠征軍は政策や目的を支援したのかといったような問いが与えられ、自ら考え、意見を述べることが求められた。問いはそれほど具体化されておらず、将校自ら具体化と抽象化をする必要があった。「戦役計画」の授業でも、戦役計画の方法や手続きの詳細ではなく、戦役計画とは何かということについて学ぶことが計画されていた。学生はＦＭＦＭ１‐１『戦役遂行』と学術論文を参考にしながら、戦略目標の重要性や戦役立案の過程、戦略と作戦レベルと戦術と作戦レベルの関係などを学ぶ。授業の参考文献として指定されたＦＭＦＭ１‐１『戦役遂行』では戦役計画は次のように描写される。戦役計画とは指揮官が最終状態（end state）を示すことであると。そして戦略目標を達成するように、同時にかつ連続して起こる諸作戦を指揮官は関連づける。その際には、中間のゴールを設定し、努力の焦点や諸行動を統一する作戦の方向性を隷下部隊の指揮官に与える必要がある。そして参考文献を読解することで、学生達は授業では歴史上の指揮官の意思決定や軍事構想を学んだのである。自ら思考するためには想像力と創造性が必要とされた。そして自らの意見を説明する論理性を備えていることも求められた。

戦術は作戦術よりも技術的な性質を帯びている。１９８８年‐89年度の戦術教育は作戦レベルの教育と比較すると方法論に焦点を当てた教育といえる。ただし、改革前の戦術教育と比較すると、変革後の教育では作戦レベルと同様に将校が自ら思考することが求められていたといえよう。戦術レベルに主に焦点を当てたＭＡＧＴＦの作戦の授業では、少なくとも89年‐90年度のカリキュラムでは、計画の立案において学生がすべきことが詳細に決定されていた。例えば、ＭＡＧＴＦ作戦分野内の「防勢作戦における

MAGTF」の授業では朝鮮戦争をケースとしながら、MAGTFの各資源の能力と運用の戦闘における成功と失敗の要因、機動防御と陣地防御の作戦命令の開発などを学ぶこととなっていた。そこにおいて、学生たちがすべき分析の方法は詳細に規定されていた。例えば、防御作戦を立案する際には任務と敵、地形、部隊、時間について分析するが、各分野の分析指標も決められている。しかしながら、89年–90年度の教育では、その与えられた分析指標に基づいて自ら考え、分析することも求められていた。[37] 対機械化部隊計画立案においても同様だった。学生達は、設定された分析指標に基づいて、火力を集中すべき適切な時間と場所を決定する。我の防御の強点と弱点を特定し、航空部隊や砲兵、対戦車部隊などの編成を準備する。[38]

(6) 歴史上の指揮官の決断を学ぶ

1989年–90年度の新しいカリキュラムの特徴の三つ目は、海兵隊指揮参謀大学が将校達の軍事的判断力を開発するために戦略思想や軍事思想の教育を重視するようになったことである。81年に指揮参謀大学の教育に軍事史が復活したが、そこでは軍事理論は扱っていなかった。[39] 88年–89年度の指揮参謀大学のカリキュラムでは軍事思想や戦略思想が重視されていたとはいい難い。他方、89年–90年度の新しいカリキュラムは軍事理論を重視するようになった。これは軍事思想の教育を必ずしも重視してこなかった海兵隊の将校教育の伝統からの逸脱といえよう。戦争の理論と本性の授業では、海兵隊が採用することになった機動戦構想の思想的基盤であるボイドの思想に加えて、クラウゼヴィッツやジョミニの陸戦思想とマハンやコーベットの海洋戦略思想が扱われるようになった。戦略思想の授業では、ベトナム戦争後に主にアメリカ陸軍戦争大学で発展した目的、方法、手段という考え方が講義された。作戦術の授業ではゲルハルト・

フォン・シャルンホルスト（Gerhord von Schrnhorst）やクラウゼヴィッツ、トゥハチェフスキー、スヴェーチンの思想を通して作戦術が教授された。[40] 機動戦構想では将校達は自ら決断を下す必要がある。彼らが思考し、決断を下す際には軍事思想や理論が概念枠組みとなる。指揮参謀大学の軍事思想や戦略思想の授業はその概念枠組みを将校達に提供することとなった。

この時期の指揮参謀大学の教官たちは、軍事思想や理論の内容そのものを将校達が理解するように促すことに加えて、軍事思想や理論を概念枠組みとしながら歴史上の実戦を考察することを教育に導入した。上述したビッツナーによれば、指揮参謀大学では１９８１年−82年度の教育において軍事史が既にカリキュラムに復活していた。[41] 88年−89年度の旧カリキュラムでも会戦研究と戦略分野で軍事史が取り扱われている。88年−89年度に会戦研究と戦略分野で提供されていた軍事史の授業では各国の軍事の伝統を理解させることに主眼が置かれていた。軍事史の授業はアメリカやイギリス、ドイツ、フランス、ロシアなどの軍事が各国別に各授業として構成されていた。そこでは、ドイツ陸軍に関する授業を除くと、各軍の現状や伝統、発展過程、政軍関係が主要な学習事項だった。[42] つまり、各軍が何をしてきたかが主たる視点だった。88年−89年度の会戦研究と戦略分野の授業の一つである「会戦研究プログラム戦役分析」（"Battle Studies Program Campaign Analysis"）では分析の要素を設定していた。そこでは89年−90年度の新しいカリキュラムで採用されるようになる視点もあった。政策、戦略、作戦のつながりと各戦役と会戦における目的である。ただし、88年−89年度の「会戦研究プログラム戦役分析」の授業では二十一個もの分析の視点が羅列されており、視点が洗練されていたとはいえない。

１９８９年−90年度の新しいカリキュラムでは軍事史を学ぶ方法論が決定的に変化した。新しいカリキュラムでの軍事史の教授方法は、軍事思想の授業で学んだ思想を基に、歴史上の戦いで指揮官と参謀たちがどのような決定を下してきたのかを考察することへと変化した。新しいカリキュラムにおいて、軍事史は歴史的事例研究（Historical Case Study）と呼ばれている。そしてその方法論は少なくとも戦争の理論と本性、戦略思想、作戦術のコースで採用された。例えば、戦争の理論と本性のコースでは、歴史的事例研究として選出された南北戦争中のフレデリックスバーグの戦いとチャンセラーズヴィルの戦いを以下の四つの視点から考察することを学生に求めた。それは、

① 南北両軍の指揮官のリーダーシップの方法の違い
② 勝利と敗北をもたらした会戦の原動力と相互作用
③ 戦争の諸原則
④ 機動戦の技法の使用である。

戦略思想のコースでも学生達は目的と方法、手段の考え方をはじめとする戦略思想を学んだ後に戦史の授業を受講した。第一次世界大戦と第二次世界大戦、ベトナム戦争の授業において、軍人と政治家によって選択された軍事的手段は政治目的に対してどの程度適切だったといえるのか、政治的目標は軍事力で達成し得たのかという問いを考察することとなっていた。作戦術のコースでも軍事史を作戦術の観点から考察することになった。コースは作戦術構想そのものを学ぶための授業と南北戦争・第一次世界大戦・第二次世界大戦の事例研究、戦役計画の立案を学ぶ授業からカリキュラムが構成されていた。南北戦争に関しては1863年のヴィックスバーグの戦い、第一次世界大戦ではミューズ・アルゴンヌの戦い、第二次世界大戦では中部太平洋の戦役とノルマンディー上陸作戦が考察対象として選択された。そこでは軍隊が政治の目標と戦略のゴールを達成するために、どのような作戦を立案し、実行したのかについて歴史上の戦いを分析することとなっていた[43]。グレイと改革者たちは、将校達が軍事構想を視点として歴史上の意思決定

を学ぶことで、彼らの軍事的判断力を鍛えようとしたのである。

以上のようにライパーは指揮参謀大学のカリキュラムを改革した。新しいカリキュラムが採用されるようになった翌年、２０１５年９月に第三十七代海兵隊総司令官に就任するネラーが指揮参謀大学に入学したのである。

２　先進戦争学校の新設――戦役の準備と実行のプロフェッショナル将校はいかに作られるのか

１９９０年に提出された海兵隊大学の構想計画において、海兵隊大学の中に戦術と作戦レベルに特化した戦争立案者のための教育機関を新設することが提案されている[44]。これが後に２００３年のイラク自由作戦などで、ＭＥＦの作戦参謀を輩出することになった先進戦争学校である[45]。90年に先進戦争学校が開設され、第一期生が入学した。第二期生にはイラク自由作戦において第1海兵師団の副師団長として活躍したケリーがいる。先進戦争学校の創設に当たり、海兵隊の改革者たちは、陸軍の高等軍事学校（School of Advanced Military Studies［SAMS］）を参考にした。陸軍は海兵隊が先進戦争学校を創設する七年前に、指揮幕僚大学校にＳＡＭＳと名付けられた一年間の教育機関を新設した。ＳＡＭＳの新設はＴＲＡＤＯＣの創設や先進的なマニュアルの発行と併せて70年代後半から80年代前半の陸軍の知的改革の柱の一つだった。ＳＡＭＳを観察したワィリーはその特徴とは以下の三点であると分析した。

①　戦闘のリーダーシップに必要である強力な個性を開発すること
②　軍事的判断力の開発を行うこと

③　専門的技術の開発であり、ＳＡＭＳではこれは主に戦争の作戦レベルでの意思決定であると。[46]88年の秋、このＳＡＭＳに二人の海兵隊将校が海兵隊員として初めて入校した。

指揮参謀大学が海兵隊将校の間の高度な平凡化を目指しているとすると、先進戦争学校は正に作戦に関するエリート教育機関といえよう。先進戦争学校の卒業生には以下のような能力を備えていることが期待された。政治や国家安全保障と軍の作戦の関連や戦争の準備と実戦の関係に通じていることである。そのような能力を備えた先進戦争学校の卒業生は海兵隊において、どのような役割を果たすことが期待されたのだろうか。まず、グレイが創設した海兵隊の将来の在り方を研究し、実行を主導する軍の頭脳――ＭＣＣＤＣ――にてアイデアを創出することである。具体的には「ドクトリンと人事政策、装備取得プログラム、作戦計画、組織としての海兵隊の将来計画、その他同様の活動」[47]の開発に貢献することが求められる。次に卒業生が艦隊海兵隊に配属された場合は、戦役の準備と実行に貢献することである。とりわけ、与えられた資源を作戦指揮官が有効活用できるようにしなければならない。

ＭＣＣＤＣと先進戦争学校の創設は、参謀本部で理論的研究を行い、陸軍大学で学び、各部隊で作戦を立案したドイツ参謀集団を、時間と空間を超えて20世紀後半の海兵隊において復活させる試みのようだった。[48]先進戦争学校は少人数の学生と教官から成る教育機関となった。指揮参謀大学の１９８８年―89年度の課程には海兵隊将校が百二十三名、他軍種等を入れると合計百七十名が在籍したのに対して、91年―92年度の先進戦争学校には十二名の海兵隊将校、二名の陸軍将校、一名の海軍将校、一名のオーストラリア人の将校しか在籍していなかった。[49]創設当初は選抜試験を実施していなかったし、[50]先進戦争学校への入校を希望する将校の数は少なかった。それでも先進戦争学校は指揮参謀大学の成績優秀者で、かつ軍事学の才能とそれを学ぶ意欲のある学生の入校を求めた。[51]91年―92年度の先進戦争学校の募集に対して、指揮参謀大学に在籍する成績の上位半分の学生のうち先進戦争学校に志願した者は十名だけだった。十六名が先進戦争学校への進学を強く望まないという意思を示し、その他が三十五名だった。[52] 志願者から七名、その他のグループから五名の海兵隊将校が先進戦争学校に入校した。ただし、先進戦争学校への志願者は徐々に増加し、選抜システムも確立された。96年–97年度の募集には確認できるだけで三十六名の海兵隊将校達が先進戦争学校に申し込んでいる。[53] 14年に実施された募集では定員二十四名に対して百三十五名が志願した。申請者のほとんどが各軍種の指揮幕僚課程教育で上位十五パーセントの成績優秀者だったという。既に成績優秀者のみが集まった志願者の中から、軍事史、統合ドクトリン、地理、最新情勢の知識を問う試験と論文の提出、面接を通過できた者のみ先進戦争学校で学ぶこととなった。[54] 単に成績が優秀であるだけでなく、戦争（Warfare）に対する強い熱意を抱いていることが求められるという。[55]

先進戦争学校の創設に当たり、グレイは一人の退役海兵隊員を海兵隊大学に呼び寄せた。それがブルース・I・グッドムンドソン（Bruce I. Gudmundsson）である。グドムンドソンは第一次世界大戦を研究する軍事史家、海兵隊員にケース・メソッド（Case Method）を教える教官そしてドクトリンの執筆者という三つの顔を持つ。兄と共に兵棋演習に夢中になった子供時代を送った彼は、1985年に海兵隊を退役すると、ハーバード大学ケネディ公共学院でケース・メソッドの執筆者として働きながら、著書*Stoomtroop*（『突撃部隊』未邦訳）[56] を執筆した。この著書のなかで、第一次世界大戦時のドイツ陸軍の浸透戦術の発展について考察した彼は次のように結論づけた。ドイツ陸軍が浸透戦術と称されるようになる新たな戦術への革新に成功した理由は、高度に脱集権化し、かつ任務志向型の組織であったからであると。ドイツ陸軍では前線の指揮官達が前線の状況に戦術を適合させることが許されていた。この軍事史の著作がグレイの目に留まり、89年にグレイが改革を進めていた海兵隊大学の教官に起用された。海兵隊大学では、機動戦の概念化と海兵隊への導入を主導したワィリーと共に、彼は先進戦争学校の創設を主導することとなった[57]。

1989年の秋にカリキュラム委員会においてカリキュラムの作成について検討された後、90年―91年度の先進戦争学校のシラバスが作成された。カリキュラムはJ・M・アイヒャー(J. M. Eicher)中佐とグドムンドソンそして軍事史家のメイヤー博士からなる三名の軍人と研究者の共同作業で作成された。先進戦争学校の教育内容はウォーファイティング、言い換えると戦争(Warfare)の準備と実行であり、主に作戦レベルに焦点を当てていた。90年―91年度の先進戦争学校の教育プログラムは「ウォーファイティングの基礎」と「現代の諸制度と戦争準備」そして「未来のウォーファイティング」の三つのコースから構成されていた。7月から1月までは「ウォーファイティングの基礎」コース、1月から5月までは「現代の諸制度と戦争準備」コース、5月と6月に「未来のウォーファイティング」コースで学生は学ぶ。

最初の「ウォーファイティングの基礎」コースでは、主に作戦レベルに焦点を当てた軍事史と軍事思想が提供された。ここではフラーやマハンの著作を読み、イエナ・アウエルシュタットの戦い、プロイセンの軍事改革、普墺戦争、普仏戦争、南北戦争後のアメリカ軍における技術と思想の変化、米比戦争におけるアメリカ軍の対ゲリラ戦術の開発、鉄道とプロイセン参謀本部、第一次世界大戦中の戦術の革新と教訓、アメリカの経済、人員の戦争での動員の特徴、戦間期の軍の機械化、1940年のドイツ陸軍の電撃戦の背景、サイバネティックス戦争、マンハッタン・プロジェクトなどを学ぶこととなっていた[58]。

設立当初の先進戦争学校カリキュラムの開発者の一人であるグドムンドソンによれば、彼は先進戦争学校の卒業生が以下のような役割を果たすことを想定しながらカリキュラムを開発したという。それは海兵隊の将来のドクトリンや編制そして装備を開発できる戦闘開発者である。指揮官や作戦参謀が目の前の状況に対応しなければならない一方で、戦闘開発者達は三十年という長いスパンで海兵隊の将来像を描かなくてはならない。グドムンドソンは作戦史において戦争（Warfare）の形態がどのように変化してきたのか、そして各出来事が互いに関連してきたことを学生達に示そうとしたという[59]。新しいドクトリンや編制、装備そしてそれらの基盤となるべく構想を生み出す、すなわち創造のためには作戦史の理解がないと難しい。「新しいものが何であるかは、古い伝統に照らして解る」[60]のである。彼は歴史上の変化を示すことで、将来の変化を創出できる戦闘開発者を育成しようとしたのである。

作戦レベルの思想と実戦の歴史における変化を理解した後には、「現代の諸制度と戦争準備」のコースで現代のアメリカの政策決定過程や政治制度について学ぶこととなっていた。ここでは、アメリカの政治と軍事システムがどのように機能しているかを理解することが学生達に期待された。重要なことは、これらを学習する目的は一般教養の修得というよりも、戦いの準備と実行する際にどのように国内の関係機関に働きかけるべきかを修得することにあった。そのために必要な知識としてアメリカの政策決定過程や政治制度を学ぶ。授業では、第二次世界大戦中の統合参謀本部と連合参謀本部の各機能、統合参謀本部とアメリカ政府との関係、連合参謀本部と同盟国政府との関係、第二次世界大戦後の実戦における統合参謀本部の編制と機能、作戦立案と実行における統合参謀本部と各統合軍司令官の機能と役割を学ぶ。続いて、マクナマラが導入した科学的管理手法と予算の成立過程、軍の戦争実行能力と連邦の資源配分過程、装備調達モデル、戦争の準備と実行へ技術が与える影響などが提供された[61]。一つ目のコースでは歴史上の変化を学び、次のコースでは現実での変化の起こし方を学習したのである。

最後に、先進戦争学校のカリキュラムの締めくくりとして「未来のウォーファイティング」の授業が設定されていた。そこでは、それまでのコースで学んだ過去と現状を踏まえて、海兵隊の将来像について提言ペーパーを学生達は執筆する。学生達は、まず、現在のドクトリンや作戦、装備、編制の前提を特定する。その前提を変えるための条件を提示する。その後、海兵隊にとってその変化の意味を説明することが学生達に求められていた[62]。

先進戦争学校での学習様式は民間の大学の大学院の授業の形態に非常に似通ったものとなっていた。学術書の読み込み、すなわち知識のインプットに多くの時間が割かれていた。カリキュラムでは個人学習の時間が設定されていた。例えば、1990年7月16日から20日の「ウォーファイティングの基礎」授業の一週間の時間配分は以下の通りである。水曜日と木曜日そして金曜日の三日間は8時から16時半まで終日個人学習の時間となっていた。月曜日は午前中に個人学習、13時から16時半までセミナー、火曜日は午前と午後に兵棋演習、木曜日は午前と午後に各二時間ずつセミナーが設定されていた[63]。セミナーでは多くの学術書を読んだ上で議論に参加することが学生に求められていた。さらに論文の執筆も重視されていた。「ウォーファイティングの基礎」と「現代の諸制度と戦争準備」の各コースで論文の提出が受講生達に課せられていた。加えて一年間のコースの締めくくりとして設定された「未来のウォーファイティング」コースは、個人の研究課題の探求と論文執筆のためのコースだった。ここでは約三か月にかけて三十五ページから五十ページの論文を執筆することとなっていた。当時の海兵隊の将校達にとって、この分量の論文を執筆することは非常にまれな経験だったという[64]。5月の6日から15日には終日セミナーが実施されたが、それ以外の週はセミナーが週に一回設定されているだけで、週の四日間は一日中個人研究の時間に充てられていた。

「未来のウォーファイティング」コースでの長文の論文の執筆は先進戦争学校で学ぶ少佐や中佐達の軍事作戦に関する創造性を高める効果があった。学術書を読みながら個人の研究課題を追求し、論文を執筆することは、学生がそれに真摯に取り組んだ場合、創造性の必要条件として指摘されている人間的素質の幾つかを発展させる可能性がある。それは「物理的、外的には多数の人々とともにあっても内的に独りでおられる力」[65]を養成する。加えて「観察し考え続ける持続性」[66]、問い続ける力、「建設的批判性」[67]の修得も促す。さらに新しく作り出したものを論理的に説明する力の修得にもつながった。ドクトリンと編制、装備、構想の開発者となる先進大学の学生達は、それらに関するアイデアを作成すると共にそのアイデアを論理的な文章に執筆することが期待される。

先進戦争学校の学生達が論文において何を議論したのか、1992年の卒業生を例にみてみよう。学生達に課せられた論文の課題は以下のようなものだった。まず、現在の国防政策の前提となっている考え方を特定する。そして、その前提の下で海兵隊が採用すべき短期、中期、長期の変化を仮定し、その変化が意味するところを示す。十六人中十三人の学生が、執筆を課せられた二本のうち一本の論文で、軍事作戦における統合参謀本部の役割について検討している。もう片方の論文では海兵隊や海軍の将来の編制や装備、ドクトリンもしくは戦略環境の変化が軍と軍事作戦に及ぼす影響に関する考察である[68]。92年に先進戦争学校の学生達が執筆した論文の中に、ケリーによって書かれた二本の論文がある。彼はまず、戦略環境の変化が将来戦に及ぼす影響を分析する。二本目の論文では、ケリーは統合参謀本部の役割に着目しながら61年のピッグス湾事件の失敗要因を考察し、以下のように結論づけている。CIAはキューバのカストロ政権の戦う意思を読み間違え、小規模な兵力で政権を打倒できるという誤った想定の下に計画を作った。統合参謀本部がCIA主導の計画立案と実行に十分に関与しなかったことが失敗要因の一つであると[69]。

ただし、先進戦争学校の学生達に期待されたのは戦略や安全保障政策に関して学術的に水準の高い論文を書くことではなかった。ケリーの論文は学術的な作法に則った論文であるとはいい難い。論理展開や問題設定は必ずしも洗練されていないし、膨大な一次資料を丹念に読み込みながら軍事作戦を描いたものでもない。それは、軍事作戦に関する海兵隊の少佐たる彼の関心事項を、学術文献を参考にしながら考察した粗削りな論文である。先進戦争学校では、戦争（Warfare）の準備と実行に強い関心を抱いていることが何よりも重要だった。先進戦争学校の将校達は、軍の作戦指揮や将来の海兵隊の装備や編制、ドクトリンについて、創造的な案を示す必要がある。そして、自らの頭脳で考えた想像で満ちた発展的な構想を他の海兵隊員達にわかりやすく説明できなくてはならない。従って、それらを他の海兵隊員に説明できる程度の論理的な文章を書くことが求められたのである。

新しい軍事作戦や海兵隊の将来像を作り出す能力を育成する先進戦争学校の設立を通して、作戦立案と理論研究というプロフェッショナリズムの強化をグレイは試みた。先進戦争学校の卒業生には、将来の海兵隊の軍事力の構築に関するアイデアを創出し、戦場では戦役立案と実行に貢献することが期待された。繰り返しになるが、何よりも戦争（Warfare）の準備と実行に関心を持っていることが重視されていた。グレイが創設してから三十年近く経過した今でも、先進戦争学校は、海兵隊を指揮し、作戦を立案し、軍事的勝利を獲得することに真摯に取り組む少佐や中佐を引きつけている。

主に火力による撃破を累積して勝利することを目指す消耗戦では、詳細まで決められた手順に厳密に従って部隊を運用する能力が将校に求められる能力かもしれない。他方、分権型の意思決定システムを導入した機動戦では、アイデアを創出し、自ら決断することが将校達に必要な能力となった。

海兵隊大学の創設、プロフェッショナル読書プログラムの立ち上げ、指揮参謀大学でのカリキュラム改定、先進戦争学校の設立を通して、グレイは将校達の軍事的判断力の育成を試みた。機動戦構想を実行する将校達を育成しようとしたのである。それは、決められているマニュアルや手順に忠実に従い、盲目的に実行するという組織文化から、将校が独立的かつ知的に考え、創造する組織文化への転換を海兵隊に促す試みだった。コンウェイやマティス、ケリーをはじめとする21世紀初頭の海兵隊の指揮官達は、生まれながらの名将だったわけではない。１９８０年代から90年代にかけて開発された教育を通して、優れた作戦術の実行者になっていったのである。

註記

（1）ウェスト『ファルージャ栄光なき死闘』。
（2）ムート『コマンド・カルチャー』、p.174。
（3）同上、p. 174。
（4）同上、pp. 176-178。
（5）同上、pp. 200-238。
（6）Bittner, "Curriculum Evolution."
（7）"Interview, General A. M. Gray," *Proceedings*, Vol. 116 (May 1990), p. 144.
（8）Ibid., pp. 144-152.
（9）Ibid., p. 146.
（10）著者によるマイケル・D・ワィリーへのメールによるインタビュー、２０１７年1月24日。
（11）From Director, Command and Staff College To President, Marine Corps University, "Command Chronology For the Calendar Period 1 July 1992-31 Dec 1992," in "Marine Corps University, Marine Corps Combat Development Command, Quantico, VA, Command Chronology, July-Dec 92" Folder, Box 1831, Archive Branch, Marine Corps History Division, Quantico, VA.
（12）Turley, *The Journey of a Warrior*, pp. 304-308.
（13）"Interview, General A. M. Gray," p. 146.

(14) Charles D. McKenna, "Marine Corps University Accreditation," *Marine Corps Gazette,* Vol. 83, Issue 9 (September,1999), p. 32, 33.

(15) Anonymous, "CMC's Master of Military Studies Now Accredited," *Marine Corps Gazette,* Vol. 84, Issue 2 (February, 2000), p. 7.

(16) Tracy W. King, David P. Casey, Brad Meyer, Wray Johnson and Gordon Rudd, "Two Decades of Excellence," *Marine Corps Gazette,* Vol. 94, Issue 6 (June 2010), pp. 66-69.

(17) Chad L. C. Grabow and Mark P. Slaughter, "Professional Military Education for Marine Corps Majors: The Warfighter's Pre-requisite," *Marine Corps Gazette,* Vol. 79, Issue 1 (January, 1995), pp. 26-28.

(18) "Book on Books" in "Alfred M. Gray "Book on Books" Undated" Folder, A. M. Gray II Box5, Archive Branch, Marine Corps History Division, Quantico, VA.

(19) "ALMAR Marine Corps Professional Reading Program", in "Alfred M. Gray Marine Corps Professional Reading PGM, Jun 1989" Folder, A. M. Gray II Box 5, Archive Branch, Marine Corps History Division, Quantico, VA.

(20) Bittner, "Curriculum Evolution."

(21) From Director, Command and Staff College To: Director, Training and Education Center, "Command Chronology for Command and Staff College; Period 1 January-2 May 1988," in Command Chronology MCCDC, TEC (1of2) Jan-3May 1988 Folder, MC-CDC 449 Box, Archive Branch, Marine Corps History Division, Quantico, VA.

(22) From Commandant of the Marine Corps to Commanding General, Marine Corps Combat Development Command, Quantico, VA 22134-50001, "Training and Education", 18 Oct 88, in "Command and Staff College Curriculum Revision 1988" Folder, Command and Staff College 1989-1990 Dec 12 Box, Archive Branch, Marine Corps History Division, Quantico, VA.

(23) 著者によるポール・フォン・ライパーへのインタビュー、２０１５年３月20日にヴァージニア州クワンティコにて実施。

(24) Bittner, "Curriculum Evolution," p. 56-73.

(25) Marine Corps Command and Staff College , "Program of Instruction (POI)," February 1988, in "Command and Staff College

Program of Instruction Feb 1988" Folder, Command and Staff College Program of Instruction 1987-1988 Box, Archive Branch, Marine Corps History Division, Quantico, VA.

（26） United States Marine Corps Command and Staff College Marine Corps University "Syllabus Theory and Nature of War," 23 August-15 September 1989, in "Command and Staff College Syllabus: Theory and Nature of War 1989-1990" Folder, United States Marine Corps Command and Staff College Marine Corps University, "Strategic Thought Syllabus," 18 September-24 October, in "Command and Staff College Syllabus: Strategic Thought 1989-1990" Folder, United States Marine Corps Command and Staff College Marine Corps University, "Operational Art Syllabus," 6 November-14 December, in "Command and Staff College Syllabus: Operational Art 1989-1990 Folder, United States Marine Corps Command and Staff College Marine Corps University, "MAGTF Operations Syllabus," 2 January -25 May 1990, in "Command and Staff College Syllabus: MAGTF Operations" Folder, United States Marine Corps Command and Staff College Marine Corps University , "Syllabus Joint Professional Military Education," 1989-1990, in "Command and Staff College Syllabus: Joint Professional Military Education 1989-1990" Folder, Command and Staff College Writing Program Syllabi Lesson Plans Box2 1989-1990, Archive Branch, Marine Corps History Division, Quantico, VA.

（27） Bittner, "Curriculum Evolution," pp. 56-67.

（28） James K. Van Riper, *American Professional Military Education, 1776-1945: A Foundation For Failure,* A Thesis Presented To The Faculty of the Department of History, East Carolina University, 2016, pp. 91, 92.

（29） "CSC Combat Concepts Review," in Command and Staff College C（C）2000 Combat Concepts Review 1988-1989 Folder, CSC 1988-1989 Lesson Plans Box6, Archive Branch, Marine Corps History Division, Quantico, VA.

（30） "The Mobile Defense," Jan 1989, in "Command and Staff College Lesson Plan C（SAIS）2300,2: The Mobile Defense Jan 1989" Folder, CSC 1988-1989 Lesson Plan Box6, Archive Branch, Marine Corps History Division, Quantico, VA.

（31） ムート『コマンド・カルチャー』、p. 174。

（32） 同上、p. 176。

（33） United States Marine Corps Command and Staff College Marine Corps University "Syllabus Theory and Nature of War," 23

August-15 September 1989.

（34） “FMFM 1 Warfighting,” pp. 35-77.

（35） 澤田昭夫『論文のレトリック―わかりやすいまとめ方』（講談社、１９９６年）、p. 218。

（36） ドナルド・F・ビットナーへの著者によるインタビュー、２０１７年２月24日にヴァージニア州クワンティコの海兵隊将校クラブにて実施。

（37） “MAGTF in the Defense Assistant Instructor Guide Week1 16-19 January 1990,” in “Command and Staff College, MAGTF in the Defense: Assistant Instructor Guide 1 of 2 1989-1990” Folder, Command and Staff College Lesson Plans 1989-1990 Box 3, Archive Branch, Marine Corps History Division, Quantico, VA.

（38） “MAGTF in Defensive Operations Section 11,” in “MAGTF in the Defense: Assistant Instruction Guide 1989-1990 2 of 2” Folder, Command and Staff College Lesson Plans 1989-1990 Box 3, Archive Branch, Marine Corps History Division, Quantico, VA.

（39） ドナルド・F・ビットナーへの著者によるインタビュー。

（40） United States Marine Corps Command and Staff College Marine Corps University, “Operational Art Selected Readings at 1989-90,” in “Command and Staff College Selected Reading's: Operational Art 1989-1990” Folder, Command and Staff College Readings 1989-1990 Box 11, Archive Branch, Marine Corps History Division, Quantico, VA.

（41） Bittner, “Curriculum Evolution,”p. 61, 62.

（42） ドイツ陸軍に関する授業においてのみ作戦構想とその構想を概念枠組みとして実戦が考察されることとなっていた。１９８８年のＩＯＰでは作戦レベルという用語は使用されていなかった。ただし、後に作戦構想と称されるようになる電撃戦の起源と定義、第一次世界大戦での実行、戦間期の発展、電撃戦と機動戦の関係を学習することになっていた。

（43） United States Marine Corps Command and Staff College Marine Corps University, “Operational Art Syllabus,” 6 November-14 December.

（44） “Marine Corps University（MCU）Campaign Plan（1993 Version）,” 21 May 1990, Marine Corps University MCRC Box, Archive Branch, Marine Corps History Division, Quantico, VA.

（45） Col Gregory Fontenot, LTC E.J. Degen, and LTC David Tohn, *On Point: United States Army in Operational Iraqi Freedom*（Washington, D.C.: Office of the Chief of Staff US Army, 2004）, p. 51.

（46） Michael D. Wyly, "Educating for War," *Marine Corps Gazette,* Vol. 72 Issue 4（April 1988）, pp. 28-31.

（47） "Standing Operating Procedures Draft," September 1991, School of Advanced Warfighting Standing Operating Procedures（Draft）1991-92 Folder, School of Advanced Warfighting Administration 1991-1992 Box 9, Archive Branch, Marine Corps History Division, Quantico, VA.

（48） ドイツ陸軍の参謀部の機能に関しては金龍瑞「アメリカにおける参謀部創設の意義―現代的文民統制の形成」『年報行政研究』１９７９（14）、pp. 229-303 を参照。

（49） "School of Advanced Warfighting Roster of Student AY 1991-1992," in "School of Advanced Warfighting Recall Directory 1991-1992" Folder, School of Advanced Warfighting Administration 1991-1992 Box, Archive Branch, Marine Corps History Division, Quantico, VA.

（50） 著者によるブルース・I・グドムンドソンへのインタビュー、２０１７年2月10日にヴァージニア州クワンティコの海兵隊大学図書館にて実施。

（51） James M. Eicher, "The School of Advanced Warfighting," *Marine Corps Gazette,* Vol. 75 Issue 1（January 1991）.

（52） From Commanding General, Marine Corps Combat Development Command to Commandant of the Marine Corps（M&RA）, "Nominees to Attend The School of Advanced Warfighting（SAW）During Academic Year 1991-92," in "School of Advanced Warfighting Nominees to Attend SAW 1991-92 Folder, School of Advanced Warfighting Administration 1991-1992 Box, Archive Branch, Marine Corps History Division, Quantico, VA.

（53） From: Faculty Advisor, Conference Group To: Head, School of Advanced Warfighting（SAW）"Endorsement of Application for Admission to SAW," in School of Advanced Warfighting Applications 1996-1997 Folder, School of Advanced Warfighting Syllabi Admin Matter 1992-1993 Box 14, Archive Branch, Marine Corps History Division, Quantico, VA.

（54） Anonymous, "The SAW Experience," Marine Corps Gazette, Vol.99 Issue 6（June 2015）, pp. 22-25.

(55) 著者によるゴードン・W・ラッド（Gordon W. Rudd）へのインタビュー、２０１７年5月2日、ヴァージニア州クワンティコの海兵隊先進戦争大学にて実施。
(56) Bruce I. Gudmundsson, *Stoomtroop Tactics: Innovation in the German Army, 1914-1918* (Connecticut: Praeger, 1989).
(57) 著者によるブルース・I・グドムンドソンへのインタビュー、２０１５年3月17日、3月25日にヴァージニア州クワンティコの海兵隊大学図書館にて実施。
(58) United States Marine Corps Marine Corps University, Command and Staff College, "School of Advanced Warfighting Syllabus," AY 1990-1991, in School of Advanced Warfighting Syllabus (Original) 1990-1991 Folder, 1990-91 SAW Saw Raster/Calendar SAW Syllabus Original Admin Box1, Archive Branch, Marine Corps History Division, Quantico, VA.
(59) 著者によるブルース・I・グドムンドソンへのインタビュー、２０１７年2月10日に実施。
(60) 澤田『論文のレトリック』、p. 223。
(61) "School of Advanced Warfighting Syllabus."
(62) Ibid., p. IV.
(63) "School of Advanced Warfighting," in School of Advanced Warfighting Syllabus (Original) 1990-1991 Folder, 1990-91 SAW Saw Raster/Calendar SAW Syllabus Original Admin Box1, Archive Branch, Marine Corps History Division, Quantico, VA.
(64) 著者によるブルース・I・グドムンドソンへのインタビュー。２０１７年2月10日に実施。
(65) 澤田、『論文のレトリック』、p. 220, 221。
(66) 同上、p. 221。
(67) 同上、p. 221。
(68) "SAW PDF BETA Metadata," Gray Research Center, Library of the Marine Corps, Quantico, VA.
(69) John Kelly, "Future War Fighting: The Real World Order," SAW 1992, "The Role of the Joint Chiefs Staff in Military Operations Short of War: The Bay of Pigs," SAW 1992, Library of the Marine Corps, Quantico, VA.

地の中にある民間の町、クワンティコ（Town of antico)。クワンティコはポトマック川とクワンテコ基地に完全に囲まれている。

町を流れるポトマック川。クワンティコは人口500人程の小さな町。町には数軒のダイナー、床屋、カフェ、ピザ屋、郵便局、警察署などがある。

海兵隊ショップ

クワンティコの小さな駅。

クワンティコのクリスマスの風物詩である
クリスマスパレード。海兵隊も参加する。

終章　海兵隊の三十年

２００3年のイラク自由作戦においてＩＭＥＦは、航空部隊と地上部隊、支援部隊から成る諸兵連合部隊でイラクの南部からバグダッドまで高速で駆け上がった。イラク自由作戦から約一年後の04年2月に発行された『海兵隊ガゼット』誌で、クラーク・Ｒ・レイサン（Clarke R. Lethin）はイラク自由作戦における第1海兵師団の地上戦の特徴として以下の三点を挙げている。第一に、海兵隊計画プロセス（Marine Corps Planning Process［MCPP］）で師団の将校達の視点や手順が共通化されており、状況の変化に応じて主努力（Main Effort）を変化させたこと。第二に、物理的要素と思考の両面においてスピードが重視されていたこと。師団の一等兵から上級指揮官と作戦立案者に至る将兵達は迅速に意思決定を行い、行動する能力を備えていた。そして、その迅速な意思決定を実行に移すことを可能にする装備が第1海兵師団に備えられていた。最後に、第1海兵師団は指揮官の意図（Commander's Intent）に基づいて戦ったことである。指揮官は自らの性格や直観、目的が反映された指揮官の意図を将兵に提示した[1]。ＩＭＥＦ司令官のコンウェイは、バグダッド陥落後の国家建設に関してだが、海兵隊の指揮形態について次のように指摘した。「我々が実行している中で最適なことの一つは、おそらく、国家建設に関するドクトリンをそれほど多く所有してはいないことだろう。我々は指揮官の意図を発令している。我々は望ましい終末状態（end states）を描き、そのための資源を振り分けている。初期の段階で七人の大隊指揮官たちは七通りの方法で行った。しかし、どの場合でも上手くいったし、未だに上手くいっている」と彼は述べている[2]。

２００３年の海兵隊の戦争（Warfare）様式は、歴史家や戦略研究者たちが導き出してきたアメリカの戦争様式では必ずしも説明できない。従来描かれてきたアメリカの戦争様式とは火力による敵の撃破を累積させて勝利することを目指す[3]。それを中央集権型の指揮形態と実行を詳細に規定したマニュアルで実行する[4]。他方、03年の海兵隊はバグダッドに向けて高速で諸兵連合部隊を浸透させた。そして、コンウェイやマティスといった指揮官は意図を明示し、実行方法は隷下部隊の指揮官が決定するという分権型の指揮形態を用いた。これは41年のドイツ国防軍のフランス侵攻（〝電撃戦〟）を連想させる戦い方だった。

本章では次のような検討を踏まえて結論を得ることにする。機動戦構想の思想的背景とその特徴、海兵隊における採用背景、制度化を検討することでイラク自由作戦において示された海兵隊の〝電撃戦〟の起源を示す。その後、機動戦構想の可能性と限界について考察したい。

1　勝つための戦争（Warfare）構想

１９８０年代後半から90年代前半にかけて、海兵隊では一連の基盤ドクトリンが発行された。グレイは、89年にＦＭＦＭ１『ウォーファイティング』、90年にＦＭＦＭ１‐１『戦役遂行』、91年にＦＭＦＭ１‐３『戦術』ドクトリンを順次発行した[5]。これら一連の新しい基盤ドクトリンは次のような思想的特徴をもつ。第一に、アメリカの伝統的な戦争様式であると指摘されてきた消耗戦から機動戦への戦争様式の転換である。火力による敵の撃破を累積させる消耗戦に対して、機動戦は火力を用いつつも敵の機能不全を目指す戦い方である。そのために我の作戦テンポを高速化したり、敵の弱点に我の努力を集中させる。機能不全を引き起こすために、機動戦では指揮形態も変化した。消耗戦では火力を集権型の指揮形態で運用することが重視されていた。他方、機動戦では任務戦術と呼ばれる分権型の指揮形態が導入された。指揮官は上級指揮官の意図を達成するように、自ら敵の弱点を判断し、どのように我の努力を集中させるかを決断し、指揮官の意図を提示することが求められるようになった。

第二に、それらの基盤ドクトリンが、詳細にまで至る実行方法の説明ではなく軍事概念の厳密な定義から構成されていることである。歴史上の海兵隊のドクトリンや同時期に形成された陸軍の作戦ドクトリンでは、部隊の行動様式が具体的に示された。諸軍事概念の定義のみが示され、具体的な実行方法は提示されていない海兵隊の基盤ドクトリンは非常に独特なドクトリンである。軍隊のドクトリンというよりも、まるで民間の大学の戦略思想の教科書のようであり、一見すると果たして部隊にとって有益といえるのか、実効性があるのかといった疑問を人々に抱かせる。

最後に、従来の戦術レベルのドクトリンに留まらず、作戦レベルにまで機動戦構想が拡大して適応されたことが挙げられる。1980年代後半から90年代前半の基盤ドクトリンの改定では戦略と作戦、戦術といった戦争の階層区分が導入された。それにより、目的と手段の関係性が明確になり、また時間と空間の両方において拡大した領域で戦争が描かれるようになった。

ドクトリンの作成は1970年代半ばには一部の将校達によって開始されていた。主に空軍将校のボイドが機動戦構想を概念化し、海兵隊将校のワィリーが、機動戦構想を組織的に実行する際の方法論を提示した。両者共に戦略環境や国際システムの変化に対応するために新構想を開発したのではない。むしろ、戦場での経験から導き出した教訓を、戦史研究を通して確認することで、機動戦構想を概念化した。ボイドは相対的な時間であるテンポを支配することが敵を崩壊させる鍵であり、それが戦術と作戦における勝利のパターンであると結論づけた。ベトナム戦争の経験から従来の海兵隊のマニュアルは戦場では有効ではないことを発見したワィリーは、グレイが基盤ドクトリンを改定する十年以上前から、新しいドクトリンの追求を開始していた。戦場では状況が刻一刻と変化するため、方法論を厳密に規定した従来のマニュアルは戦場では機能しなかったと彼は主張した。戦場でドクトリンを機能させるためには、方法論ではなく将校達の思考枠組みを規定するドクトリンを作成すべきであると考えた。将校達は統一された思考枠組みを基盤にしながら戦場で自ら判断し決定すべきである。ドイツ陸軍が1917年に実行した水陸両用作戦と海兵隊が太平洋戦争で実行した水陸両用作戦を比較検討することで、将校達が判断する際の基準となるべき概念として、面とギャップ、任務戦術、努力の焦点といった軍事概念をワィリーは導き出した。

機動戦構想、クラウゼヴィッツの戦争の定義、戦争の作戦レベル構想という新しく提唱された諸軍事概念を体系だったドクトリンにまとめあげたのは、シュミットである。ワィリーの主張の前提である戦場は刻一刻と変化するという発見は、シュミットにより、クラウゼヴィッツが提唱した戦争の不確実性や摩擦、偶然といった概念で説明された。ベトナム戦争後の陸軍や海軍ではクラウゼヴィッツの『戦争論』が組織的に読み直されており[6]、その流れの中で彼はクラウゼヴィッツの戦争の定義を海兵隊のドクトリンに導入した。クラウゼヴィッツの戦争の定義は、システム分析では明確にならなかった戦争における指揮官の精神的要素や机上の計画と実戦のずれ、戦争とは目的論的かつ偶然を伴う現象であり、必ずしも因果関係が成り立たないことを提示していた。ワィリーが戦場での個人的な経験と戦史研究から導きだした結論は、クラウゼヴィッツの概念を導入したことで哲学的な根拠を獲得した。FMFM1『ウォーファイティング』は、従来の部隊の行動の規定ではなく、諸軍事概念の定義から構成され、将校達の思考枠組みを規定することとなった。さらにシュミットは作戦レベル概念をドクトリンに導入し、そこにも機動戦構想を適用した。それにより、基盤ドクトリンでは戦争の目的論的理解がより強固になった。

戦争とは不確実な現象であるという理解に基づく機動戦ドクトリンは、概念が具体化されていないため、一見、曖昧で機能性と実用性は低いように思える。しかしながら、実際には、戦士の集団である海兵隊のために、戦場で実際に機能するドクトリンを一部の将校達が真剣に探求した結果、機動戦ドクトリンが創造されたのである。機動戦ドクトリンは戦略環境の変化から新しい敵の戦い方への対処法として生まれたとはいい難い。戦場での経験と理論から海兵隊が勝利するためには自分達はどう戦うべきか、戦場で実際に機能するドクトリンとは何かという点に主眼が置かれて形成された。軍事概念の厳密な定義から構成される海兵隊のドクトリンは有用性が低いのではない。むしろ、不確実性や偶然が支配する戦場で勝利するためには、軍事概念で将校の思考枠組みを共通化し、将校が自らの判断で概念を具体化するべきであるという実戦を志向したドクトリンだったのである。戦争（Warfare）の勝利を追求し続けたグレイは、勝つために機動戦を採用した。

2　旧式の構想で備えた新任務

海兵隊総司令官の重要な任務の一つが海兵隊の任務をどのように定義するかということである。空間によって任務が定義されていない海兵隊は、とりわけ平時において、任務を定義することでその存在意義を政治家と国民に示す必要に迫られている。ポーゼンが軍の改革は文民が主導すると指摘したように、

１９７０年代半ば、外部から存在意義に疑問が投げかけられた海兵隊は任務の見直しに着手していく。[7] 軍の改革モデルを作成したローゼンによれば、軍の計画者たちは平時には戦略環境の変化を認識することで、改革の必要性を考えるようになるという。[8] アメリカの国防政策がヨーロッパ重視へと変化する中で、海兵隊はヨーロッパの任務に適応するために部隊を機械化するか、伝統的な任務である水陸両用作戦に固執しながら予算の削減を受け入れるかという選択に迫られた。前者を選択した場合、陸軍との差異が消滅し、海兵隊の存在意義が再び疑問視されるリスクや戦力投射能力の低下といったリスクがあった。ウィルソンは上院軍事委員会に提出した報告書において、ヨーロッパでの機甲戦と水陸両用作戦の両立を提案し、『作戦的即応性』概念でこの二つの任務の両立を試みた。諸兵連合部隊を世界中に迅速に展開させることが海兵隊の任務であると彼は定義したのである。

１９７０年代の海兵隊の改革では、戦略環境の変化がドクトリンの改定を推進した主要な要因であるとはいい難い。確かに、上述したように、戦略環境の変化は海兵隊の任務の変化を推進した。戦略環境が変化する中でウィルソンは海兵隊の任務を再定義し、トウェンティナイン・パームズで開始した諸兵連合演習に代表されるように、新しい性質の演習に着手した。しかしながら、任務の変化がドクトリンの変化へと自動的に転化されることはなかったのである。新しい演習は旧式の軍事構想で実施されていたのである。70年代半ば、演習の主たる課題は従来通りの火力の調整であり、80年代前半の課題は火力と機動の調整だった。ここにおける機動とは従来の運動を意味しており、機動戦構想で用いられるようになった敵を崩壊させるという意味ではなかった。

１９７０年代半ばから80年代前半での戦略環境と海兵隊の任務の変化をみるに、ドクトリンの変化においては、戦略環境の変化よりも指揮官のリーダーシップが大きな役割を果たしたといえる。全軍的かつ組織的に実施されていたトウェンティナイン・パームズでの演習が古い構想の下で行われていたのに対して、70年代半ばにグレイが指揮官を務めていた4MABの演習では機動戦構想の萌芽が確認できる。グレイが指揮していた部隊では、後に基盤ドクトリンに採用された機動戦構想程には体系だった構想ではないが、分権型の指揮形態や敵の弱点に我の主力を集中することで敵を崩壊させるといった戦術を将兵達が議論していたのである。

3　知的に戦う軍隊の創設

(1) 戦争（Warfare）構想を基盤とした軍事力整備の構築

1970年代半ばから80年代半ばにかけて、一部のドクトリンや教育、部隊の演習にのみ用いられていた機動戦構想は、グレイが総司令官に就任すると海兵隊の主要な戦争（Warfare）様式にまで一気に格上げされた。その地位は少なくとも構想上は2010年代半ばに至るまで継続されている。機動戦を戦うために、グレイは海兵隊の「頭脳力」の改革に乗り出す。87年にグレイが総司令官に就任したとき、海兵隊には内外から高級指揮官の作戦指揮の能力へ疑問が寄せられていた。ベトナム戦争に初級将校として派遣された将校達の一部は、彼らの上官の作戦指揮の才能や技術、姿勢を懐疑的なまなざしで見つめ、ある者は強い不満や失望さえ抱いていた。83年10月にレバノンで生じた海兵隊BLT本部爆破をきっかけに、長期間に渡って内部に蓄積していた憤りと同様の内容が外部からも批判されるようになった。BLT本部ビル爆破について調査した国防省内の委員会は、海兵隊の指揮官達が統一された明確な任務を共有化していなかったことを指摘したし、同様の調査を実施した下院軍事委員会は、部隊の防御が不十分であり、海兵隊上層部も十分に監督していなかったと批判した。(9) 議員達は海兵隊の上層部が責任を取ろうとしないことに憤っていた。

ウィルソンやバロー、ケリーといったグレイの前任者たちも海兵隊を変革することに躊躇していたわけではない。彼らは海兵隊を存続させるために新しい任務を導入し、新天地での演習に部隊を派遣し、それに応じた新しい部隊編制や装備を準備した。しかしながら、ベトナム戦争後の海兵隊が抱えていた最も深刻な問題は、結局のところ、戦場で部隊を運用する戦争（Warfare）に基づいた軍事力の整備が行われていなかったことであり、そのことを明確に理解していた総司令官はグレイだけだった。前任者達とは異なり、下士官から総司令官に昇進したグレイは、軍歴の大部分を戦場もしくは演習場で部隊を指揮し続けた戦士である。海兵隊が内包していたこの問題をグレイと同様に明確に理解していた少数の将校達がいた。その中の一人が戦場での体験と軍事史研究から機動戦の方法論を提示したワィリーであり、別の一人がグレイの時代に新設されたＭＣＣＤＣの青写真を描いたコリン大佐である。彼らはグレイの親しい友人だった。現在の海兵隊においては、読書を好む指揮官は、海兵隊の将軍の典型的なモデルの一つである。しかしながら、当時の海兵隊においては、知的な戦士であるグレイや彼らは異端とみなされていた。グレイの軍事的直観は豊富な部隊指揮と併せて、軍事史研究を通して研ぎ澄まされた。グレイとワィリーに共通していたのは軍事的直観だけではない。思想や理想が行動に翼を与えるべきだというドイツ観念論的な信条も彼らは共有していた。

総司令官に就任したグレイは直ちに、海兵隊の頭脳力の改革に取り組む。１９８７年の11月に教育や装備開発を任務としていたクワンティコ基地の ＭＣＤＥＣが廃止され、代わりにＭＣＣＤＣが創設される。

88年にはMCRDACが新設された。グレイが改革に着手する以前の海兵隊では、総司令部は将来の海兵隊の絵姿を踏まえた編制やドクトリン、訓練の長期的な計画を作り出すには、恒常業務で忙しすぎた。加えて、総司令部の煩雑な行政上の手続きは迅速な意思決定を困難にしたため、部隊で必要とされている装備が配備されるまでに時間がかかった。名目上、そのような役割を担っていたはずのMCDECは出世街道から外れた中佐達の配属先となっており、彼らのアイデアの良い、悪いに関わらず総司令部に作用を及ぼす力は非常に限定されていた。[10] また、MCDECは過度に技術志向だった。そのため、総司令部もMCDECも、長期的な将来戦の構想を生みだすことができていなかった。その結果、海兵隊の戦い方は既存の編制に制限され、部隊のニーズは、編制やドクトリン、訓練にあまり反映されなかった。

MCCDCとMCRDACの創設は、海兵隊を戦う組織とするために、戦争（Warfare）を未来志向で発展的に準備する制度を構築する試みだった。行政や政策、そして海兵隊の存続という従来の観点からの軍事力整備から、戦争（Warfare）を出発点とする軍事力整備へと転換することが、MCDEC改革におけるグレイの主要な狙いの一つだった。この転換を実現するために、彼はMCCDCを戦場で実際に戦うMAGTFの代表者として規定し、ドクトリンや編制、訓練の変化を特定する役割を総司令部ではなくMCCDCに与えた。MCCDCが要求の特定と、ドクトリンや研究、教育、訓練、兵棋演習の実行を担当することにした。MCCDCが特定した要求に基づいて、装備に関してはMCRDAC、ドクトリンや訓練に関してはMCCDCが実行するのである。この役割分担に基づき、MCDECと総司令部の組織再編にも着手した。そこでは、主にMCDECと総司令部で研究を担当していた部署はMCCDCへ、装備調達を担当していた部署はMCRDACに集約され、総司令部の役割は政策と管理に限定された。

加えて、グレイは、装備や編制、地形といった物理的要素ではなく、構想に基づいて軍事力を整備すべきであるという信念を持っていた。構想を基盤とせずに、編制や装備といった有形要素に基づいて軍事力を整備することは、とりわけ装備開発において深刻な問題を生じさせてしまうとグレイは問題視していた。それは不適切な装備開発をもたらし、予算の効率的な活用を妨げると彼は認識していた[11]。

他方、構想を基盤にした軍事力整備は、現状に制限されるのを防ぎ、未来志向の軍事力整備をも可能にする。機動戦構想を導入しようとした改革派たちは、機動戦構想は現状の海兵隊の編制に適切ではないと反対された。現状の編制に規定され、ドクトリンや訓練の発展的な開発が制限されたのである。さらに、地域や地形に基づいたドクトリンや編制、訓練、装備開発は、戦略環境の変化に海兵隊が柔軟に対応することを困難にするというリスクもあったと考えられる。ある地域を基盤とする軍事力整備は、脅威が別の地域へと移動したときにその有用性が著しく低下しかねない。

グレイが総司令官に就任する以前に幾人かの海兵隊将校達が、構想を基盤とした軍事力整備の仕組みを既に描いていた。幾つかの研究や提言において、軍事力の開発を主導すべき機関とその過程が提案された。提案者たちは、

① 計画及び研究部署が要求を主導すべき
② 構想開発と要求特定過程を結合すべき
③ 装備と訓練、ドクトリン、編制開発を結合すべき
④ 総司令官が海兵隊の将来像を示し、その将来像に基づいて計画及び開発部署が要求を特定する。その後艦隊海兵軍でテストした後に編制やドクトリン、訓練を開発し、発行すべきと主張した[12]。

グレイと部下達はその青写真を急速に実現していった。提案①はＭＣＣＤＣがドクトリンと訓練、編制、

装備の変化に関する要求を特定することに反映された。②と③の提案は、ＭＣＣＤＣ内に構想の研究とドクトリンや訓練、編制、装備に関する変化の特定を統一的に実施する部署が誕生したことに結実した。ＭＡＧＴＦウォーファイティング・センターと名付けられたその部署は研究と思考、決定機能が集約された海兵隊の頭脳となったのである。最後に④の提案は構想に基づく要求システムに反映されている。構想に基づく要求システムとは構想から軍事力を整備するための過程として構築された。海兵隊総司令官が海兵隊の将来像を提示し、それに基づき今後二十年から三十年間で目指すべき作戦的構想を作成する。続いて、その作戦的構想を実現するために現在の海兵隊のドクトリンや訓練、編制、装備で不足しているものを明確にする。そして、その不十分なところを基にして中期計画を作成し、ドクトリンや訓練、編制、装備の要求を特定し、文書化する。この過程で軍事力を整備することで、構想から軍事力を整備する制度をグレイと改革者たちは構築した。

戦争（Warfare）の構想を出発点とした軍事力整備の制度を構築したことで、戦争（Warfare）構想はドクトリンと訓練、編制、装備全てに影響を及ぼすことが可能になった。１９８０年代後半から90年代前半にかけてドクトリンに採用された戦争（Warfare）構想である機動戦は、制度上、ドクトリンのみならず、訓練や編制、装備全てに作用し得るようになった。

（2）創造的な軍事専門教育の確立

海兵隊の軍事専門教育はグレイの時代に創造性や想像力を重視した教育へと生まれ変わった。グレイは、ＭＣＣＤＣで将来戦の構想を生み出し、ＭＡＧＴＦで作戦を立案、指揮する頭脳と神経を育成するために、海兵隊の軍事専門教育の改革を強力に推し進めた。既存の諸教育機関を統合して海兵隊大学を新設し、指揮幕僚大学のカリキュラムを大幅に改定し、先進戦争学校や海兵隊戦争大学をグレイは創設した。

機動戦を戦うためには、戦争（Warfare）に勝利する能力を備えた将兵の育成が必要であり、将兵の軍事的判断力を養成するような教育を提供しなければならない。それがグレイの提示した教育目標だった[13]。この目標を達成するために、グレイは知識を暗記させる軍事教育から、知識を基盤として将校が自ら判断する能力の育成を促す軍事教育への転換を推進した。消耗戦では、中央集権型の指揮形態の下で命令に従いながら火力を正確に運用することが必要とされる。他方、分権型の指揮形態を採用した機動戦では、上級指揮官から提示された意図を実行するために自ら判断することが将校に求められている。

将校の軍事的判断能力はいかにして鍛えることができるのか。グレイは教育においては戦史と軍事思想を学ぶことがその能力を向上させる助けになると確信していた。そのため、新設した海兵隊大学に軍事史の博士号を保有する軍事史家を雇用し、大学院レベルの教育を提供する施設へと転換し、将校の学びを支える図書館を開設した。全ての将校に軍事専門教育を与えるための遠隔教育プログラムも開始された。一部のエリート将校だけではなく、全ての海兵隊将校が軍事的に判断する能力を修得すべきであるとグレイは考えていた。機動戦構想を組織的に使用する場合には、指揮官はそれを深く理解し、使いこなせること、その指揮下で戦う将兵は少なくとも機動戦がいかなるものかを認知しておくことが重要だったのである。そして分権型の指揮形態ではＭＥＦの司令官はもちろんのこと中隊長や小隊長に至るまで、上級指揮官の意図を達成するために自ら判断を下す必要がある。知的な活動による軍事的判断能力の鍛錬は、教育機関への入校中以外の期間でも推奨された。現在に至るまで継続されている海兵隊プロフェッショナル読書プログラムが開始されたのである。伍長から将軍まで、グレイが指定した主に軍事史や軍事思想の著作から成る推薦図書のリストが配布された。以上のことは、読書を好む将兵は異端であり、海兵隊員はゴルフや射撃で余暇を過ごすべきだという風潮が強かった時代において大きな変化だった。

知識を暗記する教育から軍事的判断力を養成するための教育への転換は、グレイが実施した指揮参謀大学におけるカリキュラム改定に色濃く表れている。指揮参謀大学は少佐や中佐を対象とした教育機関である。グレイは、同大学の校長に任命したライパーに機動戦と軍事史とを中心とした教育とするようにと指示した。指揮参謀大学では、それまでも、分類された各分野における教育内容の見直しが定期的に行われてきた。対して、グレイの時代の指揮幕僚大学の改革では、二十年以上に渡り使用されてきた学問の分類が見直された。それまで使用されてきた指揮、上陸作戦、会戦研究と戦略、国外からの留学生のための特別教育、ゲスト講義、学術研究と事前準備時間／教官助言時間から成る学習区分は、戦争の理論と本性、戦略思想、作戦術、MAGTF作戦、統合プロフェッショナル軍事教育から構成される区分に取って代わられることになった。

ライパー達が開発した指揮幕僚大学の新しい学習内容はグレイの教育構想を実現していた。彼らが実行したカリキュラム改定は、決められた手順や知識を暗記する教育から、将校が知識に基づき自由に思考することで軍事的判断力を鍛錬する教育への変化だった。アメリカとドイツの将校教育の比較研究を行ったムートは、アメリカの将校教育の特徴の一つとして学校が決めた解答を暗記させることだったと指摘する。将校が独自に意思決定する能力を育成することは重視されていなかったと。[14] ライパー達が改定するより前の指揮参謀大学の教育には、ムートが指摘する特徴が反映されている。そこでは、戦争の原則が教育の礎であり、定型の戦いを計画し、実行するための手段を修得することが重要だった。他方、ライパー達が作成したカリキュラムでは戦争の本性が教育の基盤となった。それにより、戦争の不変な要素と進化する要素の区分が明確になり、作戦とは社会や技術の進化を将校達が利用しながら創造するものだと認識が変化したといえよう。とりわけ、作戦レベルの領域において、将校達の思想の自由や創造的な発想が重視された。

将校達の軍事的判断力を育成するために、グレイやライパーは軍事史や軍事思想を重視した。重要なのは、彼らが軍事史教育の目的と教授方法を変化させたことである。従来の軍事史教育では、各国の軍事の伝統を理解させることに主眼が置かれており、軍事史を学ぶ目的は曖昧だった。他方、新しいカリキュラムでは、軍事史を学ぶ目的は将校の軍事的判断力の育成と明確に設定された。そしてその目標を達成するために、歴史上の指揮官がどのような意思決定を行ってきたのかを、軍事思想を概念枠組みとしながら考察することを将校達に促すようになった。

指揮参謀大学以上に将校の創造性や想像力の育成を重視したのが先進戦争学校である。グレイの時代に、陸軍のSAMSを参考にして設立された先進戦争学校は作戦に関するエリート教育機関だった。先進戦争学校は、指揮参謀大学の成績優秀者で、非常に重要なことに、何よりも戦争（Warfare）に勝利することに強い興味を抱いている将校を求めた。たとえ成績が優秀であっても、強い部隊を作ることに興味が乏しい将校は対象ではない。開校直後の先進戦争大学で学ぶ将校達は少数精鋭の頭脳派集団だった。彼らは海兵隊の頭脳であるMCCDCでアイデアを創出し、部隊で戦役の準備と実行に貢献することが期待された。グレイはMCCDCが海兵隊の長期的な将来像を描き出すことを求めていた。将校が長期的な視野を持ち、将来の変化を創出する能力を開発する必要があった。

設立当初の先進戦争学校のカリキュラムが、将校達の将来の海兵隊像を創造する能力を育成しようとしていたのは明白である。先進戦争学校に入校した少佐や中佐は、まず戦術や作戦術の歴史的変遷を学ぶ。続いて、アメリカの政各出来事が関連しあって戦争（Warfare）の形態が変化してきたことを学習した。続いて、アメリカの政治と軍事システムを学ぶことで、現実における変化の起こし方を学んだ。最後に、将校達は海兵隊の将来像を提言する論文を執筆した。先進戦争大学の授業形態は民間の大学院の教育のように学生の自主性が尊重されていた。セミナーと個人学習から構成されたカリキュラムでは、研究書の読解や論文の執筆に多くの時間が割かれていた。週に三日間の終日の個人学習の時間が設定され、学生達は参考文献を読解した上でセミナーに参加することが要求されていた。彼らは海兵隊の将来像を創造し、それを論理的に説明することが求められていたのである。

4　21世紀の海兵隊の課題——機動戦構想の可能性と限界

イラク自由作戦でみられた海兵隊の〝電撃戦〟の起源は、1970年代半ばから80年代の構想の形成と80年代後半から90年代前半の基盤ドクトリンの改定、そしてグレイによる戦争（Warfare）構想を基盤とした軍事力整備の構築と教育改革にある。2003年の〝電撃戦〟は突如として発生した新しい作戦術や戦術ではなく、70年代半ばから90年代前半における改革派の知的に戦う軍隊の追求にその起源をもつ。彼らは戦略環境の変化に海兵隊を適応させようとしたというよりは、実戦で勝利する軍隊を追求したのである。

彼らが追求した実戦で勝利する軍隊とは、戦争（Warfare）構想を全ての出発点として平時に軍事力を整備し、戦場では機動戦と名付けられた構想で実戦を戦う軍隊だった。グレイは基盤ドクトリンを改定し、実戦での勝利を追求した戦争（Warfare）構想である機動戦を採用した。それにより、海兵隊の主たる戦争（Warfare）様式はドクトリン上、従来の火力で敵を順次撃破することから、迅速な作戦テンポで敵の弱点に我の努力を集中し、敵を崩壊させることへと変化した。加えて、ＭＣＣＤＣとＭＣＲＤＡＣの創設を通して、機動戦構想に代表される戦争（Warfare）構想から長期的な海兵隊の将来像を創造し、それに基づいて軍事力を整備する仕組みの構築を試みた。機動戦では迅速な意思決定が求められる。指揮官は上級指揮官の意図を達成するために、自ら指揮官の意図を設定し、敵の弱点と我の主力を決定しなければならない。将校がＭＣＣＤＣで将来の海兵隊の構想を創造し、自ら判断しながら部隊を指揮し、作戦を立案する組織となるには、決められた手順に忠実に従う将校団から創造的で論理的な将校団へと生まれ変わる必要があった。そのため、グレイは指揮参謀大学の教育を将校の軍事的判断力を育成する内容へと変化させ、先進戦争学校を設立し、創造的な将校の育成を目指したのである。

１９９５年に第三十一代海兵隊総司令官に就任したクルーラックはグレイの改革を引き継いだ。彼は海兵隊のドクトリンをＦＭＦＭシリーズからＭＣＤＰシリーズへと発展させた。ＭＣＤＰシリーズでは、ＦＭＦＭシリーズでは記述が限定されていた指揮統帥に関するドクトリンも発行された[15]。ＭＣＤＰドクトリンでも機動戦構想が海兵隊の主たる戦争様式であると明言された。加えて、彼は海兵隊の特徴である水陸両用作戦に機動戦構想と作戦レベル構想を適用した新しい二つの構想を発表した。それは「海からの作戦機動」と「艦船から目標物への機動」と名付けられた。「海からの作戦機動」では、70年代にワィリーが主張していたように、内陸の目標物を奪取することが目的であり、水陸両用作戦はその手段であると明確に定義された。「艦船から目標物への機動」では、海兵隊の部隊は敵の強点を避け、弱点に部隊を浸透させること、指揮官は敵の弱点を自ら判断することが強調されていた[16]。

２００１年の不朽の自由作戦で、海兵隊はまさに内陸部の目標物であるカブールを奪取するために、アフガニスタンの南部に上陸した後に、カブールまで北上した。その二年後には、海兵隊の諸兵連合部隊がバグダッドに向けて高速で進軍した。彼らはイラク軍の弱点に浸透しながら、ひたすら北上を続けた。04年のファルージャの戦いにおいて、コンウェイやマティス第1海兵師団長は、戦略目標が変更される度に、敵の重心と我の努力の焦点を決定し続けた。ウェストによれば、ファルージャでの海兵隊の戦闘は次のように変容していった。04年3月に陸軍からファルージャを引き継いだ際、コンウェイやマティスはイラクの警察や軍隊が海兵隊と一緒にパトロールをすることで、徐々に治安を回復させる案を主張した。ただし、民間軍事会社に勤めるアメリカ人が武装勢力に殺害されると、ブッシュ大統領やラムズフェルド国防長官は、ファルージャの武装勢力に報復し、ファルージャを支配するように命じた。そこで、マティスは犯罪者の逮捕、外国人戦士の排除、武器の撤去、高速道路10号線の運用道路化の四つの目標を示した。南から偵察し、各一個大隊が北西と南東から攻撃する作戦が第1海兵師団によって立案された。04年4月に開始された戦闘は六週間続く。しかしながら、ファルージャでの戦いが政治問題化したと判断した中央軍司令官は、今度は作戦の中止を命じる。戦闘の中止を命じられたコンウェイは、元イラク軍将兵と武装勢力にファルージャを支配させるという物議を醸しだすアイデアを打ち出し、実行したのである。その後、04年秋にファルージャを占拠するようにと再び命じられると、マティスの後継者のナトンスキ第1海兵師団長は、二個連隊戦闘団で武装勢力の司令部を迅速に攻撃した[17]。

21世紀初頭の海兵隊は、グレイやワィリーが描いたような自ら敵のギャップと我の主力を判断し、意図を示す能力を持つ指揮官と隊員から成る軍隊だった。そこには、彼らが目指した軍事専門性を修得した指揮官がいた。ただし、2004年のファルージャの戦いで明らかなように、03年のバグダッドの陥落以降もアメリカ軍は戦争（Warfare）の終結に手を焼いた。果たして、機動戦構想は戦場で有効だったといえるのかという疑問が残る。アフガニスタンやイラクでアメリカ軍が苦戦したのは、機動戦構想そのものに何らかの問題があったからなのか、将校達の機動戦構想の使用方法が不適切だったからなのだろうか。もしくはアフガニスタンやイラクの戦争の性質故のことなのだろうか。それとも戦略的失敗の前では作戦や戦術は無力なのだろうか。

また、グレイが構築を試みた戦争（Warfare）構想に基づく軍事力整備の制度は、創始者たちの理想通りに、実行されたのだろうか。その後、海兵隊の軍事力整備の制度はどのように変容したのか。そして、今後、インド太平洋地域において、海兵隊が海軍の作戦を支援するにあたり、機動戦構想はその任務においても有効なのだろうか。これらの問いについては今後の研究の課題としたい。

註　記

（1）Clarke R. Lethin, "1st Marine Division and Operational Iraqi Freedom," *Marine Corps Gazette*, Vol. 88 Issue 2（February 2004）, pp. 20-22.

（2）"We've Always Done Windows," *U.S. Naval Institute Proceedings*, Vol. 129 Issue 11（November 2003）, pp. 32-34.

（3）ワイグリー「アメリカの戦略」、Gray, "The American Way of War."

（4）Shamir, "The Long and Winding Road," Kretchik, *U.S. Army Doctrine*.

（5）Hayden, ed., *Warfighting*.

（6）マーレー、シンレイチ編『歴史と戦略の本質―歴史の英知に学ぶ軍事文化』p. 82, 118.

（7）Posen, *The Sources of Military Doctrine*.

（8）Rosen, *Winning the Next War*, pp. 57-75.

（9）アメリカ海兵隊司令部『国連平和維持軍』、pp. 162-167。

（10）著者によるアルフレッド・M・グレイへのインタビュー。2017年7月10日にヴァージニア州クワンティコにある海兵隊図書館で実施、C. J. Gregor, "Our Changing Corp," *Marine Corps Gazette*, Vol. 68 Issue 8（August 1984）.

（11）著者によるアルフレッド・M・グレイへのインタビュー。

（12）Colonel R. C. Wise, USMC, "A Study of the Mission, Functions and Organization of the Marine Corps Development and Education Command," 1 November 1976, in "A Study of the Mission, Functions, and Organization of The Marine Corps Development and Education Command Nov 1976" Folder, Colonel P. Collins USMC, "Concept Paper 2-86 Combat Development Capability For the US Marine Corps," 31 Jan 1986 in "Studies and Reports Reorganization Concept Paper 2-86: Combat Development Capability of the US Marine Corps by Col. P. Collins Jan 1986" Folder, Studies & Reports 52 Box, Archive Branch, Marine Corps History Division, Quantico, VA

（13）"Interview, General A. M. Gray," *Proceedings*, Vol. 116,（May 1990）, p. 144.

（14）ムート『コマンド・カルチャー』。

（15）MCDP 6 *Command and Control*.

（16）阿部亮子「米国海兵隊の水陸両用作戦構想の変化」。

（17）ウェスト『ファルージャ　栄光なき死闘』。

勝利を目指し、日々、思考し、実行している戦士達に捧げる

謝辞

本書は2018年3月に同志社大学に提出した博士論文――「米国海兵隊の電撃戦の起源―機動戦構想の思想的背景と採用、制度化」――を加筆・修正したものである。軍隊の営みを研究していると、時に孤独感に苛まれそうになった。研究対象と研究方法を共有している人々は確かにいる。ただし、その多くは外国人の研究者であって、日本人ではない。日本では彼らは制服を着ている実務者であって、歴史家ではないと。しかし、一つの研究テーマがどうにか著書になった今、ようやく社会に研究成果を還元できる喜びと共に、実に多くの人や組織に助けられてきたことを痛感している。

まず、博士論文で軍事ドクトリンを扱うという無謀な試みに対して、常に深い理解を示し、御助言を下さった同志社大学の浅野亮先生に深謝する。ワルシャワ大学で学んでいた学部生の時に、浅野先生の人民解放軍のドクトリンの変遷に関する論文を読み、先生を勝手に師と仰ぎ、その後イギリスやアメリカへと移り、落ち着かない私を、まさに海兵隊の任務戦術でご指導くださった。同志社大学法学研究科で、東アジアの安全保障に関する授業を受講したことで、現在そして未来を意識しながら、歴史を考察する大切さを学ぶことができた。そして、その授業において、アメリカ人の研究者や実務者は、戦略・作戦・戦術の階層区分を用いて、安全保障環境を分析しているのではないか、日米の研究者と実務者の間で、時に、認識の相違が生じているのではないかということに気がついた。また、戦略と作戦、戦術への理解を欠如したまま安全保障政策を議論することの危険性を学んだ。

ロータリー財団の支援のおかげで、軍事史や戦略研究の長い歴史があるイギリスの大学の修士課程で、戦略学と軍事史の基本的な知識を学ぶという夢がかなった。バーミンガム大学では、ベトナム戦争後のアメリカ陸軍のドクトリンの変遷と介入政策の専門家である、リチャード・ロック＝プラン先生の指導を受けるという幸運に恵まれた。さらにイギリス陸軍の作戦術の専門家であるギャリー・シェフィールド教授の授業を受講した。そこでは、欧米の軍事史における作戦術の思想と実戦の変容過程が包括的に描かれていた。クラウゼヴィッツの戦争の本性、フラーの戦略的麻痺構想、ソ連労農赤軍の縦深作戦構想からエアランド・バトルドクトリン、機動戦、ネットワーク中心の戦いに至る思想と、ソンム会戦やドイツのフランス侵攻、湾岸戦争、２０００年代のアフガンでの空爆といった実戦の歴史を通して、戦争の本性と戦争の特徴の変容を学ぶことができた。

バーミンガム大学で学んだ歴史の文脈で、ベトナム戦争撤退後のアメリカ海兵隊のドクトリンの改定について博士論文を執筆することを決めた際には、マイケル・D・ワイリー海兵隊大佐（退役）に大恩がある。ドクトリン改定を推進した主要人物の一人であるワイリーは、約一週間に渡る対面での聞き取り調査やメールでの長文の質問に常に快く応じてくれただけではなく、アメリカにて調査をしたいという私の願いを実現してくれた。ワイリーの紹介で知り合ったブルース・グドムンドソン博士が、アメリカ海兵隊大学図書館で調査をする時の受け入れ教員になって下さった。公私に渡り、非常に温かい援助を頂いた。本書の重要なテーマの一つである海兵隊大学は、ヴァージニア州の海兵隊クワンティコ基地にある。海兵隊の十字路（Crossroads of Marine Corps）と呼ばれるクワンティコ基地は、海兵隊大学やＭＣＣＤＣ、戦闘・開発・統合（Capabilities Development and Integration）、海兵隊システムズ司令部（Marine Corps Systems Command）などが置かれ、海兵隊の教育、構想や訓練・教育プログラムの開発、装備の調達などを担っている。私は、２０１６年9月から17年7月まで、基地の中にある民間の町――クワンティコ（Town of

Quantico）――に滞在しながら、海兵隊図書館で訪問学生として、本書の基盤となった博士論文を執筆した。クワンティコはヴァージニア州の北部、プリンスウィリアム郡に位置する人口五百人ほどの小さな町である。全米の中でも非常に珍しいことに、町はポトマック川と海兵隊のクワンティコ基地に完全に囲まれている。海兵隊員と民間人の両方が暮らし、郵便局や小さな警察署、鉄道の駅、公園があり、メインストリートにはパン屋、カフェ、ダイナー、ダイナーが数軒並んでいる。昼食時や夕方になると迷彩服姿の海兵隊員が基地から町に出てきて、ダイナーで昼食をとり、クリーニング屋に迷彩服や制服を預け、床屋で髪を切るのが、この小さな町の日常生活である。ウィリー大佐やグドムンドソン博士の紹介で、ドクトリン改定を強力に推進したアルフレッド・M・グレイ大将（退役）や元中央軍司令官のアンソニー・ジニー大将（退役）、ポール・ファン・ライパー中将（退役）への聞き取り調査も実現した。ウィリーやグレイ、ライパー、ジニーは難しい時代に軍事専門性と向き合い、海兵隊を知的に戦う組織へと再生した将校達だった。

海兵隊大学図書館で客員学生として調査したいというほとんど前例のない望みを実現して下さった海兵隊大学図書館にも感謝したい。海兵隊大学図書館は、民間の大学の博士課程で学ぶ異国から来た学生に、戦略や作戦に関する豊富な専門書を惜しみなく貸し出し、図書館の一角に研究室まで用意してくれた。軍の教育や訓練に関する研究書を、研究室に閉じこもりながら読解するという大変貴重な機会に恵まれた。加えて、私の研究に深い理解と期待を示してくださったチャールズ・P・ニヤマイヤー（Chales P. Neimeyer）（前海兵隊歴史部局ディレクター）にも感謝を表したい。歴史部局には海兵隊フェローシップの機会まで与えてもらった。海兵隊指揮幕僚大学のショーン・キャラハン海兵隊中佐（退役）と先進戦争学校のゴードン・ラッド教授は私の質問に辛抱強く答えて下さり、また、論文発表の機会や内容に関する助言を下さった。海兵隊将校の軍歴や思想を描く際には、海兵隊の現役の将校達から多くのヒントを頂いた。
歴史部局のアネット・アメルマン博士とアリソン・フレッド博士、アーキビスト達にも感謝する。日本では、アメリカの国防政策や外交史と比較すると、アメリカの各軍の戦略・作戦レベルの構想や実戦に関する研究では、一次資料に基づいた歴史研究が非常に限定されている。各軍のアーカイブの使用方法や資料の保管状況に関するノウハウが十分に蓄積されてきたとはいい難い。海兵隊に関してはインターネット上で入手できる情報も非常に限定されていた。そのため、アメリカに何度も足を運びながら、資料の保管場所を探し出し、基地へのアクセスの是非、アーカイブの利用方法や資料の公開情報を調べるという資料収集の初歩的なことからのスタートだった。資料の保管場所を突き止めた後は、英語圏の軍事史研究で耳にする「軍は全てのことを記録に残す。そのため、軍事史研究において資料の読み込みは莫大な量となる」という言葉を実感する日々だった。歴史部局の歴史家とアーキビストの助言なしでは、本研究の遂行は非常に厳しいものとなっただろう。

偶儻不羈の精神が受け継がれている同志社大学が、軍隊の営みを学術的に研究したいという私の挑戦を可能にしてくれた。副査として博士論文を審査して下さった力久昌幸先生と鷲江義勝先生が、時に戒めながらも、博士論文の執筆を励ましてくれた。とりわけ、鷲江先生は、諦めそうになる私に対して、本書の出版をはじめ、研究と教育の両面において常に激励の言葉を下さった。孤立しがちな私を、研究会に誘って下さった中谷直司（帝京大学）、山口航（帝京大学）、張雪斌（早稲田大学）の諸先生方にも感謝したい。毛利亜紀先生（筑波大学）は研究と生活の両面で相談にのって下さった。人民解放海軍の研究に挑戦している先輩の姿は、いつも私の励みとなった。論文の書き方一般や聞き取り調査の実施方法、研究者としての心の持ちようや方向性については、飯田健先生と濱嶋幸二先生（函館大谷大学）が、助言と激励を下さった。歴史の研究方法についてはドイツ経済史の専門家である大谷実先生、アメリカのアカデミック文化についてはコネチカット大学博士課程の伊藤謙介氏が良き相談相手となってくれた。アメリカ海軍のウィリアム・カー中佐にも感謝したい。同志社大学に留学していたカー中佐が、ミラン・ヴェゴをはじめとする作戦史の研究を紹介してくれた。アメリカ留学時には同志社大学ワシントンＤＣ同窓会が異国での心安らぐ場となった。本書の執筆において、同志社大学開発推進機構の西直美先生と元同僚の岡村優希先生が常に相談にのってくれ、松本浩延法学部助教、中屋晶子研究開発推進機構助手、高祖綾氏（グローバルスタディーズ博士前期課程）、石本凌也氏（法学研究科博士前期課程）佐竹壮一郎氏（法学研究科博士後期課程）が文章の校正に協力してくれた。阿川尚久同志社大学法学部教授からは海兵隊を研究テーマにすることに関して励ましの言葉を賜った。

所属先の外でも多くの人からご助言を頂いた。慶応義塾大学の細谷雄一教授は、私がイギリスから戻り、戦略学や軍事史と格闘しながら最も混乱していた時代に、それまで慶應義塾大学と全く縁のなかった私を研究会に受け入れてくださった。本書の執筆中、博士論文執筆後の研究者にとって、編集者との出会いは大変貴重なものだという細谷先生の言葉を何度も思い出した。技術による戦争の変容に関する共同研究に加えて下さった政策研究大学院大学の道下徳成教授にも御礼を申し上げる。博士後期課程の一年目と二年目には財団法人平和・安全保障研究所の日米パートナーシッププログラムに参加する機会にも恵まれた。本プログラムではアジア・太平洋の安全保障問題を広く学ぶことができたと共に、プログラムに参加していた先生方から博士論文の書き方について貴重な助言を頂くことができた。とりわけ、古賀圭先生（南洋工科大学）と井原伸治先生（名古屋大学）には、プログラム終了後もアドバイスを頂いた。古賀先生は私のアメリカ留学の際に何度も推薦状を書いて下さった。また、私の執筆上の悩みに、軍事史家として常に相談にのってくださった長南政義氏と、学外での研究会や共同研究に頻繁に声をかけてくれた部谷直亮慶応義塾大学上級研究員にも心から感謝する。奥山真司先生（青山学院大学）と中谷寛博士が、バーミンガム、東京、ワシントンＤＣの各地で英語圏の戦略学の潮流を教授してくれた。

海兵隊クワンティコ基地での調査や本研究の遂行においては、実務に携わってる方々から貴重な助言を賜った。とりわけ、香田洋二元自衛艦隊司令官と海兵隊博士論文フェローシップへの推薦状を執筆してくださった古澤忠彦元横須賀地方総監に深く御礼を申し上げる。海兵隊で、現場で日米の利害を調整し、また学んでいる方々との意見交換は海兵隊を描く上で大変参考になった。日本国内でも、現場の経験の一切ない私に、部隊での経験を丁寧に説明して下さった方々に深謝する。彼らとの会話の中で、リンドの著書『機動戦ハンドブック』（*Maneuver Warfare Handbook*）を紹介してもらった。

本書の出版に当たって作品社を紹介してくださった大木毅氏に心から感謝申し上げたい。軍事史や思想という分野で優れた著書を刊行してきた出版社から、用兵思想に関心を有する編集者である福田隆雄氏の助言を頂きながら、博士論文を形にできることに大きな喜びを感じている。樋口隆晴氏と大野信長氏に作成した頂いた戦況図が加わることで、本書は格段に理解しやすくなったと思う。

研究を進めるにあたっては、日本学術振興会の特別研究員奨励費（ＪＳＰＳ科研費ＪＰ14Ｊ00947）と若手研究（ＪＳＰＳ科研費ＪＰ19Ｋ13636）、日米協会の米国研究助成、海兵隊財団の博士論文フェローシップ、日本私立学校振興・共済事業団の女性研究者奨励金による援助を受けた。加えて、フルブライト博士論文プログラムで、10か月間に渡り、海兵隊のアーカイブと図書館で資料発掘と聞き取り調査に没頭することができた。私のフルブライト奨学金を支援して下さった吉田育英会に厚く御礼申し上げる。本書を刊行するにあたって、同志社法学会による出版助成を頂いている。

最後に、本研究のはじめから終わりまで力になってくれた家族にも謝辞を送りたい。小学生の時にベトナムでおぼろげに抱いた二つの問い――なぜ戦場の会戦では必ずしも敗北しなかったように思われるアメリカが、戦争（War）に敗北したのか、そして、ベトナム戦争撤退後から湾岸戦争までの間に、アメリカ軍はどのように組織を変化させたのか――が本書の出発点となったのである。

(個人資料)

"Maneuver Warfare"、アルフレッド・M・グレイから提供された資料。
John Boyd, "Pattern of Conflict" (Defense of the National Interest 2007).
Michael Duncan Wyly, *Country and Corps One Marine's Struggle to Serve Them Both; And the Choice He Made* 未刊行の自伝。

(オーラルヒストリー)

Oral History Transcript, General Anthony C. Zinni, United States Marine Corps History Division, (Virgnia:2007, 2008).
Oral History Interview, John F. Schmidt, Oral History Interview, United States Marine Corps History Division (Virginia: 2013).
Oral History Transcript, General Louis H. Wilson, Jr., United States Marine Corps History Division, (Virginia: 1979).
Oral History Transcript, Lt. Gen Paul K. Van Riper, United States Marine Corps History Division (Virgnia: 2014).

(オンライン情報)

Christopher Bassford, Clausewitz Homepage, http://www.clausewitz.com/.
Who's Who in Marine Corps History, United States Marine Corps History Division, http://www.mcu.usmc.mil/historydivision/Pages/Whos_Who.aspx#VWX0

Vol. 64, Issue 7 (July 1980).
Grabow Chad L. C. and Slaughter Mark P., "Professional Military Education for Marine Corps Majors: The Warfighter's Prerequisite," *Marine Corps Gazette,* Vol. 79, Issue 1 (January 1995).
Gray, Alfred M. "Annual Report of the Marine Corps to Congress," *Marine Corps Gazette,* Vol. 72, Issue 4 (April 1988).
———. "Establishment of the Marine Corps Combat Development Command," Marine *Corps Gazette,* Vol. 71, Issue 12 (December 1987).
King, Tracy W. Casey, David P., Meyer Brad, Johnson Wray, and Rudd Gordon, "Two Decades of Excellence," *Marine Corps Gazette,* Vol. 94, Issue 6 (June 2010).
Leach, Sean. " 'Can-do' won't do in Norway," Marine Corps Gazette, Vol. 62, Issue 9 (September 1987).
Lethin, Clarke R. "1st Marine Division and Operational Iraqi Freedom," *Marine Corps Gazette,* Vol. 88 Issue 2 (February 2004), pp. 20-22.
Lind, William S. "The Operational Art," *Marine Corps Gazette,* Vol. 72, Issue 4 (April 1988).
———. "Some Doctrinal Questions for the United States Army," *Military Review,* Vol. 77, No. 1 (January-February 1997).
McKenna, Charles D. "Marine Corps University Accreditation," *Marine Corps Gazette,* Vol. 83, Issue 9 (September,1999).
O'connor, Raymond G. "The U.S. Marines in the 20 Century: Amphibious Warfare and Doctrinal Debates." *Military Affairs* Vol. 38, No. 3 (October 1974).
Stanton, J. E. "Realistic Combat Training for the FMF," *Marine Corps Gazette,* Vol. 62, Issue 4 (April 1978).
Taber, Richard D. Sr. "One Reason why the Marines should be in NATO," *Marine Corps Gazette,* Vol. 61 Issue 12 (December 1977).
Vego, Milan, "Clausewitz's Schwerpunkt Mitranslated from Misunderstood in English," *Military Review,* Vol. 87, No. 1 (January-February 2007).
Wilson, Louis H., "CMC Reports to Congress: 'We Are Ready. Sprit is High.,'" *Marine Corps Gazette,* Vol. 61, Issue 4 (April 1977).
Winglass J. Robert, "The Corps' Newest Command, MCRDAC, Activated," *Marine Corps Gazette,* Vol. 72, Issue 1 (January 1988).
Wyly, Michael D. "Educating for War," *Marine Corps Gazette,* Vol. 72 Issue 4 (April 1988).
———. "Marine Corps University Established at Quantico," Marine Corps Gazette, Vol. 73, Issue 10(October 1989).
———."Thinking Beyond the Beachhead," *Marine Corps Gazette,* Vol. 67, Issue 1 (January 1983).
"Interview, General A. M. Gray," *Proceedings,* Vol. 116 (May 1990).
Gregor, C. J. "Our Changing Corps," *Marine Corps Gazette,* Vol. 68 Issue 8 (August 1984).
"We've Always Done Windows," *U.S. Naval Institute Proceedings,* Vol. 129 Issue 11 (November 2003).

1920–1932." in B. J. C. McKercher and Michael A. Hennessy(eds.), *The Operational Art: Developments in the Theories of War* (Connecticut: Praeger, 1996).
Lock-Pullan, Richard, "'An Inward Looking Time': The United States Army, 1973-1976." *The Journal of Military History* Vol. 67, No. 2 (April 2003).
Malkasian, Carter, "Toward Better Understanding of Attrition: The Korean and Vietnam Wars." *The Journal of Military History* Vol. 68, No. 3 (July 2004).
Riper, James K. Van, *American Professional Military Education, 1776-1945: A Foundation for Failure,* A Thesis Presented to the Faculty of the Department of History, East Carolina University, 2016.
Shamir, Eitan, "The Long and Winding Road: The US Army Managerial Approach to Command and the Adoption of Mission Command (Auftragstaktik)." *Journal of Strategic Studies,* Vol. 33, No. 5 (October 2010).
Swain, Richard M. "Filling the Void: The Operational Art and the US Army." in B. J. C. McKercher and Michael A. Hennessy (eds.), *The Operational Art: Developments in the Theories of War* (Connecticut: Praeger, 1996).
Terriff, Terry, " 'Innovate or Die': Organizational Culture and the Origins of Maneuver Warfare in the United States Marine Corps." *Journal of Strategic Studies* Vol. 29, No. 3 (June 2006).
Watt, Robert N. "Feeling the Full Force of a Four Front Offensive: Re-Interpreting the Red Army's 1944 Belorussian and L'vov-Peremshyl' Operations." *Journal of Slavic Military Studies,* 21 (2008).
Wyly, Michael Duncan, "Landing Force Tactics: The History of the German Army's Experience in the Baltic Compared to the American Marines' in the Pacific." A Thesis submitted to George Washington University, 1983.

(定期刊行物)

Anonymous, "Air-Ground Combat Center," *Marine Corps Gazette,* Vol. 64, Issue 12 (December 1980).
Anonymous, "CMC's Master of Military Studies Now Accredited," *Marine Corps Gazette,* Vol. 84, Issue 2 (February 2000).
Anonymous, "Germany Bonded Item III," *Marine Corps Gazette,* Vol. 62, Issue 7 (July 1978).
Anoymous, "Training at Twentynine Palms," *Marine Corps Gazette,* Vol. 65, Issue 4 (April 1981).
Eicher, James M. "The School of Advanced Warfighting," *Marine Corps Gazette,* Vol. 75 Issue 1 (January 1991).
Eikmeier, Dale C. "Redefining the Center of Gravity," *JFQ,* Issue 59 (Fourth Quarter 2010).
Faculty of SAW, "The SAW Experience," *Marine Corps Gazette,* Vol. 99, Issue 6 (Jun 2015).
Garner, Dixon B. "Armor Symposium 1980-an Overview," *Marine Corps Gazette,* Vol. 64, Issue 7 (July 1980).
Gregor, C. J. "Our Changing Corps," *Marine Corps Gazette,* Vol. 68 Issue 8 (August 1984).
Glidden, Thomas T., "Establishing a Permanent Mechanized MAB," *Marine Corps Gazette,*

ル構想の適用」『戦略研究』第20号（2017年3月）。

金龍瑞「アメリカにおける参謀部創設の意義－現代的文民統制の形成」『年報行政研究』第14号（1979年3月）。

木村卓司「アメリカのグレナダ介入と中米情勢」『海外事情』第32巻7・8号（1984年7月）。

合六強「ニクソン政権と在欧米軍削減問題」『法学政治学論究』第29号（2012年春季号）。

齋藤大介「詭道戦－用兵における近代合理主義への反動」『防衛大学校紀要』第104号（2012年3月）。

酒井啓子「「イラク解放法」と反体制派－米国のイラク政策の変化とそれへの対応－」『現代の中東』第26号（1999年）。

高橋弘道「海洋戦略の系譜－マハンとコルベット（1 米国の海洋戦略（1/3）」『波濤』通巻第160号（2002年5月）。

———「海洋戦略の系譜－マハンとコルベット（1 米国の海洋戦略（2/3））『波濤』通巻第161号（2002年7月）。

西村仁「1967年前半におけるベトナム地上戦の一考察－米海兵隊の作戦にみる作戦・戦闘の実態と戦争指導－」『新防衛論集』第9巻第1号（1981年6月）。

広田秀樹「ワインバーガーの国際政治戦略－その構想と展開－レーガン政権のバックボーン・リーダーの戦略構想・戦略展開の視点からの1980年代アメリカ世界戦略の分析」『長岡大学研究論叢』第10号（2012年7月）。

・英語

Bassford, Christopher, "The Primacy of Policy and the 'Trinity' in Clausewitz's Mature Thought," Hew Strachan and Andreas Herberg-Rothe (ed.) *Clausewitz in the Twenty-First Century* (Oxford: Oxford University Press, 2009).
Beyerchen, Alan D. "Clausewitz, Nonlinearity and the Unpredictability of War." *International Security* Vol. 17, No. 3 (Winter,1992).
Brodie, Bernard, "Strategy as a Science," Mahnken Thomas G. and Joseph A. Maiolo, *Strategic Studies A Reader.* London: Routledge, 2008.
Bronfeld, Saul, "Fighting Outnumbered: The Impact of the Yom Kipper War on the US Army." *The Journal of Military History* Vol. 71, No. 2 (April 2007).
Damian, Fideleon, "The Road to FMFM 1: The United States Marine Corps and Maneuver Warfare Doctrine, 1979-1989," Master Thesis submitted to Kansas States University, 2008.
Ellis, Earl H. "Advanced Base Operations in Micronesia." in *Advanced Base Operations in Micronesia* (Department of Navy, 1992).
Emmel, David C. "The Development of Amphibious Doctrine," Master Thesis submitted to U.S. Army Command and General Staff College, 2010.
Gray, Colin S. "The American Way of War: Critique and Implications." in Anthony D. McIvor, ed., *Rethinking the Principles of War* (Maryland: Naval Institute Press, 2005).
Kipp, Jacob, "Two Views of Warsaw: The Russian Civil War and Soviet Operational Art,

Group, 2007
———. *The Generals: American Military Command from World War II to Today.* New York: Penguin Books, 2012.
Romjue, John L. *From Active Defense to Airland Battle: the Development of Army Doctrine 1973-1982.* Virginia: Historical Office, United States Army Training and Doctrine Command, 1984.
Rosen, Stephen Peter. *Winning the Next War: Innovation and the Modern Military.* Ithaca, New York: Cornell University Press, 1991.
Shamir, Eitan. *Transforming Command: The Pursuit of Mission Command in the U.S., British, and Israeli Armies.* Stanford: Stanford University Press, 2011.
Sheffield, Gary, ed, *War Studies Reader: From the Seventeenth Century to the Present Day and Beyond.* London: Continuum International Publishing Group, 2010.
Smith, Charles R., David A. Dawson, Jack Shulimson, and Leonard A. Blasiol. *U.S. Marines in Vietnam: The Defining Year-1968.* Washington, D.C.: History and Museum Division Headquarters, U.S. Marine Corps,1997.
Summers, Harry G. *On Strategy: A Critical Analysis of the Vietnam War.* New York: Presidio Press, 1995.
Svechin, Aleksandr A., Lee Kent D. (ed.), *Strategy.* Minnesota: East View Publications, 1999.
Telfer, Gary L., Lane Rogers, and V. Keith Fleming Jr. *U.S. Marines in Vietnam: Fighting the North Vietnamese 1967.* Washington, D.C.: History and Museum Division Headquarter, U.S. Marine Corps, 1984.
The International Studies for Strategic Studies, *The Military Balance 2019.* London: Routledge, 2019.
The Marines in Vietnam 1954−1973: An Anthology and Annotated Bibliography. Washington., D.C.: History and Museum Division Headquarter, U.S. Marine Corps, 1974.
Travers, Tim. *The Killing Ground: The British Army, the Western Front and the Emergence of Modern Warfare, 1900−1918.* London: Unwin Hyman, 1987.
Turley, Gerald H. *The Journey of a Warrior: The Twenty-Ninth Commandant of the US Marine Corps (1987-1991): General Alfred Mason Gray.* Indiana: iUniverse, 2012.
Weigley, Russell F. *The American Way of War: A History of United States Military Strategy and Policy.* Indiana: Indiana University Press, 1973.

▼論文

・日本語

浅野亮「中国の軍事戦略の方向性」『国際問題』第492号（2001年）。

阿部亮子「クラウゼヴィッツの読み直しと陸戦ドクトリンへの影響－ベトナム戦争後のアメリカにおいて」『国際情勢』82号（2012年2月）。

———「アメリカ海兵隊と詭動戦ドクトリン－導入背景に関する一考察」『国際情勢』83号（2013年2月）。

———「米国海兵隊の水陸両用作戦構想の変化－湾岸戦争後の機動戦構想と作戦レベ

Press, 2001.

Isely, Jeter A., and Crowl, Philip A. *The U.S. Marines and Amphibious War: its Theory, and its Practice in the Pacific.* Virginia: The Marine Corps Association, 1979.

Jordan, David, James D. Kiras, David J. Lonsdale, Ian Speller, Christopher Tuck and C. Dale Walton, *Understanding Modern Warfare.* Cambridge: Cambridge University Press, 2008.

———. *Understanding Modern Warfare.* Cambridge: Cambridge University Press, 2016.

Kinnard, Douglas. *The War Managers.* New Hampshire: University Press of New England, 1977.

Kretchik, Walter E. *U.S. Army Doctrine: From the American Revolution to the War on Terror.* Kansas: University Press of Kansas, 2011.

Laidig, Scott. *Al Gray, Marine: The Early Years, 1950-1967.* Volume 1, VA: Potomac Institute Press, 2012.

Lejeune, John A. *The Reminiscences of a Marine.* Virginia: Marine Corps Association, 2003.

Lind, William S. *Maneuver Warfare Handbook.* Colorado: Westview Press, 1985.

Lock-Pullan, Richard. *US Intervention Policy and Army Innovation: From Vietnam to Iraq.* Oxford: Routledge, 2006.

Ludwig, Verle E. *U.S. Marines at Twentynine Palms, California.* Washington, D.C.: History and Museum Division Headquarters, U.S. Marine Corps, 1989.

Mahnken Thomas G. and Joseph A. Maiolo. *Strategic Studies A Reader.* London: Routledge, 2008.

Martin, Laurence. *NATO and the Defense of the West: An Analysis of America's First Line of Defense.* New York: Holt, Rinehart, and Winston, 1985.

McIvor, Anthony D. ed. *Rethinking the Principles of War.* Annapolis, Marylaud: Naval Institute Press, 2005.

McKercher, B. J. C. and Michael A. Hennessy, ed., *The Operational Art: Developments in the Theories of War.* CT: Praeger Publishers, 1996.

Millet, Allan R. *Semper Fidelis: The History of the United States Marine Corps.* New York: The Free Press, 1991.

Morillo, Stephen and Michael F. Pavkovic. *What is Military History?* Policy Press, 2006.

Naveh, Shimon. *In Pursuit of Military Excellence: The Evolution of Operational Theory.* Oxford: Frank Cass, 2004.

Murray, Williamson, and Robert H. Scales. Jr. *The Iraq War.* Cambridge: Harvard University Press, 2003.

Pierce, Terry C. *Warfighting and Disruptive Technologies: Disguising Innovation.* Oxford: Frank Cass, 2004.

Posen, Barry R. *The Sources of Military Doctrine: France, Britain, and Germany between the World Wars.* Ithaca: Cornell University Press, 1984.

Reynolds, Nicholas E. *Basrah, Baghdad, and Beyond: The U.S. Marine Corps in the Second Iraq War.* Annapolis, Maryland: Naval Institute Press, 2005.

Ricks, Thomas E. *Fiasco: The American Military Adventure in Iraq.* New York: Penguin *fense Reform Debate: Issues and Analysis.* Maryland: The Johns Hopkins University Press, 1984.

Clausewitz, Carl von. *On War.* Edited and Translated by Michael Howard and Peter Paret. New Jersey: Princeton University Press, 1976.

Ludwig, Verle E. *U.S. Marines at Twentynine Palms, California.* Washington, D.C.: History and Museum Division Headquarters, U.S. Marine Corps, 1989.

Coram, Robert. *Boyd: The Fighter Pilot Who Changed the Art of War.* New York: Little, Brown and Company, 2002.

Corum James S. *The Roots of Blitzkrieg: Hans von Seeckt and German Military Reform.* Lawrence Kansas: University Press of Kansas, 1992.

Echevarria II, Antulio J., *Clausewitz's Center of Gravity: Changing Our Warfighting Doctrine-Again!* Strategic Studies Institute, 2002.

Estes, Kenneth W. U.S. *Marines in Iraq, 2004-2005: Into the Fray-U.S. Marines in the Global War on Terrorism.* Washington, D.C.: History Division U.S. Marine Corps, 2011.

Fleming, Charles A., Robin L. Austin, and Charles A. Braley III. *Quantico: Crossroads of the Marine Corps.* Washington D.C.: History and Museum Division Headquarters, U.S. Marine Corps.

Fontenot, Gregory, E. J. Degen and David Tohn. *On Point: United States Army in Operation Iraqi Freedom.* Washington, D.C.: Office of the Chief of Staff US Army, 2004.

Gat, Azar. *A History of Military Thought: From the Enlightenment to the Cold War.* Oxford: Oxford University Press, 2001.

Glantz, David M. *Soviet Military Operational Art: In Pursuit of Deep Battle.* Oxford: Frank Cass, 2005.

Gordon Michael R. and Trainor Bernard E. *Cobra II: The Inside Story of the Invasion and Occupation of Iraq.* New York: Pantheon Books, 2006.

Griffith, Paddy. *Battle Tactics of the Western Front: British Army's Art of Attack, 1916-1918.* New Haven & London: Yale University Press, 1994.

Groen, Michael S. and Contributions. *With the 1st Marine Division in Iraq: No Greater Friend, No Worse Enemy.* Virginia: History Division, Marine Corps University, 2006.

Gudmundsson, Bruce I. *Stoomtroop Tactics: Innovation in the German Army, 1914-1918.* Connecticut: Praeger Publshers, 1989.

Habeck, Mary R. *Storm of Steel: The Development of Armor Doctrine in Germany and the Soviet Union, 1919-1939.* Ithaca, New York: Cornel University Press, 2003.

Hammond, Grant Tedrick. *The Mind of War: John Boyd and American Security.* Washington, D.C.: Smithsonian Institution, 2001.

Harrison, Richard W. *The Russian Way of War: Operational Art, 1904-1940.* Kansas: University Press of Kansas, 2001.

Hayden, H. T. ed. *Warfighting: Maneuver Warfare in the U.S. Marine Corps.* London: Greenhill Books, Pennsylvania: Stackpole Books, 1995.

Holmes, Richard, ed. *The Oxford Companion to Military History.* Oxford: Oxford University

―――『電撃戦という幻』下（中央公論新社、2012年）。

ヘリング、ジョージ・C（秋谷昌平訳）『アメリカの最も長い戦争』上（講談社、1985年）。

―――（秋谷昌平訳）『アメリカの最も長い戦争』下（講談社、1985年）。

マーレー、ウイリアムソン、リチャード・ハート・シンレイチ編（今村伸哉監訳、小堤盾、蔵原大訳）『歴史と戦略の本質－歴史の英知に学ぶ軍事文化』上（原書房、2011年）。

マスランド・ジョン・W、ローレンス・I・ラドウェイ（高野功訳）『アメリカの軍人教育』（学陽書房、1966年）。

ミード、G・H（魚津郁夫・小柳正弘訳）『西洋近代思想史』上（講談社、1994年）。

ミラー、エドワード（沢田博訳）『オレンジ計画－アメリカの対日侵攻50年戦略』（新潮社、1994年）。

ムート、イエルク（大木毅訳）『コマンド・カルチャー－米独将校教育の比較文化史』（中央公論新社、2015年）。

村田晃嗣『現代アメリカ外交の変容－レーガン、ブッシュからオバマへ』（有斐閣、2009年）。

―――『大統領の挫折－カーター政権の在韓米軍撤退政策』（有斐閣、2000年）。

ルトワック、エドワード（江畑謙介訳）『ペンタゴン－知られざる巨大機構の実体』(光文社、1985年)。

ローズ、リチャード（小沢千重子、神沼二真訳）『原爆から水爆へ－東西冷戦の知られざる内幕』上（紀伊國屋書店、2001年）。

ワインバーガー、キャスパー・W（角間隆訳）『平和への闘い』（ぎょうせい、1995年）。

・英語

Alexander, Joseph H. and Merrill L. Bartlett. *Sea Soldiers in the Cold War: Amphibious Warfare, 1945-1991.* Maryland: United States Naval Institute Press, 1995.
Bassford, Christopher. *Clausewitz in English: The Reception of Clausewitz in Britain and America 1815-1945.* New York: Oxford University Press, 1994.
Binkin, Martin and Jeffery Record. *Where Does the Marine Corps Go From Here?* Washington, D.C.: The Brookings Institution, 1976.
Bittner, Donald F. *Curriculum Evolution: Marine Corps Command and Staff College 1920-1988.* Washington, D.C.: History and Museum Division Headquarters, U.S. Marine Corps, 1988.
Citino, Robert M. *Blitzkrieg to Desert Storm: The Evolution of Operational Warfare.* Kansas: University Press of Kansas, 2004.
―――*The Path to Blitzkrieg: Doctrine and Training in the German Army, 1920-39.* Colorado: Lynne Rienner Publishers,1999.
Clark IV, Asa A., Peter W. Chiarelli, Jeffrey S. McKitrick, and James W. Reed, ed., *The De-*

ゲルリッツ、ヴァルター（守屋純訳）『ドイツ参謀本部興亡史』上（学習研究社、2000年）。

佐々木卓也編『戦後アメリカ外交史』（有斐閣、2002年）。

――『ハンドブックアメリカ外交史－建国から冷戦後まで』（ミネルヴァ書房、2015年）。

佐々木卓也『冷戦アメリカの民主主義的生活様式を守る戦い』（有斐閣、2011）。

ザロガ、スティーヴン（武田秀夫訳）『アムトラック米軍水陸両用強襲車両』（大日本絵画、2002年）。

澤田昭夫『論文のレトリック－わかりやすいまとめ方』(講談社、1996年)。

シューベルト・N・フランク、テレーザ・L・クラウス編（滝川義人訳）『湾岸戦争砂漠の嵐作戦』（東洋書林、1999年）。

シュワーツコフ、H・ノーマン（沼澤洽治訳）『シュワーツコフ回想録－少年時代・ヴェトナム最前線・湾岸戦争』（新潮社、1994年）。

スペンサー、アーネスト（山崎重武訳）『ベトナム海兵戦記－アメリカ海兵隊の戦闘記録』（大日本絵画、1990年）。

戦略研究学会・片岡徹也（編）『戦略論大系③モルトケ』（芙蓉書房、2002年）。

戦略研究会学・片岡徹也・福川秀樹（編）『戦略論大系・別巻・戦略戦術用語事典』(芙蓉書房出版、2003年)。

トーランド、ジョン（千草正隆訳）『勝利なき戦い－朝鮮戦争1950-1953』下（光人社、1997年）。

――（千草正隆訳）『勝利なき戦い－朝鮮戦争1950-1953』上（光人社、1997年）。

ニューカム、R・F（田中至訳）『硫黄島』（光人社、2014年）。

野中郁次郎『アメリカ海兵隊』（中央公論社、1999年）。

ハート、リデル（上村達雄訳）『第二次世界大戦』上（中央公論社、1999年）。

パウエル、コリン、ジョゼフ・E・パーシコ（鈴木主税訳）『マイ・アメリカン・ジャーニー［コリン・パウエル自伝］少年・軍人時代編』（角川書店、2001年）。

バゴット、ジム（青柳伸子訳）『原子爆弾1938～1950年－いかに物理学者たちは、世界を残虐と恐怖へ導いていったか？』（作品社、2015年）。

浜谷英博『米国戦争権限法の研究－日米安全保障体制への影響』（成文堂、1990年）。

ハルバースタム、デイヴィッド（浅野輔訳）『ベスト＆ブライテスト』上（二玄社、2016年）。

――『ベスト＆ブライテスト』中（二玄社、2015年）。

――『ベスト＆ブライテスト』下（二玄社、2015年）。

ハンチントン、サミュエル（市川良一訳）『軍人と国家』上（原書房、2008年）。

――『軍人と国家』下（原書房、2008年）。

パレット、ピーター編（防衛大学校・「戦略・戦術の変遷」研究会訳）『現代戦略思想の系譜－マキャヴェリから核時代まで』（ダイヤモンド社、1989年）。

福田毅『アメリカの国防政策－冷戦後の再編と戦略文化』（昭和堂、2011年）。

フリーザー、カール＝ハインツ（大木毅、安藤公一訳）『電撃戦という幻』上（中央公論新社、2012年）。

▼**書籍**

・日本語

アール、エドワード、ミード編（山田積昭、石塚栄、伊藤博邦訳）『新戦略の創始者マキャベリーからヒットラーまで』上（原書房、1978年）。

アダン、アブラハム（滝川義人、神谷壽浩訳）『砂漠の戦車戦－第4次中東戦争』上（原書房、1984年）。

アメリカ海兵隊司令部（ベニス・M・フランク）(高井三郎訳)『国連平和維持軍－アメリカ海兵隊レバノンへ』（大日本絵画、1991年）。

池内恵『イスラーム国の衝撃』（文藝春秋、2015）。

稲垣治『アメリカ海兵隊の徹底研究』（光人社、1990年）

―――『世界最強の軍隊アメリカ海兵隊』（光人社、2009年）。

ウッドワード、ボブ（伏見威蕃訳）『攻撃計画－ブッシュのイラク戦争』（日本経済新聞社、2004）。

ウェスト、ビング（竹熊誠訳）『ファルージャ栄光なき死闘－アメリカ軍兵士たちの20カ月』（早川書房、2006年）。

大木毅『独ソ戦－絶滅戦争の惨禍』（岩波書店、2019年）。

カウフマン、ウイリアム（桃井真訳）『マクナマラの戦略理論』（ぺりかん社、1969年）。

片岡徹也（編）『軍事の事典』（東京堂出版、2009年）。

カルドー、メアリー（山本武彦、渡部正樹訳）『新戦争論』（岩波書店、2003年）。

川上高司『米軍の前方展開と日米同盟』（同文舘出版、2004年）。

河津幸英『図説イラク戦争とアメリカ占領軍』（アリアドネ企画、2005年）。

『図説アメリカ海兵隊のすべて』（アリアドネ企画、2013年）。

キッシンジャー、ヘンリー・A（岡崎久彦監訳）『外交』上（日本経済新聞社、1996年）。

―――『外交』下（日本経済新聞社、2005年）。

葛原和三著、戦略研究学会（編）、川村康之（監修）『機甲戦の理論と歴史』（芙蓉書房出版、2009年）。

グデーリアン、ハインツ（本郷健訳）『電撃戦－グデーリアン回想記』上（中央公論新社、1999年）。

久保文明『アメリカ政治史』（有斐閣、2018年）。

久保文明編『アメリカ外交の諸潮流－リベラルから保守まで』（日本国際問題研究所、2007年）。

―――編『アメリカ外交の諸三朝流－リベラルから保守まで』（国際問題研究所、2007年）。

クラウゼヴィッツ（篠田英雄訳）『戦争論』上（岩波書店、1991年）。

クランシー、トム（橋本金平訳）『トム・クランシーの海兵隊』上（東洋書林、2006年）。

―――『トム・クランシーの海兵隊』下（東洋書林、2006年）。

グランツ、デビッド・M、ジョナサン・M・ハウス（守屋純訳）『独ソ戦全史「史上最大の地上戦」の実像』（学習研究社、2005年）。

クレフェルト、マーチン・ファン（石津朋之監訳）『戦争の変容』（原書房、2011年）。

●主要参考文献

【一次資料】

▼未公刊公開資料

Alfred M. Gray Collection, Archives Branch, Marine Corps History Division, Quantico, VA.

Exercises Collection, Archives Branch, Marine Corps History Division, Quantico, VA.

Marine Corps Research Center Collection, Archives Branch, Marine Corps History Division, Quantico, VA.

Marine Corps University Collection, Archives Branch, Marine Corps History Division, Quantico, VA.

Record Group 127: USMC Headquarters, National Archives at College Park, Maryland.

Studies and Reports Collection, Archives Branch, Marine Corps History Division, Quantico, VA.

・公刊資料

Department of Navy Headquarters United States Marine Corps, "FMFM 1 Warfighting," (Washington, D.C.:1989), "FMFM 1-1 Campaigning," (Washington, D.C.:1990), "FMFM 1-3 Tactics" (Washington, D.C.: 1991) in Lt. Col. H. T. Hayden, ed., *Warfighting: Maneuver Warfare in the U.S. Marine Corps* (London: Greenhill Books, Pennsylvania: Stackpole Books, 1995).

———LFM-4 *Ship-to-Shore Movement* (Washington, D.C.: 1956).

———FMFM 0-1 *Marine Air-Ground Task Force Doctrine U.S. Marine Corps* (Washington, D.C.: 1979).

———MCDP 6 *Command and Control* (Washington, D.C.: 1996).

———MCDP 1 *Warfighting* (Washington, D.C.: 1997).

———MCDP 1-2 *Campaigning* (Washington, D.C.: 1997).

———MCDP 1-3 *Tactics* (Washington, D.C.: 1997).

———MCDP 3 *Expeditionary Operations* (Washington, D.C.: 1998).

———Operational Maneuver from the Sea (Washington, D.C.: 1996).

———*Expeditionary Force 21* (Washington, D.C.: 2014).

———*The Marine Corps Operating Concept: How an Expeditionary Force Operates in the 21st Century* (Washington, D.C.: 2016).

Marine Corps Schools, *Amphibious Operations – Employment of Helicopters (Tentative)* (Virginia: 1948).

Department of the Army, the Navy, and the Air Force, LFM 01 *Doctrine for Amphibious Operations* (1962).

Headquarters Department of the Army, *FM 100-5 Operations* (Washington, D.C.: 1982).

Joint Chiefs of Staff, *Joint Publication 1 Doctrine for Armed Forces of the United States* (Joint Chiefs of Staff, 25 March 2013).

Office of Naval Operations, Division of Fleet Training, *Landing Operations Doctrine United States Navy 1938* (U.S. Navy, 1938).

海兵隊における機動戦構想の開発・採用・制度化に関する年表

1965年	第3海兵師団の二個大隊がベトナムのダナンに上陸、アルフレッド・M・グレイがベトナムで、第3海兵師団12連隊で通信将校と訓練将校、砲兵空中観測員を兼務。
1967年	グレイがベトナムで第3海兵水陸両用軍の無線大隊を指揮。
1969年	リチャード・ニクソンが「ニクソン・ドクトリン」を発表、マイケル・D・ワイリーがベトナムで第1海兵師団第5連隊第1大隊D中隊を指揮、ジェームス・ウェッブがD中隊第3小隊を指揮。
1973年	ベトナム和平協定が締結、アメリカ軍がベトナムから撤退、第四次中東戦争勃発、戦争権限法が成立する。
1975年	カンボジア、南ベトナム、ラオスが共産化、ルイス・H・ウィルソンが第26代海兵隊総司令官に就任。
1976年	『任務と編制研究』報告書が上院軍事委員会に提出される、ブルッキングス研究所が『海兵隊はどこへ向かうのか』を発表、グレイが4MABの指揮官に就任、チームワーク76演習、ボーンデッド・アイテム演習に参加、R・C・ワイズの『海兵隊開発教育司令部の任務と機能、組織』報告書が発行される、陸軍がFM100-5『作戦』を発行する。
1978年	ノーザン・ウェディング演習とボールド・ガード78演習が実施、海兵隊空地戦闘訓練センターが開設される。
1979年	ソ連軍がアフガニスタンに侵攻、ロバート・H・バローが第二十七代海兵隊総司令官に就任、ワイリーが水陸両用戦学校で教育の見直しに着手、自由統裁の訓練に変更、『海兵隊ガゼット』誌で機動戦に関する議論が開始される。

年	事項
1980年	海兵隊開発教育司令部で機甲シンポジウムが開催される、ワィリーが水陸両用戦学校で、野外で部隊を用いない戦術訓練を実施、将校達の読むべき図書のリストを作成、ジョン・ボイドとウィリアム・リンドが水陸両用戦学校で講演、ワィリー、リンド、大尉達が機動戦についての勉強会を開始する。
1981年	グレイが第2海兵師団長に就任、第2海兵師団に機動戦委員会が設立される。第2海兵師団で、自由統裁で諸兵種協同演習が実施される。
1982年	陸軍がFM100-5『作戦』を発行する。
1983年	ロナルド・レーガンが戦略防衛構想を発表、「悪の帝国」演説、アメリカ軍がグレナダに侵攻、ポール・X・ケリーが第二十八代海兵隊総司令官に就任、ベイルートで海兵隊BLTビルが爆破される、グレナダ侵攻、ワィリーがジョージ・ワシントン大学に修士論文を提出。
1984年	ワインバーガー・ドクトリンの発表。
1985年	『機動戦ハンドブック』の出版。
1986年	ゴールドウォーター・ニコルズ法が成立、イラン＝コントラ事件が明るみになる、コリンの構想ペーパー『海兵隊のための戦闘開発能力』の発行。
1987年	ウェッブが海軍長官に就任、グレイが第二十九代海兵隊総司令官に就任、海兵隊戦闘開発司令部（MCCDC）、海兵隊調査開発取得司令部（MCRDAC）の設立。
1988年	MCCDCの組織改編が行われる、ワイリーが海兵隊戦闘開発司令部ウォーファイティング・センターに移動し、『海兵隊戦役計画』の草案を執筆、ポール・ファン・ライパーが指揮幕僚大学の学校長に就任、指揮幕僚大学のカリキュラム改定。
1989年	FMFM1『ウォーファイティング』、『海兵隊戦役計画』、『海兵隊長期計画』、『MAGTFマスター計画』が発行される、海兵隊大学の設立。

1990年	FMFM1-1『戦役遂行』が発行される、先進戦争大学の設立。
1991年	湾岸戦争（砂漠の盾・砂漠の嵐作戦）、FMFM1-3『戦術』が発行される、カール・E・マンデイが第三十代海兵隊総司令官に就任。ジョン・F・ケリーが先進戦争大学で学ぶ。
1992年	ソマリアで希望回復作戦、アルフレッド・M・グレイ海兵隊リサーチセンターの設立。
1993年	人道介入に関する「クリントン・ドクトリン」が発表、指揮幕僚大学の遠隔プログラムへの学生の募集が開始される、十一名の文民の研究者が指揮幕僚大学の教員に加わる。
1995年	チャールズ・クルーラックが第三十一代海兵隊総司令官に就任。
1996年	MCDP6『海からの作戦機動』文書が発行される。
1997年	MCDP1『ウォーファイティング』、MCDP1-1『戦略』、MCDP1-2『戦役遂行』、MCDP1-3『戦術』、『艦船から目標物への機動』文書が発行される。
1998年	MCDP3『遠征』が発行される。
1999年	ジェームス・L・ジョーンズが第32代海兵隊総司令官に就任。
2001年	アフガニスタン紛争勃発（不朽の自由作戦）。
2003年	イラク戦争（イラク自由作戦）。
2004年	ファルージャの戦い（油断なき決意作戦、亡霊の怒り作戦）。

【著者略歴】

阿部亮子（あべ・りょうこ）

同志社大学開発推進機構及び法学部特任助教。同志社大学文学部卒業。バーミンガム大学政治学及び国際学修士課程卒業（M.A.［Taught］International Relations［Security］with Merit）。同志社大学法学研究科政治学専攻博士後期課程修了（同志社大学博士号［政治学］）。日本学術振興会特別研究員（DC2）。

フルブライト博士論文プログラムにて渡米し、日本人で前例のない海兵隊大学図書館の客員学生として、アーカイブと図書館で一次資料発掘と聞き取りなどを行う。

【学術雑誌等に発表した論文等】

・道下成徳編『「技術」が変える戦争と平和』、阿部亮子「技術が変えない戦争の特質―海兵隊を事例に―」、芙蓉書房出版、2018 年。

・「米国海兵隊の水陸両用作戦構想の変化――湾岸戦争後の機動戦構想と作戦レベル構想の適用」（『戦略研究』第20号、2017年）など。

いかにアメリカ海兵隊は、最強となったのか
——「軍の頭脳」の誕生とその改革者たち

2020年 2 月25日　第 1 刷印刷
2020年 2 月28日　第 1 刷発行

著　　者　阿部 亮子
発 行 者　和田　肇
発 行 所　株式会社 作品社
〒102-0072 東京都千代田区飯田橋 2-7-4
電　話　03-3262-9753
ＦＡＸ　03-3292-9757
http://www.sakuhinsha.com
振　替　00160-3-27183

装　　丁　小川惟久
本文組版　㈲一企画
戦況図・編集　樋口隆晴／制作　大野信長
印刷・製本　シナノ印刷㈱

ISBN978-4-86182-794-5 C0031

戦闘戦史

最前線の戦術と指揮官の決断

樋口隆晴

戦争を**決**するのは**政治家**と**将軍**だが、
戦闘を**決**するのは**前線**の**指揮官**である。

恐怖と興奮が渦巻く「現場」で野戦指揮官たちは、その刹那、どう部下を統率し、いかに決断したのか？ガダルカナル、ペリリュー島、嘉数高地、ノモンハン、占守島など、生々しい“戦闘”の現場から、「戦略論」のみでは見えないリーダシップの本質に迫る戦術部隊の戦例を専門的にあつかった“最前線の戦史”、初の書籍化。【図表60点以上収録】

軍事大国ロシア

新たな世界戦略と行動原理

小泉 悠

復活した“軍事大国”は、21世紀世界をいかに変えようとしているのか？　「多極世界」におけるハイブリッド戦略、大胆な軍改革、準軍事組織、その機構と実力、世界第２位の軍需産業、軍事技術のハイテク化……。話題の軍事評論家による渾身の書下し！

ロシア新戦略

ユーラシアの大変動を読み解く

ドミートリー・トレーニン

河東哲夫・湯浅剛・小泉悠訳

21世紀ロシアのフロントは、極東にある—エネルギー資源の攻防、噴出する民主化運動、ユーラシア覇権を賭けた露・中・米の“グレートゲーム!”、そして、北方領土問題…ロシアを代表する専門家の決定版。